普通高等教育"十二五"规划教材
电工电子基础课程规划教材

电工学（下册）

——电子技术基础

李自勤　主编

查丽斌　辛　青　孔庆鹏　编著

電子工業出版社·
Publishing House of Electronics Industry
北京·BEIJING

内 容 简 介

本书主要介绍模拟电路与数字电路的基础知识。全书共 8 章，主要内容包括：模拟集成运算放大器及其应用、半导体二极管及直流稳压电源、晶体三极管及其放大电路、场效应管放大电路与功率放大电路、电子电路中的反馈、门电路与组合逻辑电路、触发器与时序逻辑电路、模拟量与数字量的转换等。本书配备大量例题和习题，并提供配套多媒体电子课件、习题详解和 MOOC 网络课程。

本书可与《电工学（下册）习题及实验指导——电子技术基础》、《电工学（上册）——电工技术基础》和《电工学（上册）习题及实验指导——电工技术基础》等书配套使用。

本书可作为高等学校非电类专业的本科生教材，也可作为自学考试和成人教育的自学教材，还可供电子工程技术人员学习参考。

未经许可，不得以任何方式复制或抄袭本书之部分或全部内容。

版权所有，侵权必究。

图书在版编目 (CIP) 数据

电工学. 下册，电子技术基础 / 李自勤主编. —北京：电子工业出版社，2015.1

电工电子基础课程规划教材

ISBN 978-7-121-25045-3

I. ①电… II. ①李… III. ①电工技术－高等学校－教材②电子技术－高等学校－教材 IV. ①TM②TN

中国版本图书馆 CIP 数据核字（2014）第 283932 号

策划编辑：王羽佳

责任编辑：王羽佳　　　文字编辑：王晓庆

印　　刷：北京盛通数码印刷有限公司

装　　订：北京盛通数码印刷有限公司

出版发行：电子工业出版社

　　　　　北京市海淀区万寿路 173 信箱　　邮编：100036

开　　本：787×1 092　1/16　印张：13.25　字数：339 千字

版　　次：2015 年 1 月第 1 版

印　　次：2025 年 2 月第 8 次印刷

定　　价：29.90 元

凡所购买电子工业出版社图书有缺损问题，请向购买书店调换。若书店售缺，请与本社发行部联系，联系及邮购电话：(010)88254888。

质量投诉请发邮件至 zlts@phei.com.cn，盗版侵权举报请发邮件至 dbqq@phei.com.cn。

服务热线：(010)88258888。

<h1 style="text-align:center">前　言</h1>

"电工学"（电工技术基础与电子技术基础）课程是高等学校非电类专业一门重要的专业基础课，通过本门课程的学习，学生可以获得电路、电子技术及电气控制等领域必要的基本理论、基本知识和基本技能。该课程内容涉及电工电子学科的各个领域，并有很强的实践性。为适应科学技术的迅猛发展，配合高等学校新的课程体系和教学内容改革，以及教学学时压缩的实际需要，作者在总结多年从事电工学教学工作经验的基础上，针对电工和电子技术课程教学的基本要求和学习特点，编写了本套教材。全套教材包括《电工学（上册）——电工技术基础》、《电工学（上册）习题及实验指导——电工技术基础》、《电工学（下册）——电子技术基础》和《电工学（下册）习题及实验指导——电子技术基础》共 4 本书，本套书的编写思路是：保证基础、注重应用、讲清概念、力求精练；以基础知识为重点，用心安排，使得知识易懂、易学，做到语言精炼，便于自学。

在内容的安排上，本书具有以下特点。

● 强调"集成"、淡化"分立元件"

首先将集成运放作为基本电子器件引入，介绍其外特性及其基本应用，让读者先了解"放大"、"器件"等概念，然后再介绍其他的电子器件——二极管、三极管、场效应管及其应用。

● 强调"外部应用"，淡化"内部结构"

模拟电路部分的集成运放、二极管、三极管、场效应管，数字电路部分的 JK 触发器、D 触发器等，都只介绍器件的外部特性，不介绍内部结构，强调非电类专业学生掌握器件应用技能的学习。

● 将难点分散，循序渐进

第 1~4 章以一类半导体器件及其基本应用电路划分，便于读者学习和掌握。在这些内容的介绍中，强调对基本概念、基本原理、基本分析方法的理解和应用，减少复杂的数学推导。由于微电子学与制造工艺的进步，与双极型器件的性能相比，MOS 器件具有明显的优势，所以本书强调了 MOS 管的内容。第 5 章介绍了电子电路中的反馈与正弦波振荡电路。第 6~8 章介绍了数字电路中的基础内容：门电路与组合逻辑电路、触发器与时序逻辑电路，以及模拟量与数字量的转换。

● 强调"设计仿真"，鼓励自主探索学习

每章都有设计仿真的题目，要求完成设计，采用 Multisim 仿真软件进行仿真，在不增加总学时的情况下，建议在教学中利用 2~4 学时进行软件的介绍，主要让学生自学，完成设计题目的设计和仿真，将结果以邮件的形式发送给老师。在计算机和网络技术如此普及的今天，这一点应该是完全可以做到的。设计题目的内容要求不拘泥于课本的内容，鼓励学生查找资料，自主探索学习，解决设计问题。

《电工学（下册）习题及实验指导——电子技术基础》是本书的配套教材，该指导书既可以作为学生的实验指导书，也可以作为学生的作业本和习题指导手册来使用。指导书共 9 章，

第 1～8 章与本书对应，每章包括本章内容的知识要点总结、本章重点与难点、重点分析方法与步骤、填空题和选择题、习题等 5 部分内容。习题部分供学生做作业时使用，可以省去抄题目和画图的时间，提高课后学习的效率，也可以减轻教师的负担。第 9 章提供了 11 个典型的模电和数电实验，每个实验均给出实验内容和实验电路的设计方法，不针对具体的实验板设计，通用性较强。

该套教材适应总学时在 60～110 学时、实验学时在 20～50 学时的教学要求，适宜分两学期开课的情况，由于涉及内容较多，有些内容可以在教师指点下让学生通过自学掌握，不必全在课堂上讲授，并建议使用现代教学手段，以提高教学质量和效率。

本套教材包含大量例题，每章后附有习题，这些例题和习题与教材内容紧密配合，深度适当。书末给出部分习题参考答案，以供读者参考。本书向使用本套书作为教材的教师提供多媒体电子课件和习题答案，请登录华信教育资源网 http://www.hxedu.com.cn 注册下载。

本书由杭州电子科技大学信息工程学院李自勤策划、组织和统稿，第 1、2 章由李自勤编写，第 3、4 章由查丽斌编写，第 6、7 章由辛青编写，第 5、8 章由孔庆鹏编写。刘建岚参与了第 1 章部分内容的编写，王宛苹、王勇佳、吕幼华、汪洁、胡体玲和李付鹏等老师参与了本教材的编写、本书习题的解答及设计题目的模拟仿真工作，在结构和内容方面提出了很多重要的意见，张凤霞和钱文阳参与了本书的部分校对工作，钱梦楠与钱梦菲参与了本书部分书稿和图的录入工作。在本书编写的过程中，我们得到了杭州电子科技大学信息工程学院的大力支持，许多兄弟院校的教师提出了诸多中肯的意见和建议，在此一并表示衷心的感谢！

本书在编写过程中，参考了一些已经出版的图书和文献，在此表示衷心的感谢！

由于编者水平有限且编写时间仓促，书中难免存在错误和不妥之处，诚恳地希望读者提出宝贵意见和建议，以便今后不断改进。

作 者
2015 年 1 月

目 录

第 1 章　模拟集成运算放大器及其应用

本章首先介绍放大电路的基本概念和性能指标，然后介绍集成运算放大电路的基本组成、电路符号、外特性及理想运算放大器的工作特性，在此基础上详细地分析由集成运算放大器组成的基本运算电路和电压比较电路。

1.1　放大电路概述及其主要性能指标

1.1.1　放大电路概述

放大电路的功能是将微弱的电信号不失真地放大到所需要的数值，从而使电子设备的终端执行器件（如继电器、仪表、扬声器等）工作。

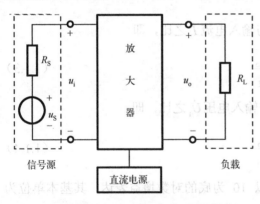

图 1.1.1　放大电路的结构示意图

图 1.1.1 所示为放大电路的结构示意图。放大器是由集成电路组件或晶体管、场效应管等组成的双口网络，即一个信号输入口，一个信号输出口。放大器应能够提供足够大的放大能力，而且应尽可能地减小信号失真。

信号源是待放大的输入信号，这些电信号通常是由传感器将非电量（如温度、声音、压力等）转换成的电量，它们一般很弱，不足以驱动负载，因而需要通过放大器将其放大。

经过放大后的较强信号输出到终端执行器件，通常被称为负载。

放大器不可能产生能量，输出信号的能量增加实际上是由直流电源提供的。放大器只是在输入信号的控制下，由晶体管起能量转化作用，将直流电源的能量转化为负载所需的信号能量。因此，放大作用实质上是一种能量的控制作用。

1.1.2　放大电路的方框图及其主要性能指标

由于有不同的应用，因此放大电路种类繁多，但任何一个放大电路都可以用双口网络来表示，如图 1.1.2 所示。图中，u_S 为信号源电压，R_S 为信号源内阻，u_i 和 i_i 分别为输入电压和输入电流，R_L 为负载电阻，u_o 和 i_o 分别为输出电压和输出电流。

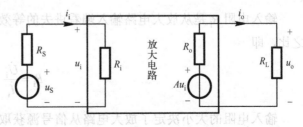

图 1.1.2　放大电路双口网络

放大电路放大信号性能的优劣是用它的性能指标来衡量的。性能指标是在规定条件下，按照规定程序和测试方法所获得的。放大电路的性能指标有很多，这里主要讨论放大电路的放大倍数、输入电阻、输出电阻、通频带和最大不失真输出电压等几项主要性能指标。

由于任何稳态信号都可以分解为正弦信号的叠加，所以放大电路常用正弦信号作为测试信号。

1. 放大倍数 $\dot{A}$

放大倍数又称为增益，是衡量放大电路放大能力的重要指标，根据输入量、输出量的不同，可以分为电压放大倍数 $\dot{A}_u$、互阻放大倍数 $\dot{A}_r$、互导放大倍数 $\dot{A}_g$ 和电流放大倍数 $\dot{A}_i$，定义为输出量 $\dot{X}_o$ 与输入量 $\dot{X}_i$ 之比。

（1）电压放大倍数 $\dot{A}_u$，定义为输出电压 $\dot{U}_o$ 与输入电压 $\dot{U}_i$ 之比，即

$$\dot{A}_u = \frac{\dot{U}_o}{\dot{U}_i} \tag{1.1.1}$$

（2）电流放大倍数 $\dot{A}_i$，定义为输出电流 $\dot{I}_o$ 与输入电流 $\dot{I}_i$ 之比，即

$$\dot{A}_i = \frac{\dot{I}_o}{\dot{I}_i} \tag{1.1.2}$$

（3）互阻放大倍数 $\dot{A}_r$，定义为输出电压 $\dot{U}_o$ 与输入电流 $\dot{I}_i$ 之比，即

$$\dot{A}_r = \frac{\dot{U}_o}{\dot{I}_i} \tag{1.1.3}$$

（4）互导放大倍数 $\dot{A}_g$，定义为输出电流 $\dot{I}_o$ 与输入电压 $\dot{U}_i$ 之比，即

$$\dot{A}_g = \frac{\dot{I}_o}{\dot{U}_i} \tag{1.1.4}$$

式中，$\dot{A}_u$ 和 $\dot{A}_i$ 两种无量纲的增益在工程上常用以 10 为底的对数增益表达，其基本单位为贝尔（B），平时常用它的十分之一单位分贝（dB），这样用分贝表示的电压增益和电流增益分别如下

$$A_u(\text{dB}) = 20\lg\left|\dot{A}_u\right|(\text{dB}) \tag{1.1.5a}$$

$$A_i(\text{dB}) = 20\lg\left|\dot{A}_i\right|(\text{dB}) \tag{1.1.5b}$$

2. 输入电阻 R_i

输入电阻 R_i 是从放大电路输入端看进去的等效电阻，定义为输入电压 $\dot{U}_i$ 和输入电流 $\dot{I}_i$ 之比，即

$$R_i = \frac{\dot{U}_i}{\dot{I}_i} \tag{1.1.6}$$

输入电阻的大小决定了放大电路从信号源获取信号的能力，对电压放大和互导放大电路，希望 R_i 越大越好；对电流放大和互阻放大电路，希望 R_i 越小越好。

通常测定输入电阻的方法是在输入端加正弦波信号 u_S 和电阻 R_S，测出输入端的电压有效值 U_i，如图 1.1.3 所示，则

$$R_i = \left(\frac{U_i}{U_S - U_i}\right) R_S \tag{1.1.7}$$

3. 输出电阻 R_o

任何放大电路的输出都可以等效为一个带内阻的电压源或一个带内阻的电流源，从放大电路输出端看进去的等效电阻称为输出电阻 R_o。放大电路输出电阻的大小决定了它的带负载能力。带负载能力是指当负载变化时，放大电路的输出量随负载变化的程度。对电压放大和互阻放大电路，希望 R_o 越小越好；对电流放大和互导放大电路，希望 R_o 越大越好。

通常测定输出电阻的方法是在输入端加正弦波信号，测出负载开路时的输出电压有效值 U_o'，再测出接入负载 R_L 时的输出电压有效值 U_o，如图 1.1.4 所示，则

$$R_o = \left(\frac{U_o'}{U_o} - 1\right) R_L \tag{1.1.8}$$

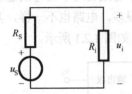 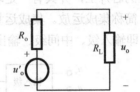

图 1.1.3　输入电阻 R_i 测量电路　　　　图 1.1.4　输出电阻 R_o 测量电路

4. 通频带 f_{BW}

当改变输入信号的频率时，放大电路的放大倍数是随之变化的，输出波形的相位也发生变化，用通频带来反映放大电路对于不同频率信号的适应能力。一般情况下，放大电路只适用于放大一个特定频率范围的信号，当信号频率太高或太低时，放大倍数都有大幅度的下降，如图 1.1.5 所示。

当信号频率升高而使放大倍数下降为中频时放大倍数 A_{um} 的 0.707 倍时，这个频率称为上限截止频率，记做 f_H；同样，使放大倍数下降为 A_{um} 的 0.707 倍时的低频信号频率称为下限截止频率，记做 f_L。f_H 和 f_L 之间形成的频带差称为通频带，记做 f_{BW}，即

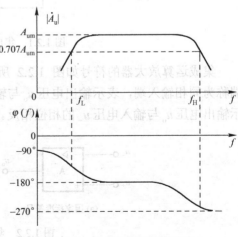

图 1.1.5　放大电路的频率响应

$$f_{BW} = f_H - f_L \tag{1.1.9}$$

通频带 f_{BW} 越宽，表明放大电路对信号频率的适应能力越强。

如果因为受放大电路通频带的限制，而使输出信号产生的失真称为频率失真，也称为线性失真，包括幅度失真和相位失真。显然，当放大单一频率的正弦波时，不会出现频率失真。

5. 最大不失真输出电压 U_{omax}

最大不失真输出电压是在不失真的前提下能够输出的最大电压，即当输入电压再增大时，就会使输出波形产生非线性失真时的输出电压。一般以最大值 U_{omax} 表示，也可以用峰-峰值 U_{op-p} 表示，$U_{op-p} = 2U_{omax}$。

1.2　模拟集成运算放大器

1.2.1　集成运算放大器的符号

集成运算放大器是一种高增益的多级直接耦合的电压放大器，是发展最早、应用最广泛的一种模拟集成电路。它是采用集成工艺，将大量半导体三极管、电阻、电容等元器件及连线制作在一块单晶硅的芯片上，并具有一定功能的电路。由于它最初用于信号的运算，所以称为集成运算放大器，简称集成运放。集成运算放大器的种类很多，电路也不一样，其基本结构通常由 4 部分组成，即输入级、中间级、输出级和偏置电路，如图 1.2.1 所示。

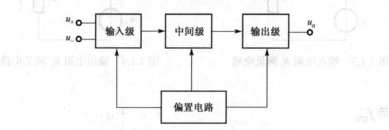

图 1.2.1　集成运算放大器的基本结构

集成运算放大器的符号如图 1.2.2 所示。它有两个输入端 u_+ 和 u_-，一个输出端 u_o。u_+ 端称为同相输入端，表示输出电压 u_o 与输入电压 u_+ 的相位相同；u_- 端称为反相输入端，表示输出电压 u_o 与输入电压 u_- 的相位相反。

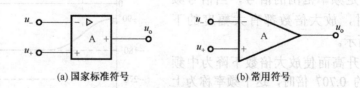

(a) 国家标准符号　　　　　　　　　　　(b) 常用符号

图 1.2.2　集成运算放大器的符号

对于使用者来说需要知道运放的各个引脚的功能和运放的主要参数，这些可以通过查数据手册得到。通用型集成运放 F007 被认为是早期发展阶段集成运放电路的一个范例，F007 是国内型号，对应国外同类产品的型号为μA741，它的外形结构和引脚排列如图1.2.3所示，有金属圆外壳和陶瓷双列直插式封装两种类型。辨认圆外壳封装元件的引脚时，应将引脚朝上，圆外壳突出处的引脚为第 8 脚，其他引脚则沿顺时针方向按 1～7 的顺序排列。辨认双列直插式封装元件的引脚时，应将元件正面放置，即引脚朝下，将正面的半圆标记置于左边，从左下角开始逆时针方向按 1～8 的顺序排列。

对照图 1.2.3，F007 的 7 个引出脚分别为：7 脚接正电源+V_{CC}，4 脚接负电源−V_{EE}，1 脚和 5 脚之间接调零电位器，6 脚为输出脚，2 脚为反相输入端，3 脚为同相输入端。F007 运放的外部接线图如图 1.2.4 所示。

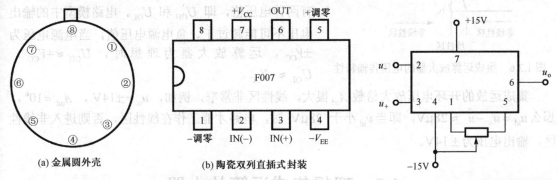

(a) 金属圆外壳　　　　　　　　(b) 陶瓷双列直插式封装

图 1.2.3　F007 的外形结构和引脚排列　　　　　　　图 1.2.4　F007 运放的外部接线图

1.2.2　集成运算放大器的电路模型

集成运算放大器是电压放大器，根据 1.1 节的有关知识，运放可用一个包含输入端口、输出端口和供电电源的双口网络来表示，如图 1.2.5 所示，图中采用双电源±V_{CC} 供电。

输入端用输入电阻 r_{id} 来模拟，输出端用输出电阻 r_o 和受控电压源 $A_{od}u_{id}$ 来模拟，$u_{id} = u_+ - u_-$，A_{od} 为开环电压放大倍数。定义为

$$A_{od} = \frac{u_o}{u_{id}} = \frac{u_o}{u_+ - u_-} \tag{1.2.1}$$

开环电压增益通常用 $20\lg|A_{od}|$ 表示，其单位为分贝（dB），目前有些通用型运放的 A_{od} 可以达到 140dB 以上。

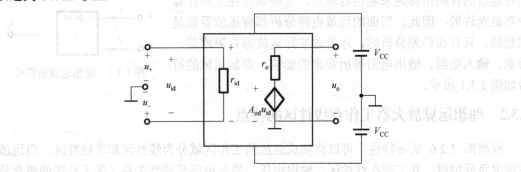

图 1.2.5　集成运算放大器的电路模型

1.2.3　集成运算放大器的电压传输特性

集成运算放大器的输出电压 u_o 与输入电压 $u_{id} = u_+ - u_-$（即同相输入端与反相输入端之间的电压差）之间的关系曲线称为电压传输特性，即

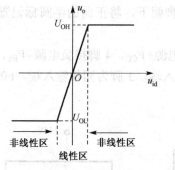

图 1.2.6　集成运算放大器的电压传输特性

$$u_{\text{o}} = f(u_{+} - u_{-}) \qquad (1.2.2)$$

电压传输特性如图 1.2.6 所示。

从图 1.2.6 可知，集成运放的电压传输特性可分为线性区和非线性区两部分。在线性区，曲线的斜率为电压放大倍数 A_{od}；在非线性区，输出电压只有两种电压值，即 U_{OH} 和 U_{OL}。电路模型中的输出电压不可能超过正、负电源电压值，当电源电压为 $\pm V_{\text{CC}}$，运算放大器为理想时，$U_{\text{OH}} \approx +V_{\text{CC}}$，$U_{\text{OL}} \approx -V_{\text{CC}}$。

集成运放的开环电压放大倍数 A_{od} 很大，线性区非常窄，例如，$u_{\text{o}} = \pm 14\text{V}$，$A_{\text{od}} = 10^{6}$，那么 $u_{\text{id}} = u_{+} - u_{-} \approx 28\mu\text{V}$，即当 u_{id} 小于 $28\mu\text{V}$ 时，电路才能工作在线性区，否则进入非线性区，输出电压为 $\pm 14\text{V}$。

1.3　理想集成运算放大器

1.3.1　理想集成运算放大器的主要参数

利用集成运放可以构成各种不同功能的实际电路，在分析电路时，通常将集成运放视为理想运放。所谓理想运放，就是将集成运放的性能指标理想化，即

① 开环电压增益 $A_{\text{od}} = \infty$

② 输入电阻 $r_{\text{id}} = \infty$

③ 输出电阻 $r_{\text{o}} = 0$

④ 转换速率 $S_{\text{R}} = \infty$

实际上，集成运放的技术指标均为有限值，理想化后分析电路必定带来一定的误差，但现在运放的性能指标越来越接近理想，这些误差在工程计算中都是允许的，因此，后面的运放电路分析都将运放看做是理想的。只有在误差分析时，才考虑实际运放的有限增益、带宽、输入电阻、输出电阻等所带来的影响。理想运放的符号如图 1.3.1 所示。

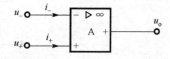

图 1.3.1　理想运放的符号

1.3.2　理想运算放大器工作在线性区的特点

根据图 1.2.6 所示特性，可以将集成运放的工作区域分为线性区和非线性区。当运放存在深度负反馈时，其工作在线性区，输出电压与输入电压呈线性关系（关于反馈的概念将在后面章节详细介绍），此时具有两个主要特点。

1. 输入电压 u_{id} 等于零

图 1.3.1 所示的理想集成运放，当工作在线性区时，输出电压与输入电压呈线性关系，即

$$u_o = A_{od} u_{id} = A_{od}(u_+ - u_-) \tag{1.3.1}$$

由于 u_o 为有限值，对于理想运放 $A_{od} = \infty$，因而输入电压 $u_{id} = u_+ - u_- = 0$，即

$$u_+ = u_- \tag{1.3.2}$$

式（1.3.2）说明，运放的两个输入端没有短路，却具有与短路相同的特征，这种情况称为两个输入端"虚短路"，简称"虚短"。

2．输入电流等于零

由于理想运放的输入电阻为无穷大，因此流入理想运放两个输入端的电流为

$$i_- = i_+ = \frac{u_{id}}{r_{id}} \approx 0 \tag{1.3.3}$$

式（1.3.3）说明，集成运放的两个输入端没有断路，却具有断路的特征，这种情况称为两个输入端"虚断路"，简称"虚断"。

"虚短"和"虚断"是两个非常重要的概念，是分析工作在线性区的理想运放应用电路中输入与输出函数关系的基本关系式。

1.3.3 理想运算放大器工作在非线性区的特点

如前所述，若理想运放工作在无反馈（开环）或正反馈状态下，则运放一定会工作在非线性区，当运放工作在非线性区时，具有如下两个主要特点。

1．输出电压只有高、低两种电平

若理想运放工作在开环状态，$u_o = A_{od}(u_+ - u_-)$，因为运放的 A_{od} 为无穷大，所以当同相输入端和反相输入端之间加的电压（$u_+ - u_-$）为无穷小量时，就能够使输出电压达到正向饱和压降 U_{OH} 或负向饱和压降 U_{OL}。因此，电压传输特性如图 1.3.2 所示，理想运放工作在非线性区时输出电压只有高、低两种电平，即

$$u_o = \begin{cases} U_{OH}, & u_+ > u_- \\ U_{OL}, & u_+ < u_- \end{cases} \tag{1.3.4}$$

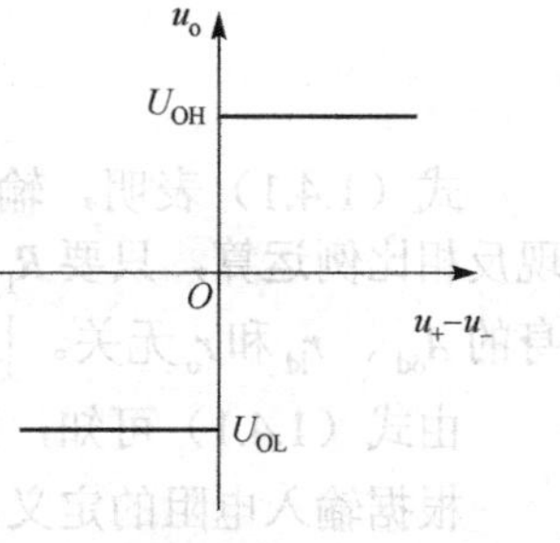

2．输入电流等于零

由于理想运放的输入电阻为无穷大，故净输入电流为零，即

$$i_- = i_+ = 0$$

图 1.3.2 理想运放工作在非线性区

即工作在非线性区的理想运放仍具有"虚断"的特点，但一般不具有"虚短"的特点。

1.4 基本运算电路

集成运算放大器的应用非常广泛，本节主要介绍它的基本运算电路，包括比例电路、加减运算电路、积分电路和微分电路，其他应用电路将在后面章节进行讨论。

运算放大器有反相和同相两个输入端，因此运算放大器的输入方式有 3 种，即反相输入（同相端直接或间接接地）、同相输入（反相端直接或间接接地）和双端输入。

1.4.1 比例运算电路

将信号按比例放大的电路称为比例运算电路。

1．反相比例电路

图 1.4.1 所示为反相比例电路。输入信号 u_i 经电阻 R_1 加到运放的反相输入端，输出信号 u_o 经 R_f 加到反相输入端，同相输入端经平衡电阻 R_p 接地，R_p 的作用是使得电路具有对称性以提高运算精度，其阻值等于反相输入端所接的等效电阻，故 $R_p = R_1 // R_f$。

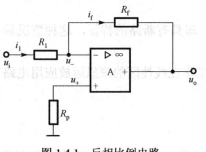

图 1.4.1　反相比例电路

利用"虚短"和"虚断"的概念，由图 1.4.1 可知

$$i_1 = i_f$$

$$u_- = u_+ = 0$$

可见，反相输入端与地等电位，称为"虚地"。

"虚地"是反相输入运算放大器的一个重要特点，而

$$i_1 = \frac{u_i}{R_1}, \quad i_f = -\frac{u_o}{R_f}$$

所以

$$\frac{u_i}{R_1} = -\frac{u_o}{R_f}$$

即

$$u_o = -\frac{R_f}{R_1} u_i$$

接入负反馈后的电压放大倍数称为闭环电压放大倍数 A_{uf}

$$A_{uf} = \frac{u_o}{u_i} = -\frac{R_f}{R_1} \tag{1.4.1}$$

式（1.4.1）表明，输出电压与输入电压的相位相反，大小成一定的比例关系，电路实现反相比例运算，只要 R_1、R_f 的阻值精确而稳定，就可得到准确的比例运算关系，与运放本身的 A_{od}、r_{id} 和 r_o 无关。$|A_{uf}|$ 可以大于 1，也可以小于 1。

由式（1.4.1）可知，当 $R_1 = R_f$ 时，$A_{uf} = -1$，称为反相器。

根据输入电阻的定义，由于 $u_- = u_+ = 0$，所以

$$R_i = R_1$$

由于理想运放的输出电阻 $r_o = 0$，所以该电路的输出电阻 $R_o = 0$，因此带负载能力很强。

2．同相比例电路

图 1.4.2 所示为同相比例电路，输入信号 u_i 经电阻 R_p 加到运放的同相输入端，输出信号 u_o 经 R_f 加到反相输入端，平衡电阻为 $R_p = R_1 // R_f$。

利用"虚短"和"虚断"的概念，由图 1.4.2 可知

$$u_- = u_+ = u_i \qquad (1.4.2)$$

由于 $i_- = i_+ = 0$，所以有

$$u_- = \frac{R_1}{R_1 + R_f} u_o = u_+ = u_i$$

则

$$u_o = \left(1 + \frac{R_f}{R_1}\right) u_+ = \left(1 + \frac{R_f}{R_1}\right) u_i$$

闭环电压放大倍数 A_{uf} 为

$$A_{uf} = \frac{u_o}{u_i} = 1 + \frac{R_f}{R_1} \qquad (1.4.3)$$

式（1.4.3）表明，输出电压与输入电压的相位相同，大小成一定的比例关系，电路实现了同相比例运算，只要 R_1、R_f 的阻值精确而稳定，就可以得到准确的比例运算关系，A_{uf} 大于或等于 1。

由于同相比例电路的输入电流为零，故输入电阻 R_i 为无穷大；输出电阻 R_o 很小，可视为零，带负载能力很强。

由式（1.4.3）可知，当 $R_1 = \infty$，$R_f = 0$ 时，$A_{uf} = 1$，即输出电压与输入电压大小相等，相位相同，这种电路称为电压跟随器，电路如图 1.4.3 所示。

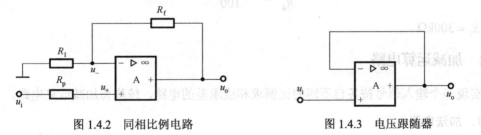

图 1.4.2　同相比例电路　　　　　　　　　图 1.4.3　电压跟随器

电压跟随器的特点是输入电阻很高，输出电阻趋于零，主要用来实现阻抗变换，常用于连接在具有高阻抗的信号源与低阻抗的负载之间作为缓冲放大器，因此也称为缓冲器。

【例 1.4.1】　将一个开路电压为 1V、内阻为 100kΩ 的信号源与阻值为 1kΩ 的负载电阻相连接。求：（1）直接连接时负载上的电压；（2）通过电压跟随器连接时负载上的电压。

解：（1）直接连接时如图 1.4.4(a) 所示，此时负载上的电压为

$$u_o = \frac{R_L}{R_S + R_L} u_S = \frac{1}{1 + 100} u_S \approx 0.01 u_S = 10\text{mV}$$

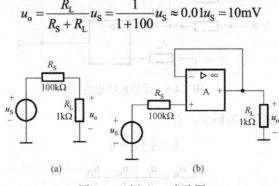

(a)　　　　　　　　　　　(b)

图 1.4.4　例 1.4.1 电路图

（2）通过电压跟随器连接的电路如图 1.4.4(b)所示。因电压跟随器的输入电阻 $R_i \to \infty$，该电路几乎不从信号源吸取电流，$u_+ = u_S$，而 $R_o \to 0$，所以负载电压 $u_o = u_+ = u_- = u_S = 1\text{V}$。当负载变化时，输出电压几乎不变，从而消除了负载变化对输出电压的影响。

【**例 1.4.2**】　电路如图 1.4.5 所示，已知 $u_o = -33u_i$，其余参数如图所示，R_3 和 R_6 为平衡电阻，试求 R_5 的阻值。

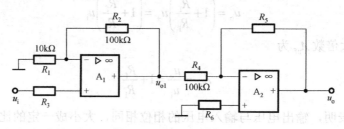

图 1.4.5　例 1.4.2 电路图

解：由图 1.4.5 可知，A_1 构成同相比例电路，A_2 构成反相比例电路，所以

$$u_{o1} = \left(1 + \frac{R_2}{R_1}\right)u_i = 11u_i$$

$$u_o = -\frac{R_5}{R_4}u_{o1} = -\frac{R_5}{100} \times 11u_i = -33u_i$$

可得 $R_5 = 300\text{k}\Omega$。

1.4.2　加减运算电路

实现多个输入信号按各自不同的比例求和或求差的电路，统称为加减运算电路。

1. 加法电路

根据输入信号的输入端不同，加法电路有反相加法电路和同相加法电路。

如果多个输入信号同时作用于集成运放的反相输入端，就构成了反相加法电路，如图 1.4.6 所示，平衡电阻 $R_p = R_1 /\!/ R_2 /\!/ R_3 /\!/ R_f$。

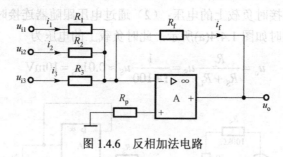

图 1.4.6　反相加法电路

根据"虚断"和"虚地"的概念，有

$$i_f = i_1 + i_2 + i_3$$

即

$$-\frac{u_o}{R_f} = \frac{u_{i1}}{R_1} + \frac{u_{i2}}{R_2} + \frac{u_{i3}}{R_3}$$

则
$$u_o = -R_f\left(\frac{u_{i1}}{R_1} + \frac{u_{i2}}{R_2} + \frac{u_{i3}}{R_3}\right) \tag{1.4.4}$$

式（1.4.4）表明，输出电压等于各输入电压的加权和，因此，该电路也称为加权加法电路。

若 $R_1 = R_2 = R_3 = R$ ，则

$$u_o = -\frac{R_f}{R}(u_{i1} + u_{i2} + u_{i3})$$

比如 $R_1 = 5\text{k}\Omega$ ， $R_2 = 20\text{k}\Omega$ ， $R_3 = 50\text{k}\Omega$ ， $R_f = 100\text{k}\Omega$ ，则

$$u_o = -(20u_{i1} + 5u_{i2} + 2u_{i3})$$

若 $R_1 = R_2 = R_3 = R = R_f$ ，则 $u_o = -(u_{i1} + u_{i2} + u_{i3})$ ，实现真正的反相加法。

同样，当多个输入信号同时作用于集成运放的同相输入端时，就构成了同相加法电路。

【例 1.4.3】　图 1.4.7 所示电路为同相加法电路，其中 $R_f = 100\text{k}\Omega$ ， $R_1 = 25\text{k}\Omega$ ， $R_2 = 20\text{k}\Omega$ ， $R_3 = 5\text{k}\Omega$ ，试写出输出电压的表达式。

解：列出同相端和反相端的电流方程 $i_1 = i_f$ ，
$i_2 + i_3 = 0$ ，即

$$\frac{0 - u_-}{R_1} = \frac{u_- - u_o}{R_f} \ , \quad \frac{u_{i1} - u_+}{R_2} + \frac{u_{i2} - u_+}{R_3} = 0$$

因为 $u_- = u_+$ ，整理得

$$u_o = \left(1 + \frac{R_f}{R_1}\right)\left[\left(\frac{R_3}{R_2 + R_3}\right)u_{i1} + \left(\frac{R_2}{R_2 + R_3}\right)u_{i2}\right]$$

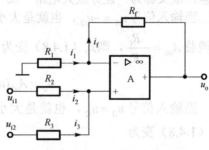

图 1.4.7　例 1.4.3 同相加法电路

将阻值代入可得

$$u_o = u_{i1} + 4u_{i2}$$

2. 减法电路

若将输入信号同时接到集成运放的反相和同相输入端时，则可以构成单运放减法运算电路。减法运算电路分为单运放电路和双运放电路。

（1）单运放减法运算电路

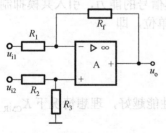

图 1.4.8　单运放减法运算电路

电路如图 1.4.8 所示，外接电路参数具有对称性 $R_1 /\!/ R_f = R_2 /\!/ R_3$ 。

根据叠加原理，利用反相比例电路和同相比例电路的函数关系式，很容易得到输出电压的表达式。

u_{i1} 作用时，令 $u_{i2} = 0$ ，产生的输出电压为 u_o' ，此时电路为反相比例电路

$$u_o' = -\frac{R_f}{R_1}u_{i1} \tag{1.4.5}$$

u_{i2} 作用时，令 $u_{i1} = 0$ ，产生的输出电压为 u_o'' ，此时电路为同相比例电路

$$u_o'' = \left(1 + \frac{R_f}{R_1}\right)u_+$$

而

$$u_+ = \frac{R_3}{R_2 + R_3}u_{i2}$$

$$u_o'' = \left(1 + \frac{R_f}{R_1}\right)\frac{R_3}{R_2 + R_3}u_{i2} \tag{1.4.6}$$

u_{i1}、u_{i2} 同时作用时

$$u_o = u_o' + u_o'' = \left(1 + \frac{R_f}{R_1}\right)\frac{R_3}{R_2 + R_3}u_{i2} - \frac{R_f}{R_1}u_{i1} \tag{1.4.7}$$

当电路电阻满足条件 $R_f / R_1 = R_3 / R_2$ 时，式（1.4.7）可写成

$$u_o = -\frac{R_f}{R_1}(u_{i1} - u_{i2}) \tag{1.4.8}$$

式（1.4.8）表明输出电压与两个输入电压的差值成比例运算，放大的是两个输入信号的差，故又称为"差分放大电路"或"差动放大电路"。

当输入信号 $u_{i1} = -u_{i2}$，也就是大小相同、相位相反的一对信号时，称为差模信号。设差模增益 $A_{ud} = -\frac{R_f}{R_1}$，则式（1.4.8）变为

$$u_o = A_{ud}(u_{i1} - u_{i2}) = 2A_{ud}u_{i1} = -2A_{ud}u_{i2}$$

当输入信号 $u_{i1} = u_{i2}$，也就是大小相同、相位相同的一对信号时，称为共模信号，则式（1.4.8）变为

$$u_o = 0$$

由此可见，差分电路对差模信号和共模信号有不同的放大能力，能够放大差模信号，同时抑制共模信号，这在实际应用时尤为重要。如放大来自传感器很小的差模信号，而两根信号线上均带有较大的共模噪声信号，若采用差分放大电路，输出信号中将除了被放大的差模信号外，不再含有噪声。

实际的放大电路对差模信号和共模信号均有一定的放大能力，若以 A_{ud} 和 A_{uc} 分别表示差模电压放大倍数和共模电压放大倍数，为了衡量电路抑制共模信号的能力，引入共模抑制比 K_{CMR}，定义为差模放大倍数与共模放大倍数之比，以分贝为单位，即

$$K_{CMR}(dB) = 20\lg\left|\frac{A_{ud}}{A_{uc}}\right|(dB)$$

共模抑制比越大，抑制共模信号的能力越强，差分电路的性能越好，理想情况下 K_{CMR} 应趋于无穷大。

在由单集成运放构成的减法电路中，电阻的选取和调整不方便，因此也可采用双运放减法运算电路。

（2）双运放减法运算电路

双运放减法运算电路如图 1.4.9 所示。

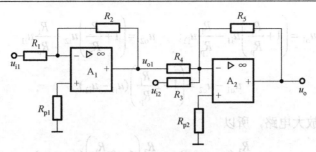

图 1.4.9　双运放减法运算电路

由图 1.4.9 可见，运放 A_1、A_2 分别构成反相比例电路和反相加法电路，都存在"虚地"的特点，R_{p1} 和 R_{p2} 为两运放的平衡电阻。

当 A_1、A_2 为理想运放时，两级电路可分别进行分析。

由于 A_1 构成反相比例电路，则

$$u_{o1} = -\frac{R_2}{R_1}u_{i1} \tag{1.4.9}$$

而 A_2 构成反相加法电路，根据式（1.4.4）得

$$u_o = -R_5\left(\frac{u_{o1}}{R_4} + \frac{u_{i2}}{R_3}\right) \tag{1.4.10}$$

将式（1.4.9）代入式（1.4.10），并整理得

$$u_o = -R_5\left(-\frac{R_2}{R_1 R_4}u_{i1} + \frac{u_{i2}}{R_3}\right) \tag{1.4.11}$$

当 $R_1 = R_2$、$R_3 = R_4 = R$ 时，式（1.4.11）变为

$$u_o = \frac{R_5}{R}(u_{i1} - u_{i2})$$

同样实现了减法运算。

【例 1.4.4】　图 1.4.10 所示为测量放大器，设各运放均为理想运放，求 u_o 的表达式。

解：利用"虚短"和"虚断"的概念，有

$$u_{i1} = u_{1+} = u_{1-}, \quad u_{i2} = u_{2+} = u_{2-}, \quad i_1 = i_2 = i_3$$

$$\frac{u_{o1} - u_{i1}}{R_1} = \frac{u_{i1} - u_{i2}}{R_p} = \frac{u_{i2} - u_{o2}}{R_1}$$

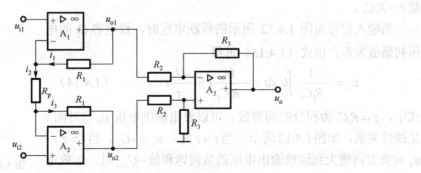

图 1.4.10　例 1.4.4 电路图

则
$$u_{o1} = \left(1 + \frac{R_1}{R_p}\right)u_{i1} - \frac{R_1}{R_p}u_{i2}, \qquad u_{o2} = \left(1 + \frac{R_1}{R_p}\right)u_{i2} - \frac{R_1}{R_p}u_{i1}$$

$$u_{o1} - u_{o2} = \left(1 + 2\frac{R_1}{R_p}\right)(u_{i1} - u_{i2})$$

而 A_3 构成差动运算放大电路，所以

$$u_o = -\frac{R_3}{R_2}(u_{o1} - u_{o2}) = -\frac{R_3}{R_2}\left(1 + 2\frac{R_1}{R_p}\right)(u_{i1} - u_{i2})$$

$$A_{uf} = \frac{u_o}{u_{i1} - u_{i2}} = -\frac{R_3}{R_2}\left(1 + 2\frac{R_1}{R_p}\right) \qquad (1.4.12)$$

实现了差分放大。式（1.4.12）表明，改变 R_p 可得不同的 A_{uf}。由于"虚断"，因而流入电路的电流等于 0，所以输入电阻 $R_i \to \infty$，实际测量放大器两输入端具有相同的输入电阻，且其值可达几百 MΩ以上。

1.4.3 积分和微分运算电路

积分和微分互为逆运算，是自动控制和测量系统中的重要单元。以集成运放作为放大电路，可以实现这两种运算。

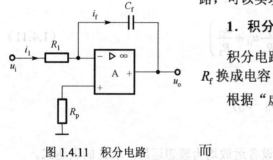

图 1.4.11 积分电路

1. 积分电路

积分电路如图 1.4.11 所示，将反相比例电路中的电阻 R_f 换成电容 C_f，就组成了反相积分电路。

根据"虚地"和"虚断"的概念，由图1.4.11 可知

$$i_f = i_1$$

而

$$i_1 = \frac{u_i}{R_1}, \qquad i_f = -C_f\frac{du_o}{dt}$$

假设电容 C_f 上的初始电压为零，则

$$u_o = -\frac{1}{C_f}\int i_f dt = -\frac{1}{C_f}\int \frac{u_i}{R_1}dt = -\frac{1}{R_1 C_f}\int u_i dt \qquad (1.4.13)$$

式（1.4.13）表明，输出电压正比于输入电压对时间的积分，其比例常数取决于时间常数 $\tau = R_1 C_f$。

当输入信号为图 1.4.12 所示的阶跃电压时，设电容 C_f 的电压初始值为零，由式（1.4.13）可得

$$u_o = -\frac{1}{R_1 C_f}\int U_1 dt = -\frac{U_1}{R_1 C_f}t = -\frac{U_1}{\tau}t \qquad (1.4.14)$$

式中，$\tau = R_1 C_f$ 为积分时间常数。可以看出输出电压 u_o 与时间 t 呈线性关系，如图1.4.12所示，当 $t = \tau$ 时，$u_o = -U_1$。当 $t > \tau$，u_o 向负方向增大到运放输出电压的负向饱和值 $-U_{om}$ 时，运放进入非线性工作状态，$u_o = -U_{om}$ 保持不变，积分停止。

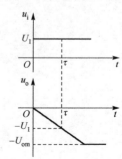

图 1.4.12 阶跃电压时积分电路输入、输出波形

设电容 C_f 的电压初始值为零，当输入信号分别为方波和正弦波信号时，积分电路的输出波形如图 1.4.13 所示，即它可以将输入的方波信号变换为三角波，实现波形变换，也可以使得正弦信号移相。

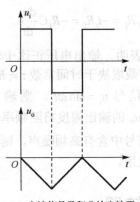

(a) 方波信号及积分输出波形

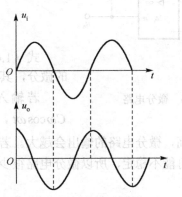

(b) 正弦信号及积分输出波形

图 1.4.13　积分电路输入、输出波形

【例 1.4.5】 电路如图 1.4.14 所示。试写出该电路 u_o 与 u_i 的关系式。

解： 由"虚断"可得 $\qquad i_1 = i_f + i_c$

由图可知电路存在"虚地"，则可得 $i_1 = \dfrac{u_i}{R_1}$，$i_f = -\dfrac{u_o}{R_f}$，$i_c = -C\dfrac{du_o}{dt}$

所以 $\qquad\qquad\qquad u_i = -R_1 C\dfrac{du_o}{dt} - \dfrac{R_1}{R_f}u_o$

如果将差动运算放大电路（图 1.4.8）中的两个电阻 R_3、R_f 分别换成两个相等的电容 C，且令 $R_1 = R_2 = R$，则构成了差动积分电路，如图 1.4.15 所示，其输出电压为

$$u_o = -\frac{1}{RC}\int(u_{i1} - u_{i2})dt \qquad (1.4.15)$$

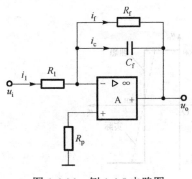

图 1.4.14　例 1.4.5 电路图

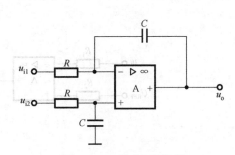

图 1.4.15　差动积分电路

2. 微分电路

将积分电路中的电容和电阻的位置互换，就组成了微分电路，如图 1.4.16 所示。流过电容的电流为

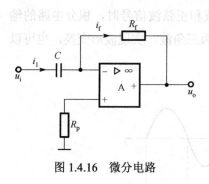

图 1.4.16　微分电路

$$i_1 = C\frac{\mathrm{d}u_i}{\mathrm{d}t}$$

同样，根据"虚断"和"虚地"的特点有

$$u_o = -i_f R_f = -i_1 R_f = -R_f C\frac{\mathrm{d}u_i}{\mathrm{d}t} \qquad (1.4.16)$$

式（1.4.16）表明，输出电压正比于输入电压对时间的微分，其比例常数取决于时间常数 $\tau = R_f C$。

若输入正弦信号 $u_i = \sin\omega t$，则输出信号 $u_o = -R_f C\omega\cos\omega t$，表明 u_o 的输出幅度将随频率的增加而线性地增加，频率越高，微分电路的输出会越大。若输入信号中含有高频噪声，则输出噪声也将很大，而且电路可能不稳定，所以微分电路很少直接应用。

1.5　电压比较器

电压比较器的作用是比较两个电压的大小，以决定输出是高电平还是低电平。电压比较器中的运放通常为开环或正反馈状态，输出只有高、低两种电平，因此集成运放工作在非线性区。

电压比较器按传输特性分为简单电压比较器、迟滞电压比较器和窗口电压比较器等。

1.5.1　简单电压比较器

1. 串联型电压比较器

图 1.5.1(a)所示电路为反相输入的串联型电压比较器，输入信号 u_i 接集成运放的反相输入端，参考电压 U_{REF} 接同相输入端，将 u_i 与 U_{REF} 从不同输入端输入的比较器称为串联型电压比较器，具有输入电阻大的特点。由于理想集成运放工作在开环状态时，电压增益为无穷大，电路的传输特性曲线如图 1.5.1(b)所示。

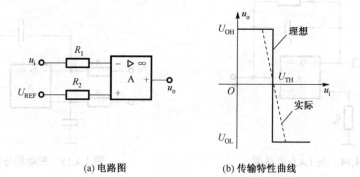

(a) 电路图　　　　　　　　　　　(b) 传输特性曲线

图 1.5.1　反相输入串联型电压比较器及传输特性

当输入电压 u_i 小于参考电压 U_{REF}（$u_- < u_+$）时，输出电压为高电平 U_{OH}；当输入电压 u_i 大于参考电压 U_{REF}（$u_- > u_+$）时，输出电压为低电平 U_{OL}，即

$$\begin{cases} u_o = U_{OH}, & u_i < U_{REF} & (1.5.1a) \\ u_o = U_{OL}, & u_i > U_{REF} & (1.5.1b) \end{cases}$$

把输出电压从一个电平跳变到另一个电平时所对应的输入电压值称为阈值电压或门限电压，记做 U_{TH}。门限电压通常由输出电压 u_o 翻转的临界条件，即 $u_+ = u_-$ 求出。在串联型简单电压比较器中，$U_{TH} = U_{REF}$。门限电压 U_{TH} 可正可负，也可以为零。$U_{TH} = 0$ 的比较器又称为过零比较器。

同相输入串联型电压比较器如图 1.5.2(a)所示，图 1.5.2(b)所示为其传输特性曲线。

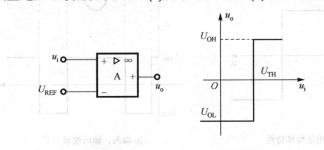

(a) 电路图　　　　　　　　(b) 传输特性曲线

图 1.5.2 　同相输入串联型电压比较器及传输特性曲线

【例 1.5.1】 简单电压比较器电路如图 1.5.1(a)所示，设集成运放是理想的，输入电压为 $u_i = 5\sin\omega t(V)$：

（1）当 $U_{REF} = 0V$ 时，画出电压传输特性和输出电压波形；

（2）当 $U_{REF} = 3V$ 时，画出电压传输特性和输出电压波形。

解：（1）由电路图可知，$U_{TH} = U_{REF} = 0$，电压传输特性和电压波形分别如图 1.5.3(a)和图 1.5.3(b)所示。

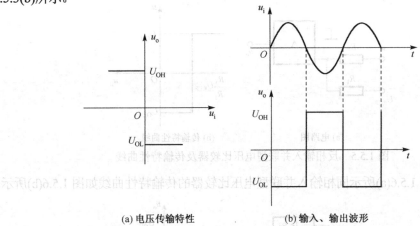

(a) 电压传输特性　　　　　　　　(b) 输入、输出波形

图 1.5.3 　例 1.5.1 $U_{REF} = 0$ 时的电压传输特性和电压波形

（2）由电路图可知，$U_{TH} = U_{REF} = 3V$，电压传输特性和电压波形分别如图 1.5.4(a)和图 1.5.4(b)所示。可见，利用简单电压比较器可以将正弦波变为方波或矩形波。

2. 并联型电压比较器

图 1.5.5(a)所示电路的 u_i 与 U_{REF} 从同一输入端输入，都接在反相输入端，称为反相输入

并联型电压比较器。利用叠加定理有

$$u_- = \frac{R_1}{R_1 + R_2}u_i + \frac{R_2}{R_1 + R_2}U_{REF}$$

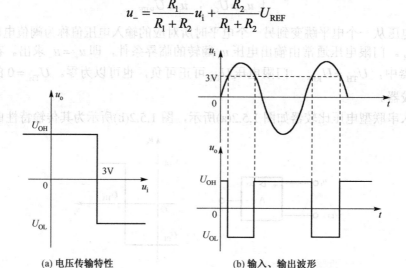

(a) 电压传输特性　　　　　　　　　(b) 输入、输出波形

图 1.5.4　例 1.5.1 $U_{REF} = 3V$ 时的电压传输特性和电压波形

当 $u_- = u_+ = 0$ 时，输出电压发生跳变，这时对应的输入电压即为门限电压 U_{TH}，有

$$R_1 u_i + R_2 U_{REF} = 0$$

由此可求出门限电压为

$$U_{TH} = -\frac{R_2}{R_1}U_{REF} \qquad (1.5.2)$$

当 $u_i > U_{TH}$ 时，$u_- > u_+$，$u_o = U_{OL}$；当 $u_i < U_{TH}$ 时，$u_- < u_+$，$u_o = U_{OH}$。所以其电压传输特性曲线如图 1.5.5(b)所示。

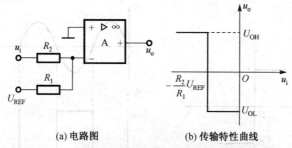

(a) 电路图　　　　　　　　　(b) 传输特性曲线

图 1.5.5　反相输入并联型电压比较器及传输特性曲线

同理可得到图 1.5.6(a)所示同相输入并联型电压比较器的传输特性曲线如图 1.5.6(b)所示。

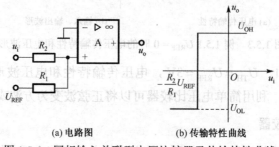

(a) 电路图　　　　　　　　　(b) 传输特性曲线

图 1.5.6　同相输入并联型电压比较器及传输特性曲线

1.5.2　迟滞电压比较器

简单电压比较器结构简单，灵敏度高，但抗干扰能力较差。当输入电压在门限电压附近上下波动时，无论这种变化是由于输入信号自身的变化还是干扰噪声，都将使得输出电压在高、低电平之间反复跳变。因此，提出了另一种抗干扰能力较强、具有迟滞特性的迟滞电压比较器。

反相输入串联型迟滞电压比较器如图 1.5.7 所示，图中输入信号从集成运放反相输入端输入，输出电压通过 R_1 和 R_2 接到同相端，与参考电压 U_{REF} 共同决定门限电压 U_{TH}。若不加限幅电路，比较器输出的高、低电平将分别为运放的最高和最低输出电压，有时为了与后面电路的电平匹配，可以在比较器的输出回路中加限幅电路。图中限流电阻 R_3 与 $\mathrm{VD_Z}$ 组成限幅电路，$\mathrm{VD_Z}$ 为双向稳压管，当运放输出为 U_{OH} 时，稳压管输出 $+U_Z$，当运放输出为 U_{OL} 时，稳压管输出 $-U_Z$，使输出电压钳制在 $\pm U_Z$。

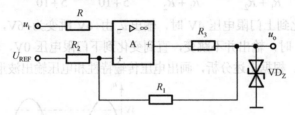

图 1.5.7　反相输入串联型迟滞电压比较器

U_{TH} 的值随输出电压而变化，输出为高电平时，$u_{\mathrm{o}}=+U_Z$，同相输入端的电压称为上门限电压 $U_{\mathrm{TH+}}$，根据运放"虚断"的特点和叠加原理可得

$$U_{\mathrm{TH+}} = \frac{R_1}{R_1+R_2}U_{\mathrm{REF}} + \frac{R_2}{R_1+R_2}U_Z \qquad (1.5.3)$$

输出为低电平时，$u_{\mathrm{o}}=-U_Z$，同相输入端的电压称为下门限电压 $U_{\mathrm{TH-}}$，根据运放"虚断"的特点和叠加原理可得

$$U_{\mathrm{TH-}} = \frac{R_1}{R_1+R_2}U_{\mathrm{REF}} - \frac{R_2}{R_1+R_2}U_Z \qquad (1.5.4)$$

传输特性可以分成正向和负向两部分，设开始时 $u_{\mathrm{o}}=+U_Z$：当 u_{i} 从足够低逐渐上升，使 u_- 略高于 $U_{\mathrm{TH+}}$ 时，u_{o} 产生跳变，$u_{\mathrm{o}}=-U_Z$；u_{i} 从足够高逐渐下降，当 u_{i} 下降为 $U_{\mathrm{TH+}}$ 时，u_{o} 并不产生跳变，只有下降到 u_- 略低于 $U_{\mathrm{TH-}}$ 时，u_{o} 才产生跳变，$u_{\mathrm{o}}=+U_Z$，然后再下降到足够低。

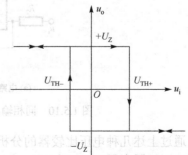

由上述分析可知，迟滞电压比较器的传输特性如图 1.5.8 所示，由于它像磁性材料的磁滞回线，所以称为迟滞电压比较器或滞回比较器。

上下门限电压可以通过调节参考电压 U_{REF} 来控制，两门限电压的差值称为迟滞宽度，用 ΔU_{TH} 表示。由式（1.5.3）和式（1.5.4）可知

图 1.5.8　反相输入迟滞电压比较器传输特性

$$\Delta U_{\text{TH}} = \frac{2R_2}{R_1 + R_2} U_Z \qquad (1.5.5)$$

迟滞宽度表示抗干扰能力的强弱，迟滞宽度越宽，抗干扰能力越强，同时灵敏度越低。并且输入电压的峰值必须大于迟滞宽度，否则输出电压不可能跳变。

【例 1.5.2】 迟滞电压比较器电路如图 1.5.7 所示，集成运放是理想的，已知 $R_1 = 10\text{k}\Omega$，$R_2 = 5\text{k}\Omega$，$U_{\text{REF}} = 3\text{V}$，$U_Z = \pm 6\text{V}$，输入电压 $u_i(t) = 5\sin\omega t(\text{V})$，试求门限电压 U_{TH}，并画出电压传输特性和输出电压波形。

解： 当 u_i 由负向正变化时，上门限电压为

$$U_{\text{TH+}} = \frac{R_1}{R_1 + R_2} U_{\text{REF}} + \frac{R_2}{R_1 + R_2} U_Z = \frac{10}{5+10} \times 3 + \frac{5}{5+10} \times 6 = 4(\text{V})$$

当 u_i 由正向负变化时，下门限电压为

$$U_{\text{TH-}} = \frac{R_1}{R_1 + R_2} U_{\text{REF}} - \frac{R_2}{R_1 + R_2} U_Z = \frac{10}{5+10} \times 3 - \frac{5}{5+10} \times 6 = 0(\text{V})$$

当 u_i 由负向正变化到上门限电压 4V 时，输出 u_o 由+6V 跳变为–6V，并且维持–6V。但当 u_i 由正向负变化到 4V 时，输出并不跳变，直到变化到下门限电压 0V，输出 u_o 才由–6V 跳变为+6V，并且维持+6V。根据上述分析，画出电压传输特性和电压输出波形，如图 1.5.9 所示。

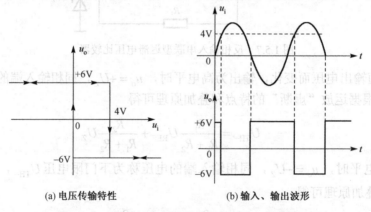

(a) 电压传输特性　　　　　　　　　　(b) 输入、输出波形

图 1.5.9　例 1.5.2 电压传输特性和输入、输出波形

同相输入串联型迟滞电压比较器如图 1.5.10(a)所示，传输特性曲线如图 1.5.10(b)所示。

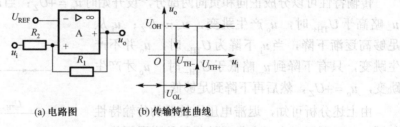

(a) 电路图　　　　　　　　　(b) 传输特性曲线

图 1.5.10　同相输入串联型迟滞电压比较器及传输特性曲线

通过上述几种电压比较器的分析，可以看出绘制电压传输特性的 3 个要素如下：

（1）门限电压 U_{TH}：令 $u_+ = u_-$，求出输入电压 u_i，该 u_i 即为门限电压 U_{TH}；

（2）高、低电平 U_{OH}、U_{OL}：运放工作在开环状态，若输出端无稳压二极管限幅，$U_o \approx \pm V_{\text{CC}}$；若输出端接有双向稳压二极管，则 $u_o \approx \pm U_Z$；

（3）确定输出状态发生变化时的方向：同相输入，$u_o = U_{OH}$ 时，曲线水平部分往横轴的正方向延伸；反相输入，$u_o = U_{OH}$ 时，曲线水平部分往横轴的负方向延伸。

习 题 1

1.1 当负载开路（$R_L = \infty$）时测得放大电路的输出电压 $u_o' = 2V$，当输出端接入 $R_L = 5.1k\Omega$ 的负载时，输出电压下降为 $u_o = 1.2V$，求放大电路的输出电阻 R_o。

1.2 当在放大电路的输入端接入电压 $u_S = 15mV$，内阻 $R_S = 1k\Omega$ 的信号源时，测得电路输入端的电压为 $u_i = 10mV$，求放大电路的输入电阻 R_i。

1.3 当在电压放大电路的输入端接入电压 $u_S = 15mV$，内阻 $R_S = 1k\Omega$ 的信号源时，测得电路输入端的电压为 $u_i = 10mV$；放大电路输出端接 $R_L = 3k\Omega$ 的负载，测得输出电压为 $u_o = 1.5V$，试计算该放大电路的电压增益 A_u 和电流增益 A_i，并分别用 dB（分贝）表示。

1.4 某放大电路的幅频响应特性曲线如图 1.1 所示，试求电路的中频增益 A_{um}、下限截止频率 f_L、上限截止频率 f_H 和通频带 f_{BW}。

1.5 电路如图 1.2 所示，当输入电压为 0.4V 时，要求输出电压为 4V，试求解 R_1 和 R_2 的阻值。

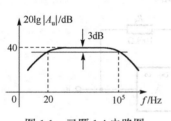

图 1.1 习题 1.4 电路图

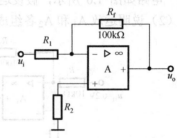

图 1.2 习题 1.5 电路图

1.6 集成运算放大器工作在线性区和非线性区各有什么特点？

1.7 电路如图 1.3 所示，集成运放输出电压的最大幅值为 ±14V，求输入电压 u_i 分别为 200mV 和 2V 时输出电压 u_o 的值。

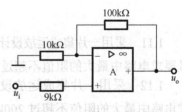

图 1.3 习题 1.7 电路图

1.8 电路如图 1.4 所示，试求每个电路的电压增益 $A_{uf} = \dfrac{u_o}{u_i}$、输入电阻 R_i 及输出电阻 R_o。

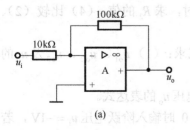

(a)

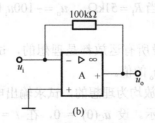

(b)

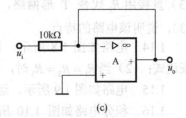

(c)

图 1.4 习题 1.8 电路图

1.9 电路如图 1.5 所示，求输出电压 u_o 与各输入电压的运算关系式。

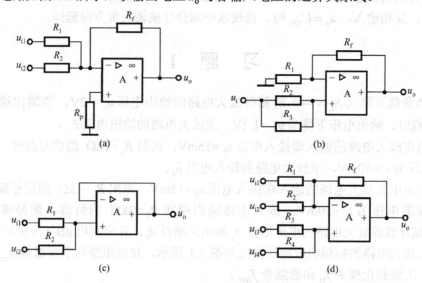

图 1.5　习题 1.9 电路图

1.10 电路如图 1.6 所示，假设运放是理想的：（1）写出输出电压 u_o 的表达式，并求出 u_o 的值；（2）说明运放 A_1 和 A_2 各组成何种基本运算电路。

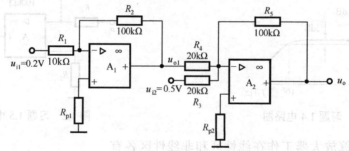

图 1.6　习题 1.10 电路图

1.11 采用一片集成运放设计一个反相加法电路，要求关系式为 $u_o = -5(u_{i1} + 5u_{i2} + 3u_{i3})$，并且要求电路中最大的阻值不超过 100kΩ，试画出电路图，并计算各阻值。

1.12 采用一片集成运放设计一个运算电路，要求关系式为 $u_o = -10(u_{i1} - u_{i2})$，并且要求电路中最大的阻值不超过 200kΩ，试画出电路图，计算各阻值。

1.13 图 1.7 所示为带 T 形网络高输入电阻的反相比例运算电路。（1）试推导输出电压 u_o 的表达式；（2）若选 $R_1 = 51\text{k}\Omega$，$R_2 = R_3 = 390\text{k}\Omega$，当 $u_o = -100u_i$ 时，计算电阻 R_4 的阻值；（3）直接用 R_2 代替 T 形网络，当 $R_1 = 51\text{k}\Omega$，$u_o = -100u_i$ 时，求 R_2 的值；（4）比较（2）、（3），说明该电路的特点。

1.14 电路如图 1.8 所示，设所有运放都是理想的，试求：（1）u_{o1}、u_{o2}、u_{o3} 及 u_o 的表达式；（2）当 $R_1 = R_2 = R_3$ 时，u_o 的值。

1.15 电路如图 1.9 所示，运放均为理想的，试求输出电压 u_o 的表达式。

1.16 积分电路如图 1.10 所示。设 $u_C(0) = 0$，在 $t = 0$ 时输入阶跃电压 $u_i = -1\text{V}$，若 $t = 1\text{ms}$ 时，输出电压达到 10V，求所需的时间常数。

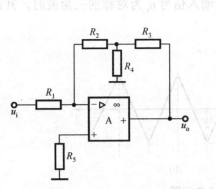

图 1.7　习题 1.13 电路图

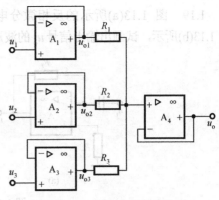

图 1.8　习题 1.14 电路图

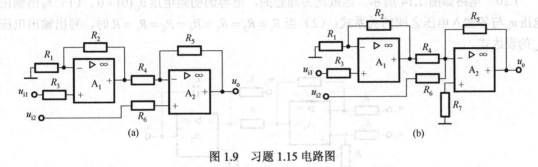

图 1.9　习题 1.15 电路图

1.17　电路如图 1.11(a)所示，已知运放的最大输出电压 $U_{om}=\pm 12V$，输入电压波形如图 1.11(b)所示，周期为 0.1s。试画出输出电压的波形，并求出输入电压的最大幅值 U_{im}。

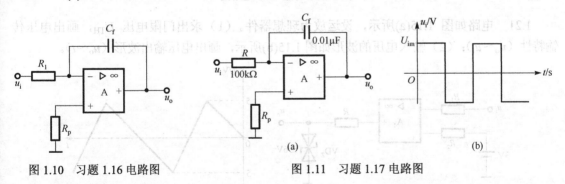

图 1.10　习题 1.16 电路图　　　　　　　　　　图 1.11　习题 1.17 电路图

1.18　电路如图 1.12 所示，运放均为理想的。（1）A_1、A_2 和 A_3 各组成何种基本电路？（2）写出 u_o 的表达式。

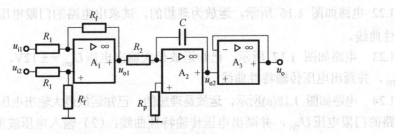

图 1.12　习题 1.18 电路图

1.19　图 1.13(a)所示的反相微分电路中，当输入信号 u_i 为对称的三角波时，其波形如图 1.13(b)所示，试画出输出信号 u_o 的波形。

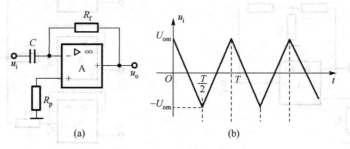

图 1.13　习题 1.19 电路图

1.20　电路如图 1.14 所示，运放均为理想的，电容的初始电压 $u_C(0)=0$。（1）写出输出电压 u_o 与各输入电压之间的关系式；（2）当 $R_1=R_2=R_3=R_4=R_5=R_6=R$ 时，写出输出电压 u_o 的表达式。

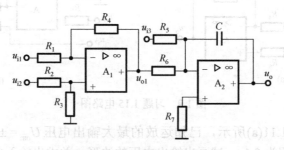

图 1.14　习题 1.20 电路图

1.21　电路如图 1.15(a)所示，设运放为理想器件。（1）求出门限电压 U_{TH}，画出电压传输特性（$u_o \sim u_i$）；（2）输入电压的波形如图 1.15(b)所示，画出电压输出波形（$u_o \sim t$）。

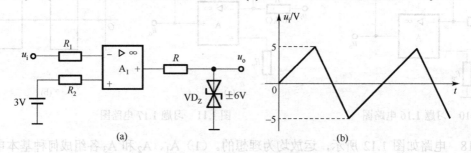

图 1.15　习题 1.21 电路图

1.22　电路如图 1.16 所示，运放为理想的，试求出电路的门限电压 U_{TH}，并画出电压传输特性曲线。

1.23　电路如图 1.17 所示，已知运放最大输出电压 $U_{om}=\pm 12V$，试求出电路的门限电压 U_{TH}，并画出电压传输特性曲线。

1.24　电路如图 1.18(a)所示，运放是理想的，已知运放最大输出电压 $U_{om}=\pm 12V$。（1）试求电路的门限电压 U_{TH}，并画出电压传输特性曲线；（2）输入电压波形如图 1.18(b)所示，试画出输出电压 u_o 的波形。

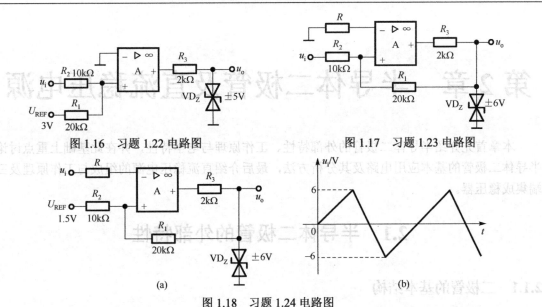

图 1.16　习题 1.22 电路图　　　　　　　图 1.17　习题 1.23 电路图

图 1.18　习题 1.24 电路图

1.25　电路如图 1.19 所示，已知运放为理想的，运放最大输出电压 $U_{om}=\pm 15V$。（1）A_1、A_2 和 A_3 各组成何种基本电路；（2）若 $u_i = 5\sin\omega t$ (V)，试画出与之对应的 u_{o1}、u_{o2} 和 u_o 的波形。

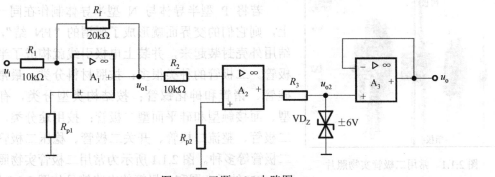

图 1.19　习题 1.25 电路图

1.26　设计仿真题，用 Multisim 仿真软件绘制电路，并仿真分析。

（1）设计一个两级同相放大器，使其最小总增益为 800，最小带宽为 15kHz。

（2）麦克风的等效电路为一个电压源和一个输出电阻串联，其中电压源产生峰值为 5mV 的信号，其输出电阻为 10kΩ。使用运放设计一个小信号音频放大器，当频率为 10Hz～15kHz 时，该系统能放大麦克风的输出信号，并产生峰值为 1V 的输出电压。

（3）设计一个积分器，输入信号频率为 500Hz、幅值为 0.5V 的方波，输出信号为 0～ –5V 的三角波。

（4）设计一个 V/F 转换器，研究其产生的输出电压的频率随输入电压幅度的变化关系。

（5）设计一个 T 形网络运算放大器，信号源最大输出电压为 12mV，内阻为 1kΩ，要求最大输出电压为 1.2V，放大器的输入电阻为 50kΩ，但电路中每个电阻值应该小于 500kΩ。

（6）设计一个传感器放大器，当传感器电阻值产生 ±1%的偏差时，放大器能产生 ±5V 的输出电压。

（7）设计一个电平检测电路，检测高、低电平分别为 7V 和 4V。

第2章 半导体二极管及直流稳压电源

本章首先介绍半导体二极管的外部特性、工作原理与电学特性，并在此基础上重点讨论半导体二极管的基本应用电路及其分析方法，最后介绍直流稳压电源的组成与工作原理及三端集成稳压器。

2.1 半导体二极管的外部特性

2.1.1 二极管的基本结构

在电子元器件中，用得最多的材料是硅和锗，导电能力介于导体和绝缘体之间，称为半导体，都是四价元素，利用半导体的掺杂工艺，掺入五价元素形成主要靠自由电子导电的 N 型半导体，掺入三价元素形成主要靠空穴导电的 P 型半导体。

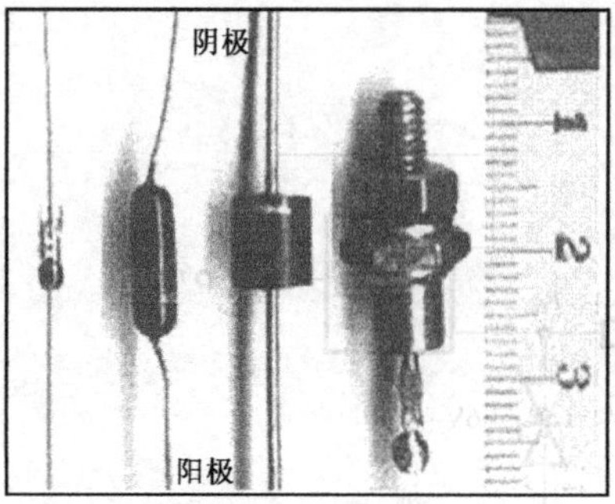

若将 P 型半导体与 N 型半导体制作在同一块硅片上，则它们的交界面就形成了所谓的"PN 结"，将 PN 结用外壳封装起来，并装上电极引线就构成了半导体二极管。二极管的种类很多：按照材料分类，最常用的有硅管、锗管和砷化镓管；按结构类型分类，有点接触型、面接触型和硅平面型二极管；按用途分类，有普通二极管、整流二极管、开关二极管、稳压二极管和发光二极管等多种。图 2.1.1 所示为常用二极管实物照片。

图 2.1.1 常用二极管实物照片

PN 结示意图和二极管的电路符号如图 2.1.2 所示。P 区一侧引出的电极为阳极（正极），N 区一侧引出的电极为阴极（负极），三角形表示正向电流的方向。一般在二极管的外壳上标有符号、色点或色圈来标识其极性。

(a) PN结示意图   (b) 图形符号

图 2.1.2 PN 结示意图和二极管的图形符号

常见二极管的几种结构如图 2.1.3(a)、(b)和(c)所示。

点接触型二极管如图 2.1.3(a)所示，一般为锗管，即以锗晶体为二极管的基片，它的结面积小，高频性能好，但允许通过的电流较小，一般应用于高频检波和小功率整流电路中，也用做数字电路的开关元件。

面接触型二极管如图 2.1.3(b)所示，一般为硅管，它的结面积较大，可以通过较大的电流，但工作频率较低，常用于低频整流电路中。

硅平面型二极管如图 2.1.3(c)所示，结面积大的可以用于大功率整流，结面积小的适用于脉冲数字电路，作为开关管使用。

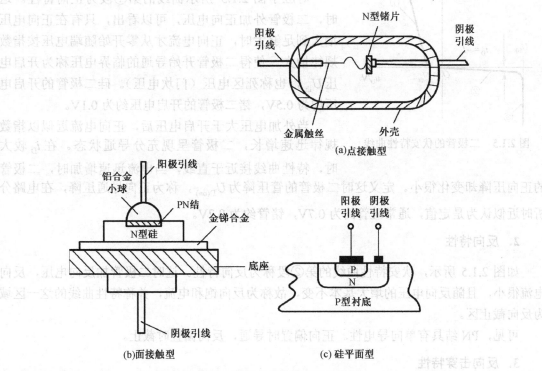

(a)点接触型

(b)面接触型　　　　　　　　(c) 硅平面型

图 2.1.3　常用二极管的结构示意图

2.1.2　二极管的伏安特性

可以通过实验的方法得到二极管的外部特性，即伏安特性，测试电路如图 2.1.4 所示。图 2.1.4(a)所示为二极管正向特性测试电路，P 区接电源的正极，N 区接电源的负极，这种接法称为 PN 结正向偏置，简称正偏。图 2.1.4(b)所示为二极管反向特性测试电路，P 区接电源的负极，N 区接电源的正极，这种接法称为 PN 结反向偏置，简称反偏。

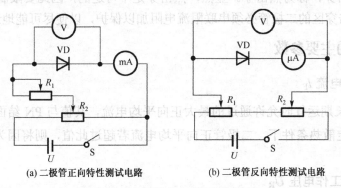

(a)二极管正向特性测试电路　　　　　　(b)二极管反向特性测试电路

图 2.1.4　二极管伏安特性测试电路

二极管的伏安特性曲线是流过二极管的电流随外加偏置电压变化的关系曲线，如图 2.1.5 所示。下面对二极管的伏安特性分 3 部分加以说明。

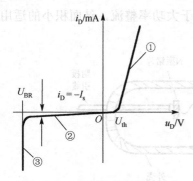

图 2.1.5　二极管的伏安特性曲线

1. 正向特性

对应于图 2.1.5 所示曲线的第①段为正向特性。这时，二极管外加正向电压，可以看出，只有在正向电压增大到足够大时，正向电流才从零开始随端电压按指数规律增大。使得二极管开始导通的临界电压称为开启电压 U_{th}，也称死区电压（门坎电压）。硅二极管的开启电压约为 0.5V，锗二极管的开启电压约为 0.1V。

当外加电压大于开启电压后，正向电流近似以指数规律迅速增长，二极管呈现充分导通状态。在 i_D 较大时，特性曲线接近于直线，当电流迅速增加时，二极管的正向压降却变化很小。定义这时二极管的管压降为 $U_{D(on)}$，称为正向导通压降，在电路分析时近似认为是定值，通常硅管约为 0.7V，锗管约为 0.2V。

2. 反向特性

如图 2.1.5 所示，伏安特性曲线的第②段称为反向特性。这时二极管加反向电压，反向电流很小，且随反向电压的增大基本不变，故称为反向饱和电流，并称特性曲线的这一区域为反向截止区。

可见，PN 结具有单向导电性。正向偏置时导通，反向偏置时截止。

3. 反向击穿特性

当反向电压增大到一定值时，反向电流会急剧增加，这种现象为反向击穿，对应于图 2.1.5 所示曲线的第③段。发生击穿所需的电压 U_{BR} 称为反向击穿电压。发生击穿时，二极管的反向电流随外电路改变，而反向电压却几乎维持在击穿电压附近，具有稳定电压的作用。稳压管正是利用了二极管的反向击穿特性。反向击穿属于电击穿，电击穿过程在 PN 结被破坏之前是可逆的，即当反向电压降低到低于击穿电压时，PN 结能恢复到击穿前的状态。

另外，当反向电流过大时，消耗在 PN 结上的功率较大，引起 PN 结温度上升，直到过热而造成破坏性的击穿，称为热击穿。显然，热击穿是不可逆的，因此要限制 PN 结的功率，所以工作在反向击穿区的二极管必须串联限流电阻加以保护，以便尽可能地避免热击穿。

2.1.3　二极管的主要参数

1. 最大整流电流 I_F

I_F 是二极管长期运行时允许通过的最大正向平均电流，其值与 PN 结面积及外部散热条件等有关。在规定散热条件下，二极管正向平均电流若超过此值，则将因为 PN 结温度上升过高而可能烧毁。

2. 最高反向工作电压 U_R

U_R 是二极管工作时允许外加的最大反向电压。反向电压超过此值时，二极管有可能因为反向击穿而被烧毁。一般，手册上给出的最高反向工作电压约为击穿电压的一半，以确保二极管安全运行。

3．反向电流 I_R

I_R 是指二极管未被击穿时的反向电流值。其值越小，说明二极管的单向导电性越好。通常，手册中给出的 I_R 是 U_R 下的反向电流值。I_R 对温度敏感，使用时应注意温度的影响。

4．最高工作频率 f_M

f_M 是二极管工作的上限频率，即二极管的单向导电性能开始明显退化时的信号频率。当信号频率超过 f_M 时，二极管将失去单向导电性。

表 2.1.1 和表 2.1.2 给出了部分国产二极管的参数。

表 2.1.1　点接触型锗管（作检波和小电流整流用）

参数\型号	最大整流电流/mA	最高反向工作电压/V	反向电流/μA	正向电流（正向电压为1V）/mA	最高工作频率/MHz	极间电容/pF
2AP1	16	20	≤250	≥2.5	150	≤1
2AP2	16	30	≤250	≥1.0	150	≤1
2AP3	16	30	≤250	≥7.5	150	≤1
2AP4	16	50	≤250	≥5.0	150	≤1
2AP5	16	75	≤250	≥2.5	150	≤1
2AP7	12	100	≤250	≥5.0	150	≤1

表 2.1.2　面接触型硅管（作整流用）

参数\型号	最大整流电流/mA	最高反向工作电压/V	反向电流/μA	最大整流电流时的正向压降/V	最高工作频率/kHz
2CP21A	300	50	≤250	≤1	3
2CP21	300	100	≤250	≤1	3
2CP22	300	200	≤250	≤1	3
2CP24	300	400	≤250	≤1	3
2CZ11A	1000	100	≤600	≤1	3
2CZ11B	1000	200	≤600	≤1	3
2CZ11C	1000	300	≤600	≤1	3

2.2　晶体二极管电路的分析方法

在电子技术中，二极管电路得到了广泛应用。本节介绍晶体二极管的模型，并讨论含晶体二极管电路的分析方法。2.3 节将介绍二极管的实际应用电路。

2.2.1　晶体二极管的模型

由于二极管的非线性主要表现为单向导电性，而导通后伏安特性的非线性则是第二位的，所以为了简化分析计算，二极管的伏安特性可以合理地用直线段逼近，即用某些线性电路来等效实际的二极管。这种电路称为二极管的等效电路，即等效模型。

（1）理想二极管模型

如果忽略二极管的死区电压、正向导通电压和反向电流，则实际二极管的伏安特性曲线可以用图 2.2.1(a)所示的折线代替，图中虚线表示实际二极管的伏安特性。由图可见，当外加正向电压时，二极管导通，正向压降为 0V，而当外加反向电压时，二极管截止，认为它的电阻为无穷大，反向电流为 0，即二极管等效为一个开关，如图2.2.1(b)所示。在实际电路中，当电源电压远比二极管的管压降大时，利用此模型来分析是可行的。

（2）恒压降模型

二极管恒压降模型是指二极管正向导通后，其管压降不随电流变化，认为是恒定值（硅管取 0.7V，锗管取 0.2V），并且二极管的反向电流为零。其伏安特性曲线如图 2.2.2(a)所示，图 2.2.2(b)所示为其等效模型电路，即理想二极管串联电压源$U_{D(on)}$。与前一种等效电路相比，此种模型的误差要小得多，近似分析中多采用该模型。

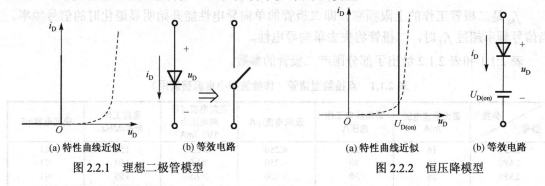

（a）特性曲线近似　　　（b）等效电路　　　　　　　　（a）特性曲线近似　　　（b）等效电路

图 2.2.1　理想二极管模型　　　　　　　　　　　图 2.2.2　恒压降模型

2.2.2　晶体二极管电路的分析

模型不同，采用的分析方法也不同。例如，对于图 2.2.3 所示电路，已知电源 V_{DD} 和电阻 R，求二极管端电压 u_D 和流过二极管的电流 i_D。

（1）使用理想模型时，用短路线代替导通的二极管，得到图2.2.4(a)，有

$$U_D = 0V,\ I_D = V_{DD}/R$$

（2）使用恒压降模型时，用恒压降模型等效电路代替二极管，得到图2.2.4(b)，有

$$U_D = 0.7V,\ I_D = \frac{V_{DD} - U_{D(on)}}{R}$$

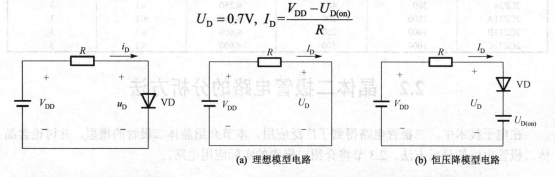

（a）理想模型电路　　　　　（b）恒压降模型电路

图 2.2.3　简单二极管电路　　　　图 2.2.4　简单二极管电路对应的简化模型电路

【例 2.2.1】　电路如图 2.2.5(a)所示，$R = 1k\Omega$，$U_{REF} = 3V$ 为直流参考电压源。当 $u_i = 6\sin\omega t$(V) 时，试分别用理想模型和恒压降模型分析该电路，画出相应的输出电压 u_o 的波形。

解：（1）理想模型

当 $u_i \leqslant U_{REF}$ 时，二极管截止，$u_o = u_i$；当 $u_i > U_{REF}$ 时，二极管导通，$u_o = U_{REF} = 3$(V)。波形如图 2.2.5(c)所示。

（2）恒压降模型

恒压降模型电路如图 2.2.5(b)所示。当 $u_i \leqslant (U_{REF} + U_{D(on)})$ 时，二极管截止，$u_o = u_i$；当 $u_i > (U_{REF} + U_{D(on)})$ 时，二极管导通，$u_o = U_{REF} + U_{D(on)} = 3 + 0.7 = 3.7$(V)，波形如图 2.2.5(d)所示。

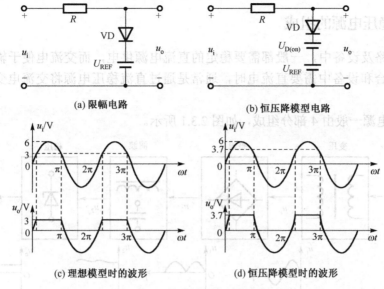

图 2.2.5　例 2.2.1 电路图

　　该例题中的电路称为限幅电路，在电子电路中，常用限幅电路对各种信号进行处理。它用来让信号在预置的电平范围内，有选择地传输信号波形的一部分。常用于：

　　（1）整形，削去输出波形的顶部或底部；

　　（2）波形变换，如将输出波形的正脉冲消去，只留下其中的负脉冲；

　　（3）过压保护，当强的输出信号或干扰有可能损坏某个部件时，可在这个部件前接入限幅电路。

　　在图 2.2.5(a)所示的单向限幅电路中反向并联一路就构成了双向限幅电路，如图 2.2.6(a)所示。用理想二极管模型分析可得该电路的传输特性如图 2.2.6(b)所示。由图可见，双向限幅电路限制了输出信号的正负幅度。

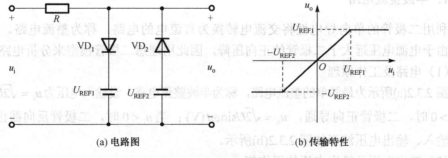

图 2.2.6　双向限幅电路

2.3　晶体二极管的应用及直流稳压电源

　　利用晶体二极管的单向导电性和反向击穿特性，可以构成整流、稳压等各种功能电路。整流与稳压也是电源电路的重要组成部分。

2.3.1　直流稳压电源的组成

在电子电路及设备中，一般都需要稳定的直流电源供电，而交流电便于输送和分配，因此在许多场合和设备中需要直流电时，通常是通过直流稳压电源将交流电变换成稳定的直流电。

直流稳压电源一般由 4 部分组成，如图 2.3.1 所示。

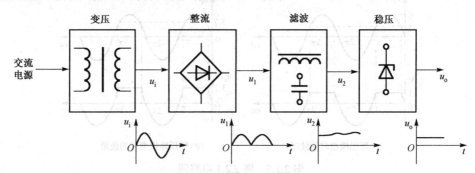

图 2.3.1　直流稳压电源的基本框图

电源变压器将电网电压（220V 或 380V、50Hz）变换为整流电路所需要的交流电压。整流电路将变压器的次级交流电转换为单向脉动的直流电。滤波电路将整流后的纹波滤除，将脉动的直流电变换为平滑的直流电。经整流、滤波后的直流电仍不稳定，随电网电压的波动或负载的变化而变化，所以必须加稳压电路来克服这种变化，以得到一个纹波小、不随电网电压和负载变化的稳定的直流电源。

对直流稳压电源的要求是：输出电压稳定，纹波小，抗干扰性能好，带载能力强。

2.3.2　小功率整流滤波电路

1. 半波整流电路

利用二极管的单向导电性将交流电转换为直流电的电路，称为整流电路。在整流电路中，由于电源电压远大于二极管的正向压降，因此用理想二极管模型来分析电路。

（1）电路及工作原理

图 2.3.2(a)所示为最简单的整流电路，称为半波整流电路。设输入电压为 $u_i = \sqrt{2}U\sin\omega t\,(\text{V})$，当 $u_i > 0$ 时，二极管正向导通，$u_o = \sqrt{2}U\sin\omega t\,(\text{V})$；当 $u_i < 0$ 时，二极管反向截止，$u_o = 0$。因此输入、输出电压波形如图 2.3.2(b)所示。

（2）输出电压及输出电流的平均值

由于只在交流电的半个周期内有输出波形，故称为半波整流电路。半波整流电路输出电压的平均值 $U_{o(AV)}$ 为

$$U_{o(AV)} = \frac{1}{2\pi}\int_0^{2\pi} u_o \, d(\omega t) = \frac{1}{2\pi}\int_0^{\pi} u_i \, d(\omega t) = 0.45U \qquad (2.3.1)$$

式中，U 为输入电压 u_i 的有效值。

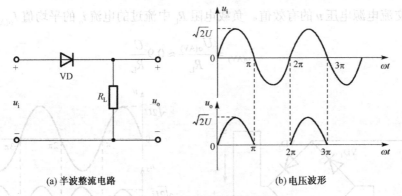

(a) 半波整流电路　　　　　　　　　　　　(b) 电压波形

图 2.3.2　半波整流电路及其波形

输出电流的平均值，即负载上的电流平均值为

$$I_{o(AV)} = \frac{U_{o(AV)}}{R_L} = 0.45\frac{U}{R_L} \tag{2.3.2}$$

（3）二极管的选择

在整流电路中，应根据极限参数最大整流平均电流 I_F 和最高反向工作电压 U_R 来选择二极管。通过二极管的平均电流 $I_{D(AV)}$ 与负载电阻中的平均电流 $I_{o(AV)}$ 相同，故

$$I_{D(AV)} = I_{o(AV)} = \frac{U_{o(AV)}}{R_L} = 0.45\frac{U}{R_L} \tag{2.3.3}$$

二极管截止时所承受的最高反向电压 $U_{D(RM)}$ 就是 u_i 的最大值，即

$$U_{D(RM)} = \sqrt{2}U \tag{2.3.4}$$

虽然半波整流电路结构简单，所用元件少，但输出电压平均值低，且波形脉动大，变压器有半个周期电流为零，利用率低。所以，只适用于输出电流较小且允许交流分量较大的场合。

2. 单相桥式整流电路

为了提高变压器的利用率，减小输出电压的脉动，在小功率电源中，应用最多的是单相桥式整流电路。

（1）电路及工作原理

单相桥式整流电路如图 2.3.3(a)所示。4 个二极管 $VD_1 \sim VD_4$ 接成电桥形式，组成整流电路，称为桥堆，因为组成桥堆的二极管一般为硅管，所以又称"硅堆"。设交流电压为 $u = U_m\sin\omega t = \sqrt{2}U\sin\omega t$ (V)，当交流电源电压 $u > 0$ 时，二极管 VD_1、VD_3 导通，VD_2、VD_4 截止，$u_o = u$。而当 $u < 0$ 时，二极管 VD_2、VD_4 导通，VD_1、VD_3 截止，$u_o = -u$。这样无论在交流电源电压 u 的正半周还是负半周，负载 R_L 两端的输出电压 u_o 始终是上正下负，保持方向不变，所以 R_L 中的输出电流 i_o 始终是由 a 流向 b。对应于交流电源电压 u 的波形可以画出 u_o 和 i_o 的波形，如图 2.3.3(b)所示。

（2）电路的主要性能指标

桥式全波整流输出电压 u_o 的平均值 $U_{o(AV)}$ 为

$$U_{o(AV)} = \frac{1}{\pi}\int_0^{\pi} U_m\sin\omega t\, \mathrm{d}(\omega t) = \frac{2\sqrt{2}}{\pi}U \approx 0.9U \tag{2.3.5}$$

式中，U 为交流电源电压 u 的有效值。负载电阻 R_L 中流过的电流 i_o 的平均值 $I_{o(AV)}$ 为

$$I_{o(AV)} = \frac{U_{o(AV)}}{R_L} \approx 0.9\frac{U}{R_L} \tag{2.3.6}$$

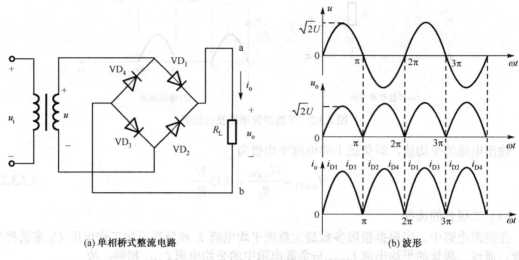

(a) 单相桥式整流电路   (b) 波形

图 2.3.3 单相桥式整流电路及其波形

（3）二极管的选择

在单相桥式整流电路中，因为每只二极管只在输入电压的半个周期内导通，流过每个二极管的平均电流 $I_{D(AV)}$ 均为 $I_{o(AV)}$ 的一半，即

$$I_{D(AV)} = \frac{I_{o(AV)}}{2} \approx \frac{0.45U}{R_L} \tag{2.3.7}$$

每个二极管在截止时所承受的最大反向电压就是交流电源电压 u 的峰值，记为

$$U_{D(RM)} = \sqrt{2}U \tag{2.3.8}$$

考虑到电网电压的波动范围为 ±10%，在实际选用二极管时，应考虑一定的余量，一般至少为 10%，即

$$I_F > 1.1\frac{I_{o(AV)}}{2}, \quad U_R > 1.1\sqrt{2}U$$

3. 电容滤波电路

整流电路虽然将交流电压变为直流电压，但输出电压含有较大的交流分量，利用电容和电感对直流分量和交流分量呈现不同电抗的特点，可滤除整流电路输出电压中的交流成分，保留直流成分，使其波形变得平滑，接近理想的直流电压。

电容滤波电路是最常见、最简单的滤波电路，在整流电路的输出端并联一个电容即可构成单相桥式整流电容滤波电路，如图 2.3.4(a)所示。滤波电容容量较大，一般为电解电容，在接线时注意电容的正、负极。

（1）工作原理及波形

当变压器次级电压 u 处于正半周且数值大于电容两端的电压时，二极管 VD_1、VD_3 导通，电流一路流经 R_L，另一路对电容 C 充电，此时 $u_o = u_C = u$。当 u 上升到峰值后开始下

降，电容通过 R_L 放电，其电压 u_C 按指数规律也开始下降，当 u 下降到一定数值后，u_C 的下降速度小于 u 的下降速度，使 u_C 大于 u，从而导致 VD_1、VD_3 反向偏置而变为截止。此时，4 个二极管全部截止，电容 C 继续通过 R_L 放电，u_C 按指数规律缓慢下降。当 u 的负半周幅值变化到大于 u_C 时，VD_2、VD_4 变为导通，u 再次对 C 充电，u_C 上升到 u 的峰值后又开始下降，下降到一定数值时，VD_2、VD_4 变为截止，电容 C 对 R_L 放电，u_C 按指数规律缓慢下降，放电到一定数值时，VD_1、VD_3 又变为导通。周而复始，充、放电的波形如图 2.3.4(b) 所示。

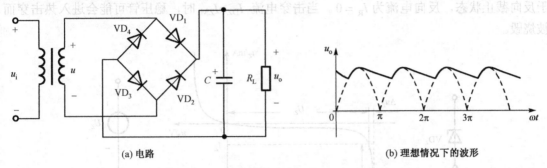

(a) 电路   (b) 理想情况下的波形

图 2.3.4 单相桥式整流电容滤波电路及波形

从图 2.3.4(b) 所示的波形可看出，经滤波后的输出电压不仅变得平滑，而且平均值也得到了提高。

由以上分析可知，由于二极管的内阻和变压器副边的直流电阻都很小，滤波电路的充电时间常数很小，电路放电时，时间常数为 $\tau = R_L C$，滤波效果取决于放电时间常数，放电时间常数越大，滤波效果越好。电容越大，负载电阻越大，$\tau = R_L C$ 越大，滤波后输出电压越平滑，且平均值越大。可见，电容滤波电路利用电容的充、放电作用，使输出电压趋于平滑。

（2）输出电压平均值

由于滤波电路输出电压的波形很难用解析式来描述，因此只能近似估算。将图 2.3.4(b) 所示滤波波形近似为锯齿波，则当 $R_L C = (3 \sim 5)T/2$ 时（其中，T 为电网电压的周期），可求得输出电压的平均值为

$$U_{o(AV)} = (1.1 \sim 1.4)U$$

其具体数值由 $R_L C$ 的大小决定，一般工程上取

$$U_{o(AV)} \approx 1.2U \qquad (2.3.9)$$

综上所述，电容滤波电路简单易行，输出电压平均值高，适用于负载电流较小且变化也较小的场合。

其他形式的滤波电路可参阅相关文献。

2.3.3 稳压管稳压电路

虽然整流滤波电路能将正弦交流电压转换成较为平滑的直流电压，但电网电压的波动和负载的变化都将引起输出电压平均值的变化，为获得稳定性好的直流电压，必须采取稳压措施。

1. 稳压管的伏安特性

由二极管的伏安特性可知，二极管反向击穿后的特性曲线非常陡直。也就是说，当通过

的反向电流有很大变化时，其两端电压却变化很小，几乎是恒定的，此时二极管有"稳压"作用。利用这一特性可以构成稳压二极管，简称稳压管，也称齐纳二极管。所以稳压管实质上就是一个工作在反向击穿区的二极管，其电路符号及伏安特性如图2.3.5(a)、(b)所示。

当稳压管反向偏置时，如外加反向电压大于 U_Z，稳压管反向击穿，若此时流过稳压管的电流 I_{DZ} 位于 I_Z（也记为 I_{Zmin}）和 I_{ZM}（也记为 I_{Zmax}）之间，则处于稳压状态，压降为 U_Z，可用图 2.3.5(c)所示的大信号恒压源模型表示。当外加反向电压小于 U_Z 时，稳压管处于反向截止状态，反向电流为 $I_R = 0$。当击穿电流 $I_{DZ} > I_{ZM}$ 时，稳压管可能会进入热击穿而被烧毁。

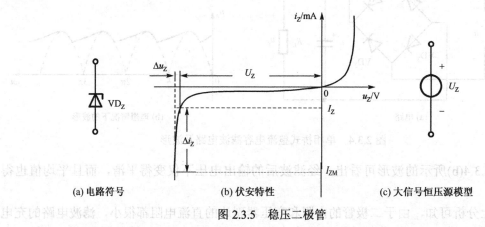

(a) 电路符号　　　　　　(b) 伏安特性　　　　　　(c) 大信号恒压源模型

图 2.3.5　稳压二极管

稳压管用2CW、2DW命名。表 2.3.1 列出了几种典型的稳压管的主要参数。

表 2.3.1　几种典型的稳压管的主要参数

型　号	稳定电压 U_Z/V	稳定电流 I_Z/mA	动态电阻 r_Z/Ω	温度系数 （%/℃）	耗散功率 P_M/W	最大稳定电流 I_{ZM}/mA
2CW11	3.2～4.5	10	< 70	−0.05～+0.04	0.25	55
2CW15	7.0～8.5	5	≤10	+0.01～+0.08	0.25	29
2DW7A	2.8～6.6	10	≤25	+0.05	0.20	30

2. 稳压管稳压电路

稳压管在直流稳压电源中获得广泛的应用。图 2.3.6 所示为常用的二极管稳压工作电路，U_i 为待稳定的直流电压，负载 R_L 与稳压管并联，因而称为并联式稳压电路。R 为限流电阻，它的作用是使电路有一个合适的工作状态，并限定电路的工作电流。同时 R 也是调整电阻，它与稳压管配合起稳压作用。当 U_i 或 R_L 变化时，电路能自动调整 I_Z 的大小，改变 R 上的压降 $I_R R$，以达到维持输出电压 U_o 基本恒定的目的。例如，当 U_i 恒定而 R_L 减小时，将产生如下的自动调整过程：

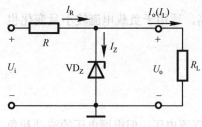

图 2.3.6　简单的二极管稳压电路

$$R_L\downarrow \longrightarrow I_o\uparrow \longrightarrow I_R\uparrow \longrightarrow U_o\downarrow \longrightarrow I_Z\downarrow \longrightarrow I_R\downarrow \longrightarrow I_R R\downarrow$$
$$U_o\uparrow \longleftarrow$$

【例 2.3.1】 硅稳压管稳压电路如图 2.3.6 所示。其中，待稳定的直流电压 $U_i = 18V$，$R = 1k\Omega$，$R_L = 2k\Omega$，硅稳压管 VD_Z 的稳定电压 $U_Z = 10V$，忽略未击穿时的反向电流。

（1）试求 U_o、I_o、I_R 和 I_Z 的值。

（2）试求当 R_L 值降低到多大时，电路的输出电压将不再稳定。

解：（1）
$$U_i \times \frac{R_L}{R + R_L} = 18 \times \frac{2}{1+2} = 12(V) > U_Z$$

VD_Z 被反向击穿，使输出电压稳定，故
$$U_o = U_Z = 10(V)$$

$$I_o = \frac{U_o}{R_L} = \frac{10}{2} = 5(mA)$$

$$I_R = \frac{U_i - U_o}{R} = \frac{18 - 10}{1} = 8(mA)$$

$$I_Z = I_R - I_o = 8 - 5 = 3(mA)$$

（2）当 $U_i \times \dfrac{R_L}{R + R_L} < U_Z$ 时，VD_Z 不能被击穿，电路不能稳压。代入 U_i、R 及 U_Z 可求得电路不再稳压时的 R_L，即

$$18 \times \frac{R_L}{1 + R_L} < 10$$

$$R_L < 1.25(k\Omega)$$

2.3.4　三端集成稳压器

随着半导体集成技术的发展，出现了集成稳压器。单片集成稳压电路因其性能稳定、体积小、使用灵活、价格低廉而得到广泛的应用。

1. 固定输出的三端集成稳压器

集成稳压器的种类很多。按输出电压是否可调，有固定式和可调式；按引脚分，有多端式和三端式，目前使用的大多是三端集成稳压器。

三端式集成稳压器有 3 个引脚，即输入端、输出端和公共端。其常用的有以下 4 个系列：固定输出正电压的 78××系列、固定输出负电压的 79××系列、正电压可调的 117 系列及负电压可调的 137 系列。

其中，78××和 79××系列中的"××"是两个数字，表示输出的固定电压值，一般有 5V、6V、9V、12V、15V、18V、24V 等几种，每种系列的稳压器输出电流以后面的尾缀字母区分，其中 L 表示 100mA（78L××），M 表示 500mA（78M××），无尾缀字母表示 1.5A（78××）等。例如，CW78M05 表示输出正电压 5V、输出电流 500mA。TO-220 封装的集成稳压器 78××系列及 79××外形引脚位置和电路符号如图 2.3.7 所示。图中，引脚号标注方法是按照引脚电位从高到低的顺序标注的，这样标注便于记忆。对于 78××正压系列，输入是最高电位，为 1 脚；地是最低电位，为 3 脚。对于 79××负电压系列，输入为最低电位，自然是 3 脚；地是最高电位，为 1 脚。无论正压还是负压，输出都是 2 脚。

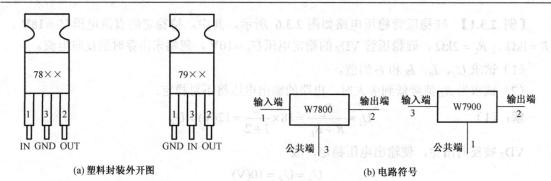

(a) 塑料封装外开图　　　　　　　　　　　　　　　　(b) 电路符号

图 2.3.7　W7800、W7900 三端集成稳压器

CW7800 系列三端集成稳压器的主要参数如表 2.3.2 所示。

表 2.3.2　CW7800 系列三端集成稳压器的主要参数

参数 系列	输入电压 U_i/V	输出电压 U_o/V	最大输出电流 I_{oM}/A	电压调整 S_U/mV	输出电阻 r_o/mΩ	输出电压温度系数 S_T/mV·℃⁻¹	最小输入电压 U_{imin}/V	最大输入电压 U_{imax}/V	最大耗散功率 P_{DM}/W
CW7805	10	5	1.5	7.0	17	1.0	8	35	15
CW7806	11	6	1.5	8.5	17	1.0	9	35	15
CW7809	14	9	1.5	12.5	17	1.2	12	35	15
CW7812	19	12	1.5	17	18	1.2	15	35	15
CW7815	23	15	1.5	21	19	1.5	18	35	15
CW7818	26	18	1.5	25	22	1.8	21	35	15
CW7824	35	24	1.5	33.5	28	2.4	27	40	15

由表中可以看出，输入与输出之间的电压差不低于 3V。

2. 固定输出三端集成稳压器的应用

三端集成稳压器的使用十分方便。应用时，只要从产品手册中查到相关资料，再配上适当的散热片，就可以按需要接成稳压电路。

（1）基本应用电路

基本应用电路如图 2.3.8 所示。

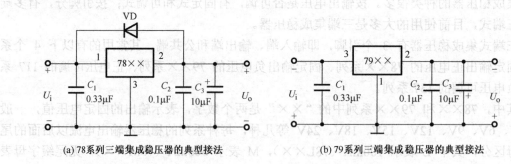

(a) 78系列三端集成稳压器的典型接法　　　　　　　(b) 79系列三端集成稳压器的典型接法

图 2.3.8　三端集成稳压器的基本应用电路

78××系列的接线方式如图 2.3.8(a)所示。电路中接入 C_1、C_2 用来实现频率补偿，防止稳压器产生高频自激振荡和抑制电路引入的高频干扰，C_3 是电解电容，以减小稳压电源输出端由输入电源引入的低频干扰，VD 是保护二极管。

　　当所设计的稳压电源输出电压为负值时，可以选用负电压输出的集成稳压器 79××系列，接线方式如图 2.3.8(b)所示。使用时要特别注意，78××系列和 79××系列的引脚接法不同，如果连接不正确，极易损坏稳压器芯片。另外要注意的是，输入与输出之间的电压差不低于 3V。

（2）具有正、负两路输出的稳压电路

　　当需要同时输出正、负两路电压时，可用 78××系列和 79××系列两个集成稳压器接成图2.3.9 所示的电路。

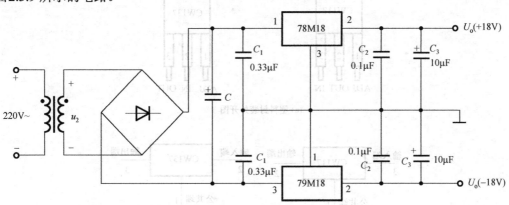

图 2.3.9　具有正、负输出电压的稳压电路

（3）输出电压可调的稳压电路

78××系列和 79××系列是固定输出的，可以通过外接电路来使输出电压可调。

图2.3.10 所示为由 78××构成的输出电压可调的稳压电路。该稳压电路的电压调节范围为

$$U_{\text{omax}} = \frac{R_1 + R_2 + R_3}{R_1} \cdot U_{\text{××}} \tag{2.3.10}$$

$$U_{\text{omin}} = \frac{R_1 + R_2 + R_3}{R_1 + R_2} \cdot U_{\text{××}} \tag{2.3.11}$$

式中，$U_{\text{××}}$ 为 2、3 两端固定的输出电压值。

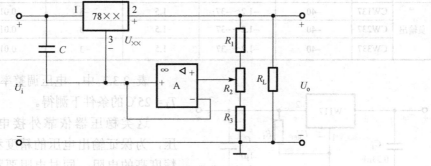

图 2.3.10　输出电压可调的稳压电路

3. 三端可调式集成稳压器

　　国产三端可调正输出集成稳压器系列有 CW117（军用）、CW217（工业用）、CW317（民用），负输出集成稳压器系列有 CW137（军用）、CW237（工业用）、CW337（军用）等。

　　CW117 系列三端集成稳压器的输出端与调整端之间的电压为 1.2～1.3V 中的某个值，在一般分析计算时可取典型值 1.25V，称为基准电压。输入端电压和输出端电压之差为 3～40V。与 CW7800 系列产品相同，CW117、CW117M、CW117L 的最大输出电流分别为 1.5A、500mA 和 100mA。TO-220 封装的外形与电路符号如图 2.3.11 所示。

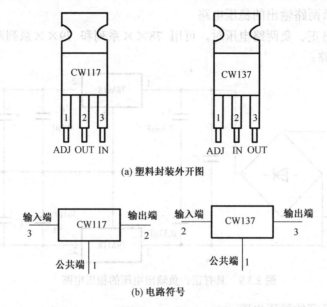

(a) 塑料封装外开图

(b) 电路符号

图 2.3.11　CW117、CW137 三端集成稳压器

可调输出三端集成稳压器的主要参数如表 2.3.3 所示。

表 2.3.3　可调输出三端集成稳压器的主要参数

产品类型	国际型号	主要特性					
		最大输入电压/V	输出电压范围/V	最大输出电流/A	最小输入、输出电压差/V	电压调整率（%）	电流调整率（%）
正输出	CW117	40	1.2～37	1.5	3	0.01	0.1
	CW217	40	1.2～37	1.5	3	0.01	0.1
	CW317	40	1.2～37	1.5	3	0.01	0.1
负输出	CW137	−40	−1.2～−37	1.5	−3	0.01	0.3
	CW237	−40	−1.2～−37	1.5	−3	0.01	0.3
	CW337	−40	−1.2～−37	1.5	−3	0.01	0.3

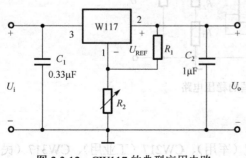

图 2.3.12　CW117 的典型应用电路

　　表 2.3.3 中，电压调整率与电流调整率是在 $T_J = 25℃$ 的条件下测得。

　　这类稳压器依靠外接电阻来调节输出电压，为保证输出电压的精度和稳定性，要选择精度高的电阻，同时电阻要紧靠稳压器，防止输出电流在连线电阻上产生误差电压。

　　图 2.3.12 所示为输出电压可调的正电源，由于调整端的电流非常小，可忽略不计，故输出电压为

$$U_o = \left(1 + \frac{R_2}{R_1}\right) \times 1.25V \qquad (2.3.12)$$

三端可调式集成稳压器的应用形式是多种多样的，只要能维持输出端与调整端之间的电压恒定及调整端可控的特点，就可以设计出各种应用电路。

由于集成稳压器的稳定性高且内部电路有完善的保持措施，又具有使用方便、可靠、价格低廉等优点，因此得到广泛的应用。目前这种器件发展迅速，种类很多，使用时可查阅相关资料。

【例2.3.2】 电路如图2.3.13所示，集成稳压器7824的2、3端电压 $U_{23} = U_{REF} = 24V$，求输出电压 U_o 和输出电流 I_o 的表达式，说明该电路具有何种作用。

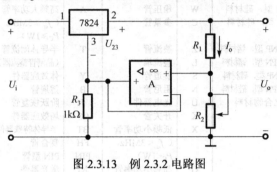

图 2.3.13 例 2.3.2 电路图

解：根据运放"虚短"和"虚断"的特点，有

$$u_+ = \frac{R_2}{R_1 + R_2} U_o = u_- = V_3$$

而

$$U_{23} = U_o - V_3$$

所以

$$U_o = \left(1 + \frac{R_2}{R_1}\right) \cdot U_{23}$$

$$I_o = \frac{U_o}{R_1 + R_2} = \frac{U_{23}}{R_1}$$

由此可见，当 R_1 固定、R_2 可调时，输出电压 U_o 可调，而输出电流 I_o 恒定。

2.4 半导体器件型号命名及方法（根据国家标准 GB249—74）

1. 半导体器件的型号命名

半导体器件的型号命名由 5 部分组成，如图 2.4.1 所示。

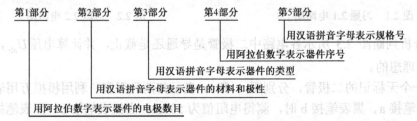

图 2.4.1 半导体器件的型号命名

2. 型号组成部分的符号及其意义

型号组成部分的符号及其意义如表 2.4.1 所示。

表 2.4.1　型号组成部分的符号及其意义

第1部分		第2部分		第3部分				第4部分	第5部分
用阿拉伯数字表示器件的电极数目		用汉语拼音字母表示器件的材料和极性		用汉语拼音字母表示器件的类型				用阿拉伯数字表示器件序号	用汉语拼音字母表示规格号
符号	意义	符号	意义	符号	意义	符号	意义		
2	二极管	A	N型，锗材料	P	普通管	D	低频大功率管（$f_\alpha < 3\text{MHz}$，$P_C \geqslant 1\text{W}$）		
		B	P型，锗材料	V	微波管				
		C	N型，硅材料	W	稳压管	A	高频大功率管（$f_\alpha \geqslant 3\text{MHz}$，$P_C \geqslant 1\text{W}$）		
		D	P型，硅材料	C	参量管				
3	三极管	A	PNP型，锗材料	Z	整流管	T	半导体闸流管（晶闸管整流器）		
		B	NPN型，锗材料	L	整流堆	Y	体效应器件		
		C	PNP型，硅材料	S	隧道管	B	雪崩管		
		D	NPN型，硅材料	N	阻尼管	J	阶跃恢复管		
		E	化合物材料	U	光电器件	CS	场效应器件		
				K	开关管	BT	半导体特殊器件		
				X	低频小功率管（$f_\alpha < 3\text{MHz}$，$P_C < 1\text{W}$）	FH	复合管		
						PIN	PIN型管		
				G	高频小功率管（$f_\alpha \geqslant 3\text{MHz}$，$P_C < 1\text{W}$）	JG	激光器件		

习　题　2

2.1　电路如图 2.1 所示，$R = 1\text{k}\Omega$，测得 $U_D = 5\text{V}$，二极管 VD 是否良好（设外电路无虚焊）？

2.2　电路如图 2.2 所示，二极管导通电压 $U_{D(on)}$ 约为 0.7V，试分别估算开关断开和闭合时输出电压 U_o 的数值。

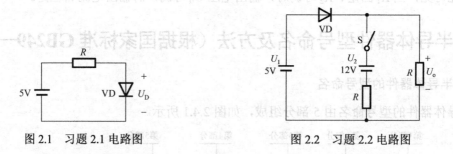

图 2.1　习题 2.1 电路图　　　　　　　　　　图 2.2　习题 2.2 电路图

2.3　分析判断图 2.3 所示各电路中二极管是导通还是截止，并计算电压 U_{ab}，设图中的二极管都是理想的。

2.4　一个无标记的二极管，分别用 a 和 b 表示其两只引脚，利用模拟万用表测量其电阻。当红表笔接a、黑表笔接b 时，测得电阻值为 500Ω。当红表笔接b、黑表笔接a 时，测得电阻值为 100kΩ。问哪一端是二极管的阳极？

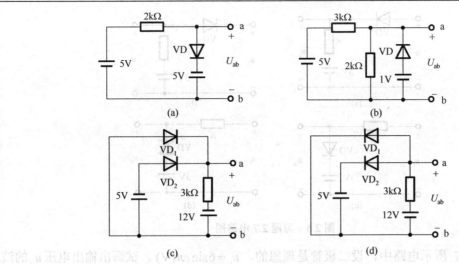

图 2.3　习题 2.3 电路图

2.5　二极管电路如图 2.4(a)所示，设输入电压 $u_i(t)$ 的波形如图 2.4(b)所示，在 $0 < t < 5\text{ms}$ 的时间间隔内，试绘出输出电压 $u_o(t)$ 的波形，设二极管是理想的。

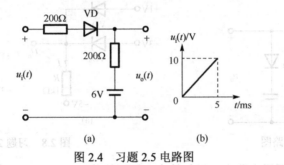

图 2.4　习题 2.5 电路图

2.6　在图 2.5 所示的各电路中，设二极管是理想的，已知 $u_i = 30\sin\omega t(\text{V})$，试分别画出输出电压 u_o 的波形，并标出幅值。

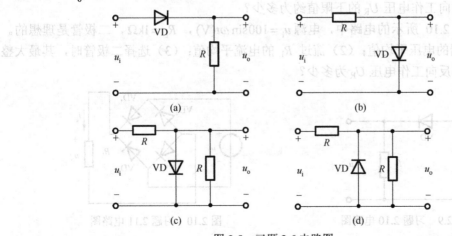

图 2.5　习题 2.6 电路图

2.7　在图 2.6 所示各电路中，设二极管是理想的，输入电压 $u_i = 10\sin\omega t(\text{V})$，试分别画出输出电压 u_o 的波形，并标出幅值。

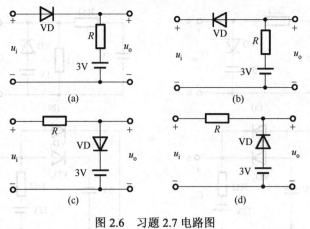

图 2.6　习题 2.7 电路图

2.8　图 2.7 所示电路中，设二极管是理想的，$u_i = 6\sin\omega t(\text{V})$，试画出输出电压 u_o 的波形以及电压传输特性。

2.9　图 2.8 所示电路中，设二极管是理想的，求图中标记的电压和电流值。

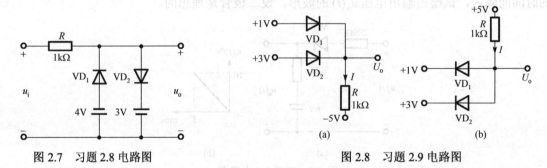

图 2.7　习题 2.8 电路图　　　　　　　　　　图 2.8　习题 2.9 电路图

2.10　在图 2.9 所示电路中，已知输出电压平均值 $U_{o(AV)} = 9\text{V}$，负载 $R_L = 100\Omega$。（1）输入电压的有效值为多少？（2）设电网电压波动范围为 $\pm 10\%$。选择二极管时，其最大整流电流 I_F 和最高反向工作电压 U_R 的下限值约为多少？

2.11　在图 2.10 所示的电路中，电源 $u_i = 100\sin\omega t(\text{V})$，$R_L = 1\text{k}\Omega$，二极管是理想的。求：（1）$R_L$ 两端的电压平均值；（2）流过 R_L 的电流平均值；（3）选择二极管时，其最大整流电流 I_F 和最高反向工作电压 U_R 为多少？

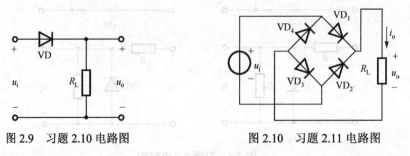

图 2.9　习题 2.10 电路图　　　　　　　图 2.10　习题 2.11 电路图

2.12　在桥式整流电容滤波电路中，已知 $R_L = 120\Omega$，$U_{o(AV)} = 30\text{V}$，交流电源频率 $f = 50\text{Hz}$。选择整流二极管，并确定滤波电容的容量和耐压值。

2.13 已知稳压管的稳压值 $U_Z = 6V$，稳定电流的最小值 $I_{Zmin} = 4mA$。求图 2.11 所示电路中的 U_{o1} 和 U_{o2}。

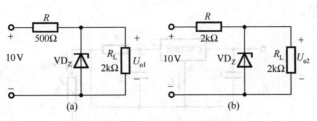

图 2.11 习题 2.13 电路图

2.14 图 2.12 所示各电路中的稳压管 VD_{Z1} 和 VD_{Z2} 的稳定电压值分别为 8V 和 12V，稳压管正向导通电压 U_Z=0.7V，最小稳定电流是 5mA。试判断 VD_{Z1} 和 VD_{Z2} 的工作状态并求各电路的输出电压 U_{ab}。

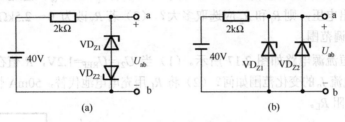

图 2.12 习题 2.14 电路图

2.15 已知稳压管稳压电路如图 2.13 所示，稳压二极管的特性为：稳压电压 $U_Z = 6.8V$，$I_{Zmax} = 10mA$，$I_{Zmin} = 0.2mA$，直流输入电压 $U_i = 10V$，其不稳定量 $\Delta U_i = \pm 1V$，I_L 为 0～4mA。试求：

（1）直流输出电压 U_o；

（2）为保证稳压管安全工作，限流电阻 R 的最小值；

（3）为保证稳压管稳定工作，限流电阻 R 的最大值。

2.16 在以下几种情况中，可选用什么型号的三端集成稳压器？

（1）U_o= + 12V，R_L 最小值为 15Ω；

（2）U_o= + 6V，最大负载电流 I_{Lmax} = 300mA；

（3）U_o= −15V，输出电流范围 I_o 为 10～80mA。

2.17 电路如图 2.14 所示，三端集成稳压器静态电流 I_W = 6mA，R_W 为电位器，为了得到 10V 的输出电压，试问应将 R'_W 调到多大？

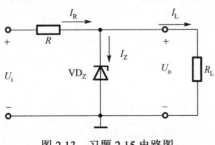

图 2.13 习题 2.15 电路图

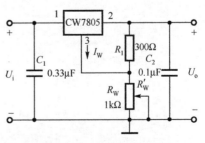

图 2.14 习题 2.17 电路图

2.18　电路如图 2.15 所示。（1）求电路负载电流 I_o 的表达式；（2）设输入电压为 $U_i = 24V$，CW7805 输入端和输出端间的电压最小值为 3V，$I_o \gg I_W$，$R = 50\Omega$。求出电路负载电阻 R_L 的最大值。

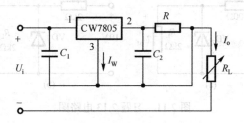

图 2.15　习题 2.18 电路图

2.19　已知三端可调式集成稳压器 LM117 的基准电压 $U_{REF} = 1.25V$，调整端电流 $I_W = 50\mu A$，用它组成的稳压电路如图 2.16 所示。（1）若 $I_1 = 100I_W$，忽略 I_W 对 U_o 的影响，要得到 5V 的输出电压，则 R_1 和 R_2 应选取多大？（2）若 R_2 改为 $0 \sim 2.5k\Omega$ 的可变电阻，求输出电压 U_o 的可调范围。

2.20　可调恒流源电路如图 2.17 所示。（1）当 $U_{21} = U_{REF} = 1.2V$，R 值在 $0.8 \sim 120\Omega$ 范围内变化时，恒流电流 I_o 的变化范围如何？（2）将 R_L 用充电电池代替，50mA 恒流充电，充电电压 $U_o = 1.5V$，求电阻 R_L。

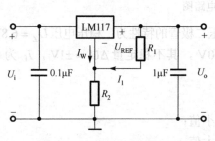

图 2.16　习题 2.19 电路图

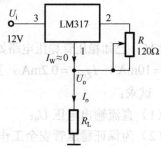

图 2.17　习题 2.20 电路图

2.21　设计仿真题，用 Multisim 仿真软件绘制电路，并仿真分析。

（1）设计一个稳压电源，$U_i = 25V$、$U_o = 5 \sim 20V$、$I_{max} = 1A$、$R_L = 20\Omega$。

（2）设计一个稳流电源，$I_o = 1A$、$R_L = 0 \sim 5\Omega$。

第 3 章　晶体三极管及其放大电路

放大电路是电子电路中最基本和最常见的电路，它的功能是将微弱的电信号放大到所需要的较大的信号，而基本放大电路是组成各种复杂放大电路的基本单元，也是组成集成放大电路的基本单元。本章首先介绍晶体三极管的伏安特性曲线和主要参数，接着介绍放大电路的组成和工作原理，然后以共发射极基本放大电路为例介绍放大电路的分析方法，最后重点讨论共发射极、共集电极和共基极 3 种基本放大电路，分析计算它们的电压增益、输入电阻、输出电阻等，并总结它们的性能特点。

3.1　晶体三极管的外部特性

晶体三极管又称为双极型晶体管（BJT）、半导体三极管等，本书中简称为晶体管。图 3.1.1 所示为几种常见晶体管的外形及引脚分布。

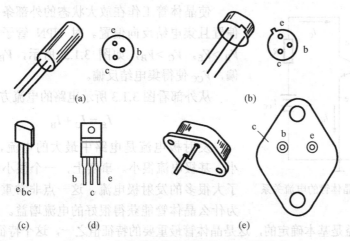

图 3.1.1　几种常见晶体管的外形及引脚分布

3.1.1　晶体管的类型及符号

使用不同杂质掺杂得到一个 P 区和两个 N 区，并形成两个 PN 结，分别用引线连接 3 个区域，就构成了晶体三极管，如图 3.1.2(a)所示，3 个区域分别称为发射区、基区和集电区，对应的电极分别称为发射极（e：emitter）、基极（b：base）和集电极（c：collector）。

图 3.1.2(a)所示的晶体管称为 NPN 型晶体管，另一种称为 PNP 型晶体管，如图 3.1.2(b) 所示。图 3.1.2 所示为 NPN 型晶体管和 PNP 型晶体管的结构和符号，其中发射极上的箭头表示发射结加正向偏压时，发射极电流的实际方向。

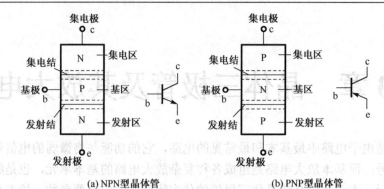

(a) NPN型晶体管　　　　　　　　　　　(b) PNP型晶体管

图 3.1.2　晶体管的结构示意图和表示符号

晶体管的种类很多，按结构工艺分类，有 **NPN** 和 **PNP** 型；按制造材料分类，有锗管和硅管；按工作频率分类，有低频管和高频管；按容许耗散功率大小分类，有小功率管和大功率管。

3.1.2　晶体管的电流分配与放大作用

晶体管最重要的性质是它具有放大信号的能力。放大能使一个微弱的信号变成在电子学应用中足够强的有效信号。例如，音频放大电路能给扬声器提供一个较强的信号。

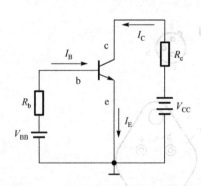

图 3.1.3　NPN 型晶体管的电流关系

使晶体管工作在放大状态的外部条件是发射结正向偏置且集电结反向偏置。对 NPN 管子来说，应该使得 $V_B > V_E$，$V_C > V_B$，如图 3.1.3 所示，V_{BB} 使得发射结正偏，V_{CC} 使得集电结反偏。

从外部看图 3.1.3 所示电路的电流方程为

$$I_E = I_C + I_B \qquad (3.1.1)$$

发射极电流是电路中最大的电流，集电极电流稍小，基极电流很小。事实上，一个很小的基极电流控制了大很多的发射极电流，这一点非常重要。这就说明了为什么晶体管能获得很好的电流增益。通常，从基极到集电极的电流增益是基本确定的，这是晶体管最重要的特征值之一，这个特征值即为 $\overline{\beta}$

$$\overline{\beta} \approx \frac{I_C}{I_B} \qquad (3.1.2)$$

【例 3.1.1】　一个晶体管的发射极电流为 12.1mA，集电极电流为 12.0mA，晶体管的 $\overline{\beta}$ 是多少？

解： 首先求基极电流

$$I_B = I_E - I_C = 12.1 - 12.0 = 0.1(\text{mA})$$

然后求出 $\overline{\beta}$

$$\overline{\beta} \approx \frac{I_C}{I_B} = \frac{12(\text{mA})}{0.1(\text{mA})} = 120$$

实际中，晶体管的 $\bar{\beta}$ 值变化很大，不同型号的晶体管的 $\bar{\beta}$ 值相差甚远，从几十到几百，甚至更大。相同型号的晶体管也有不同的 $\bar{\beta}$ 值，如 2N2222 是一种注册型的晶体管，厂家列出的典型 $\bar{\beta}$ 值变化范围为 100～300。

PNP 型晶体管有着与 NPN 型晶体管类似的电流传输关系，不同之处是电流的实际方向与 NPN 的相反。

【例 3.1.2】　在某放大电路中，晶体管的 3 个电极的电流如图 3.1.4 所示，已知，$I_1 = -1.5\text{mA}$，$I_2 = -0.03\text{mA}$。

（1）求出另一个电极电流 I_3 的大小；

（2）试确定晶体管是 PNP 型还是 NPN 型，并区分出各电极；

（3）近似确定该管电流的电流放大系数 $\bar{\beta}$。

解：（1）由 KCL，将三极管看成是一个节点，可得

$$I_3 = -(I_1 + I_2) = -(-1.5 - 0.03) = 1.53 \,(\text{mA})$$

（2）根据三极管 3 个电极的电流关系 $I_E > I_C > I_B$，故得电极①对应于集电极 c，电极②对应于基极 b，电极③对应于发射极 e。由于发射极电流的实际方向为向里，所以此晶体管为 PNP 型。

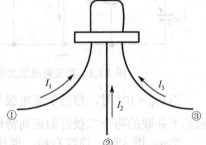

图 3.1.4　例 3.1.2 晶体管的电流示意图

（3）由式（3.1.2）可以求得电流放大系数为

$$\bar{\beta} \approx \frac{I_C}{I_B} = \frac{|I_1|}{|I_2|} = \frac{1.5}{0.03} = 50$$

3.1.3　晶体管的共射特性曲线

图 3.1.5 所示为基本共射极放大电路的特性测试电路。图中，电源 V_{BB} 和电阻 R_b 接入基极-发射极回路，称为输入回路；电源 V_{CC} 和电阻 R_c 在集电极-发射极回路，称为输出回路。由于发射极是两个回路的公共端，故称此电路为共发射极放大电路，也称共射电路。

晶体管的输入特性和输出特性曲线描述的是各电极之间电压、电流的关系，用于对晶体管的性能、参数和晶体管电路的分析估算。

1. 输入特性曲线

共射极连接时的输入特性曲线描述了当管压降 u_{CE} 为某个数值时，输入电流 i_B 和输入电压 u_{BE} 之间的关系，即

$$i_B = f(u_{BE})\big|_{u_{CE}=\text{常数}} \tag{3.1.3}$$

图 3.1.6 所示为测得的 NPN 型硅晶体管的输入特性曲线。简单地看，输入特性曲线类似于二极管的伏安特性曲线，也有一段死区电压，只有发射结外加电压大于死区电压时，晶体管才会出现 i_B。硅管的死区电压约为 0.5V，锗管的死区电压约为 0.1V。在正常工作情况下，NPN 型硅管的发射结电压 u_{BE} 为 0.6～0.7V，锗管的发射结电压 u_{BE} 为 0.2～0.3V。而对于 PNP 型，硅管的发射结电压 u_{BE} 为 -0.6～-0.7V，锗管的发射结电压 u_{BE} 为 -0.2～-0.3V。

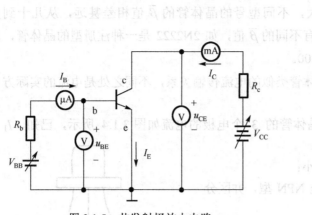
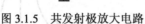

图 3.1.5　共发射极放大电路

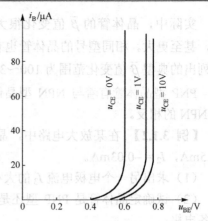

图 3.1.6　晶体管的输入特性曲线

当 $u_{CE} = 0V$ 时，相当于集电极与发射极短路，即发射结与集电结并联，其输入特性曲线相当于并联的两个二极管的正向特性。

当 u_{CE} 增大时，曲线右移，也就是在相同输入电压 u_{BE} 下，电流 i_B 减小，u_{CE} 的变化对曲线移动影响很小。实际上，当 u_{CE} 增大到一定值后，曲线不再明显右移。$u_{CE} > 1V$ 后，所有输入特性曲线基本上是重合的。一般用 $u_{CE} = 1V$ 的曲线近似表示 $u_{CE} > 1V$ 的所有曲线。

2. 输出特性曲线

共射极连接时的输出特性曲线描述了当输入电流 i_B 为某一数值时，集电极电流 i_C 与管压降 u_{CE} 之间的关系，即

$$i_C = f(u_{CE})\big|_{i_B=常数} \tag{3.1.4}$$

对于每一个确定的 i_B，都有一条曲线，所以输出特性曲线是一族曲线，如图 3.1.7 所示。由图可以看出晶体管有 3 个工作区：截止区、放大区和饱和区。

（1）截止区

$i_B = 0$ 的曲线以下的区域称为截止区。当 $i_B = 0$ 时，集电极电流用 I_{CEO} 表示，其值很小，即在截止区，电流关系为

$$i_B = 0, \quad i_E = i_C = I_{CEO}$$

显然，当晶体管工作在截止区时没有电流放大能力，且各极电流近似为零，相当于开关断开状态。截止状态的直流等效模型如图 3.1.8 所示。

对于 NPN 型硅管而言，当 $u_{BE} < 0.5V$ 时，已开始截止，但是为了可靠截止，常使得 $u_{BE} \leqslant 0$，即截止时发射结和集电结均反偏。

（2）放大区

输出特性曲线的近似水平部分是放大区，也称为线性区。在放大区各极电流满足

$$i_C = \beta i_B \tag{3.1.5a}$$

$$i_E = i_B + i_C = (1+\beta)i_B \approx \beta i_B \tag{3.1.5b}$$

即 i_C 几乎仅仅取决于 i_B，而与 u_{CE} 无关，表现出 i_B 对 i_C 的控制作用。

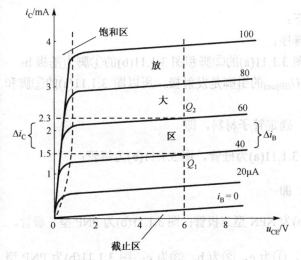

图 3.1.7　晶体管的输出特性曲线

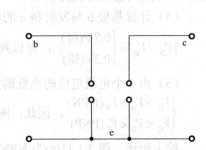

图 3.1.8　晶体管截止状态直流等效模型

如前所述，当晶体管工作在放大状态时，发射结正偏，集电结反偏。即对 NPN 型晶体管而言，应使 $U_{BE}=U_{BE(on)}$，$U_{BC}<0$，从电位来看，应该是 $V_C>V_B>V_E$；而对 PNP 型晶体管而言，则是 $V_E>V_B>V_C$。其直流等效模型如图 3.1.9 所示，相当于 b、e 极间接一个恒压源，c、e 极间接一个 I_B 控制的受控电流源 βI_B。

（3）饱和区

饱和区是指输出特性曲线中 i_C 上升部分与纵轴之间的区域。在饱和区，对应于不同的 i_B 的输出特性曲线几乎重合，i_C 不再受 i_B 控制，只随 u_{CE} 变化，即没有电流放大能力。

饱和时，发射结与集电结均处于正向偏置。饱和状态时的 u_{CE} 称为饱和压降，记做 U_{CES}，其值很小，对于 NPN 型硅管约为 0.3V，PNP 型锗管约为 -0.1V，若忽略不计，则晶体管集电极与发射极之间相当于短路，相当于开关的闭合状态。其直流等效模型如图 3.1.10 所示，相当于在 b、e 极间接一个恒压源 $U_{BE(on)}$，c、e 极间接一个恒压源 U_{CES}。

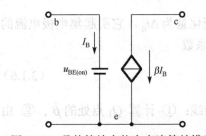

图 3.1.9　晶体管放大状态直流等效模型

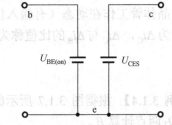

图 3.1.10　晶体管饱和状态直流等效模型

模拟电路中，在大多数情况下，应保证晶体管工作在放大状态。而在开关电路或脉冲数字电路中，晶体管主要工作在饱和状态或截止状态。

【例 3.1.3】　有两个三极管分别接在放大电路中，已知其工作在放大区，今测得它们的引脚对地电位如图 3.1.11 所示，试判别三极管的 3 个引脚，说明是硅管还是锗管？是 NPN 型还是 PNP 型三极管？

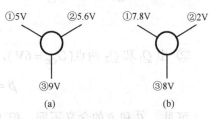

图 3.1.11　例 3.1.3 晶体管引脚电位图

解：由前面的分析可知，判断方法如下：

（1）将 3 个电极的电位从低到高依次排序；

（2）中间电位对应的引脚是基极，即图 3.1.11(a)的②脚和图 3.1.11(b)的①脚为基极 b；

（3）与中间电位相差约一个导通电压 $U_{BE(on)}$ 的引脚是发射极，所以图 3.1.11(a)的①脚和图 3.1.11(b)的③脚为发射极 e；

（4）计算基极 b 与发射极 e 的电位差，确定管子材料，即

$$|V_B - V_E| \approx \begin{cases} 0.7V(硅) \\ 0.3V(锗) \end{cases}，可以判断出图 3.1.11(a)为硅管，图 3.1.11(b)为锗管；$$

（5）由 3 个电极电位的高低确定管型，即

$$\begin{cases} V_C > V_B > V_E(NPN) \\ V_C < V_B < V_E(PNP) \end{cases}，因此，图 3.1.11(a)为 NPN 型三极管；图 3.1.11(b)为 PNP 型三极管。$$

综上所述，图 3.1.11(a)为 NPN 型硅管，①为 e，②为 b，③为 c；图 3.1.11(b)为 PNP 型锗管，①为 b，②为 c，③为 e。

3.1.4　晶体管的主要参数

晶体管的参数是用来表示晶体管各种性能的指标，是设计电路、选用管子的依据。主要参数如下。

1. 电流放大系数

（1）共射极直流电流放大系数 $\bar{\beta}$

晶体管接成共射极电路时，静态（无输入信号）时，I_C 与 I_B 的比值称为共射极直流电流放大系数，即式（3.1.2）

$$\bar{\beta} \approx \frac{I_C}{I_B}$$

（2）共射极交流电流放大系数 β

当晶体管工作在动态（有输入信号）时，基极电流变化量为 Δi_B，它引起集电极电流的变化量为 Δi_C，Δi_C 与 Δi_B 的比值称为共射极交流电流放大系数

$$\beta = \frac{\Delta i_C}{\Delta i_B} \tag{3.1.6}$$

【例 3.1.4】 根据图 3.1.7 所示的晶体管的输出特性曲线：① 计算 Q_1 点处的 $\bar{\beta}$；② 由 Q_1 和 Q_2 两点计算 β。

解：① 在 Q_1 点处，$U_{CE} = 6V$，$I_B = 40(\mu A) = 0.04(mA)$，$I_C = 1.5(mA)$，故

$$\bar{\beta} = \frac{I_C}{I_B} = \frac{1.5}{0.04} = 37.5$$

② 由 Q_1 和 Q_2 两点（$U_{CE} = 6V$），有

$$\beta = \frac{\Delta i_C}{\Delta i_B} = \frac{2.3 - 1.5}{0.06 - 0.04} = 40$$

可见，$\bar{\beta}$ 和 β 的含义不同，但工作在特性曲线线性放大区平坦部分的晶体管，两者数值较为接近。今后在估算时，可认为 $\beta \approx \bar{\beta}$，故可以混用。

2．极限参数

使晶体管得到充分利用而又安全可靠的参数称为极限参数，主要包括如下 3 个。

（1）集电极最大容许电流 I_{CM}

I_C 在相当大的范围内变化，β 基本不变，但当超过一定值时，β 要下降，当 β 值下降到正常数值的 2/3 时的 I_C 即为 I_{CM}。当 I_C 大于 I_{CM} 时，晶体管不一定会烧坏，但 β 值将过小，放大能力太差。

（2）集电极最大容许耗散功率 P_{CM}

由于集电极电流在流经集电结时将产生热量，使结温升高，晶体管特性明显变坏，甚至烧坏。当晶体管因受热而引起的参数变化不超过容许值时，集电极所消耗的最大功率称为 P_{CM}。$P_{CE}=i_C u_{CE}$，P_{CM} 在输出特性坐标平面上为双曲线中的一条，如图 3.1.12 所示。

（3）集电极–发射极间反向击穿电压 $U_{(BR)CEO}$

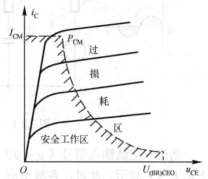

基极开路时，加在集电极和发射极之间的最大容许电压称为 $U_{(BR)CEO}$。当电压 $u_{CE}>U_{(BR)CEO}$ 时，c 和 e 之间的电流突然大幅上升，说明晶体管已被击穿。

组成晶体管电路时，应根据工作条件选择晶体管的型号。为了防止晶体管在使用中被损坏，必须使它工作在由 I_{CM}、P_{CM} 和 $U_{(BR)CEO}$ 三者共同确定的安全工作区内，如图 3.1.12 所示。

图 3.1.12　晶体管的安全工作区

3.2　放大电路的组成和工作原理

3.2.1　基本共射极放大电路的组成

放大电路的组成必须符合两个原则：其一是放大器件应工作在放大状态，对于晶体管来说，则要求发射结正偏，集电结反偏；其二是放大的信号通路应畅通，即输入信号能送到放大电路的输入端，经放大后，输出信号能够作用于负载电阻上。作为进一步要求，放大电路应工作稳定，失真不超过容许值。

图 3.2.1 所示为由 NPN 型晶体管构成的共发射极基本放大电路。在这种接法中，输入信号 u_i 接在基极和公共端"地"之间，基极和发射极构成了输入回路。输出信号 u_o 从集电极与"地"之间取出，集电极和发射极构成了输出回路。

在图 3.2.1 所示电路中，晶体管是核心元件，起放大作用。基极直流电源 V_{BB} 使发射结正偏，并与基极偏置电阻 R_b 相配合为晶体管提供一个合适的基极直流电流；集电极直流电源 V_{CC} 使集电结反偏，是输出电路的工作电源，形成集电极回路电流，同时又为负载提供能源；集电极偏置电阻 R_c 将集电极电流的变化转换为 R_c 上的电压的变化，使电路有电压放大作用；电容 C_1 和 C_2 称为耦合电容，用来隔断直流，传送交流。

由于放大电路是交、直流共存的电路，各电量的总瞬时值是直流分量和交流分量的叠加。为了便于分析，对不同性质的电量用不同的符号表示。

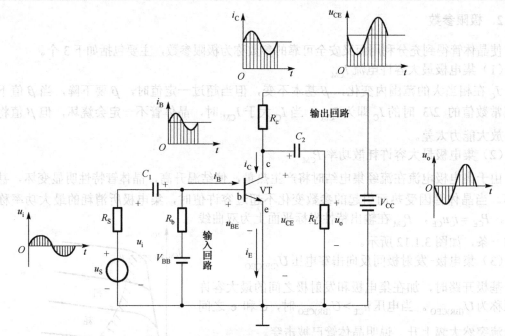

图 3.2.1　阻容耦合的共发射极基本放大电路

当没有交流输入信号（$u_i = 0$）时，各电极电量都是直流，用 I_B、I_C、U_{CE}（符号大写，下标大写）表示。此时，各极电流 I_B、I_C 和管压降 U_{CE} 称为放大电路的静态工作点 Q，常将 Q 点记做 I_{BQ}、I_{CQ} 和 U_{CEQ}。

当有交流输入信号（$u_i \neq 0$）时，由 u_i 引起的交流成分用 i_b、i_c、u_{ce}（符号小写，下标小写）表示。

电路中总的电量的瞬时值用 i_B、i_C 和 u_{CE}（符号小写，下标大写）表示。它是在静态值的基础上叠加一个交流值，即

$$\begin{cases} i_B = I_B + i_b \\ i_C = I_C + i_c \\ u_{CE} = U_{CE} + u_{ce} \end{cases} \tag{3.2.1}$$

3.2.2　基本共射极放大电路的工作原理

下面以图 3.2.1 为例说明放大电路的工作原理。假设信号源 u_S 为正弦信号，即

$$u_S = U_m \sin \omega t \tag{3.2.2}$$

u_S 将在发射结上产生一个交流的正弦电压降 $u_{be} = U_{BEm} \sin \omega t$，当叠加上静态值 U_{BEQ} 后，发射结总的电压值 u_{BE} 为

$$u_{BE} = U_{BEQ} + U_{BEm} \sin \omega t \tag{3.2.3}$$

即 u_{BE} 在 U_{BEQ} 的基础上，随 u_S 按正弦规律变化，从而引起 i_B 的变化

$$i_B = I_{BQ} + i_b = I_{BQ} + I_{Bm} \sin \omega t \tag{3.2.4}$$

i_B 的变化被晶体管放大 β 倍后，输出成为集电极电流 i_C

$$i_{\mathrm{C}} = \beta i_{\mathrm{B}} = I_{\mathrm{CQ}} + I_{\mathrm{Cm}} \sin \omega t \tag{3.2.5}$$

i_{C} 要比 i_{B} 大很多（即 β 倍）。最后通过集电极电阻 R_{c} 和负载电阻 R_{L}，i_{C} 变化被转换为集电极电压 u_{CE}。当负载电阻 $R_{\mathrm{L}} = \infty$ 时

$$u_{\mathrm{CE}} = V_{\mathrm{CC}} - i_{\mathrm{C}}R_{\mathrm{c}} = V_{\mathrm{CC}} - (I_{\mathrm{CQ}} + I_{\mathrm{Cm}} \sin \omega t)R_{\mathrm{c}} = U_{\mathrm{CEQ}} - I_{\mathrm{Cm}}R_{\mathrm{c}} \sin \omega t \tag{3.2.6}$$

u_{CE} 经耦合电容 C_2 输出，其直流分量被隔离掉，输出电压 u_{o} 就只有 u_{CE} 中的交流分量，即

$$u_{\mathrm{o}} = -I_{\mathrm{Cm}}R_{\mathrm{c}} \sin \omega t \tag{3.2.7}$$

如果参数选择合适，u_{o} 的幅值将比 u_{i} 大很多，从而达到放大的目的。上述对应的电压、电流波形如图 3.2.1 所示，可以看出，输出电压 u_{o} 与输入电压 u_{i} 反相，所以也称共射极放大电路为反相电压放大电路。

图 3.2.1 中，V_{BB}、V_{CC} 两路电源供电，对如此简单的电路是不必要的，为了简化电路，一般选取 $V_{\mathrm{CC}} = V_{\mathrm{BB}}$，如图 3.2.2(a)所示，图 3.2.2(b)所示为图 3.2.2(a)所示电路的习惯画法。

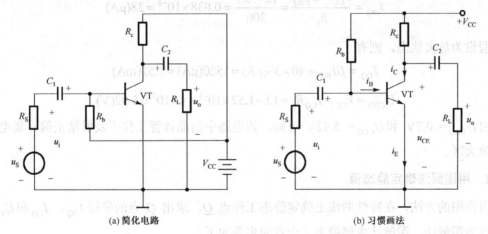

(a) 简化电路　　　　　　　　　　　　　　　(b) 习惯画法

图 3.2.2　阻容耦合基本共射极放大电路的简化

3.3　放大电路的分析

放大电路可分为静态和动态两种情况来分析。静态是当放大电路没有输入信号时的工作状态，动态则是有输入信号时的工作状态。静态分析要确定放大电路的静态工作点 Q（I_{BQ}、I_{CQ}、U_{CEQ}）。动态分析是要确定放大电路的电压放大倍数 $\dot{A}_{\mathrm{u}}$、输入电阻 R_{i} 和输出电阻 R_{o} 等。

3.3.1　静态分析

1. 用放大电路的直流通路估算静态值

静态值是直流，故可用放大电路的直流通路（直流流过的路径）来分析计算。图 3.3.1 所示为图 3.2.2(b)所示电路的直流通路。画直流通路时，电容 C_1 和 C_2 对直流量而言可以看做开路。

由图 3.3.1 所示的直流通路可以求出静态时的基极电流为

$$I_{BQ} = \frac{V_{CC} - U_{BEQ}}{R_b} \qquad (3.3.1)$$

式中，U_{BEQ} 常被认为是已知量，硅管为 0.6～0.7V，锗管为 0.2～0.3V。

由 I_{BQ} 可求出静态时的集电极电流

$$I_{CQ} \approx \beta I_{BQ} \qquad (3.3.2)$$

由集电极-发射极回路求 U_{CEQ}

$$U_{CEQ} = V_{CC} - I_{CQ} R_c \qquad (3.3.3)$$

【例 3.3.1】 在图 3.3.1 中，已知 $V_{CC} = 12V$，$R_c = 4k\Omega$，$R_b = 300k\Omega$，$U_{BEQ} = 0.7V$，$\beta = 40$。试求该放大电路的静态值 I_{BQ}、I_{CQ} 和 U_{CEQ}，并说明晶体管的工作状态。

解： 根据图 3.3.1 可以看出，发射结处于正偏导通状态，所以得到

$$I_{BQ} = \frac{V_{CC} - U_{BEQ}}{R_b} = \frac{12 - 0.7}{300} \approx 0.038 \times 10^{-3} = 38(\mu A)$$

假设为放大状态，则有

$$I_{CQ} \approx \beta I_{BQ} = 40 \times 38(\mu A) = 1520(\mu A) = 1.52(mA)$$

$$U_{CEQ} = V_{CC} - I_{CQ} R_c = 12 - 1.52 \times 10^{-3} \times 4 \times 10^3 = 5.92(V)$$

由 $U_{BEQ} = 0.7V$ 和 $U_{CEQ} = 5.92V$ 可知，该电路中的晶体管工作于发射结正偏、集电结反偏的放大区。

2．用图解法确定静态值

用作图的方法，在特性曲线上确定静态工作点 Q，求出 Q 点的坐标 I_{BQ}、I_{CQ} 和 U_{CEQ} 的值，称为图解法。图解法求解静态工作点的步骤如下。

（1）画出直流通路

为了便于观察，将图 3.3.1 所示的基本共射极放大电路的直流通路变换成图 3.3.2 所示的形式。其中，$V_{BB} = V_{CC}$。

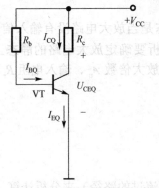

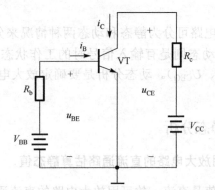

图 3.3.1 图 3.2.2(b)所示电路的直流通路　　图 3.3.2 基本共射极放大电路的直流通路

（2）利用输入特性曲线来确定 I_{BQ} 和 U_{BEQ}

根据图 3.3.2 所示电路的输入回路，可以列出回路方程

$$u_{BE} = V_{BB} - i_B R_b \qquad (3.3.4)$$

式（3.3.4）所描述的直线称为输入回路的直流负载线。在晶体管的输入特性坐标系中画出负载线，它与横轴的交点为 V_{BB}，与纵轴的交点为 V_{BB}/R_b。输入回路的直流负载线与输入特性曲线的交点就是静态工作点 Q，如图 3.3.3(a)所示。Q 点的坐标值就是静态工作点中的 I_{BQ} 和 U_{BEQ}。

（3）利用输出特性曲线确定 I_{CQ} 和 U_{CEQ}

同理，从图 3.3.2 所示电路的输出回路可得回路方程

$$u_{CE} = V_{CC} - i_C R_c \qquad (3.3.5)$$

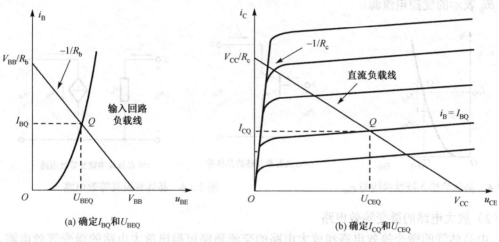

(a) 确定 I_{BQ} 和 U_{BEQ}　　　　　　　(b) 确定 I_{CQ} 和 U_{CEQ}

图 3.3.3　利用图解法求静态工作点

在晶体管的输出特性坐标系中画出式（3.3.5）所描述的直线，它与横轴的交点为 $+V_{CC}$，与纵轴的交点为 V_{CC}/R_c，这条直线称为输出回路的直流负载线，其斜率为 $-1/R_c$。直流负载线与 $i_B = I_{BQ}$ 那条输出特性曲线的交点，就是静态工作点 Q，Q 点的坐标就是静态工作点中的 I_{CQ} 和 U_{CEQ}，如图 3.3.3(b)所示。

3.3.2　动态分析

动态分析是在静态值确定后分析信号的传输情况，考虑的只是电流和电压的交流分量（信号分量）。微变等效电路法和图解法是动态分析的两种基本分析方法，下面分别讲述。

1. 微变等效电路法

所谓放大电路的微变等效电路，也称小信号等效电路，就是把由非线性元件晶体管所组成的放大电路等效为一个线性电路，也就是把晶体管线性化，等效为一个线性元件。

（1）晶体管的微变等效电路模型

图 3.3.4 所示为晶体管输入特性曲线，可以看出 u_{BE} 与 i_B 之间是非线性的关系，当输入信号比较小时，在静态工作点 Q 附近的工作段可以认为是直线。直线的斜率为

$$r_{be} = \frac{\Delta u_{BE}}{\Delta i_B} \qquad (3.3.6)$$

r_{be} 称为晶体管交流输入电阻，常温下，等于

$$r_{be} = r_{bb'} + (1+\beta)\frac{26(\text{mV})}{I_{EQ}(\text{mA})} = 300 + (1+\beta)\frac{26(\text{mV})}{I_{EQ}(\text{mA})} \qquad (3.3.7)$$

式中，I_{EQ} 为静态时的发射极电流，单位为 mA；$r_{bb'}$ 称为晶体管的基区体电阻，可查手册得到，如无特殊指明，则近似取值为 300Ω；r_{be} 值一般为几百到几千欧姆，是对交流而言的动态电阻。

晶体管实质上是输出受输入发射结电压控制的非线性元件。在共发射极连接时（如图 3.3.5(a)所示），它的微变等效电路如图 3.3.5(b)所示。其输入端接交流电阻 r_{be}，输出端则是由 βi_b 表示的受控电流源。

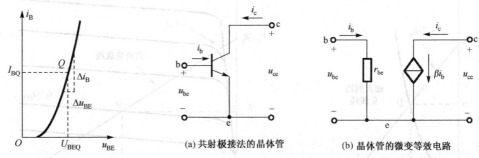

图 3.3.4　晶体管输入特性曲线与 r_{be}　　　　图 3.3.5　晶体管及其等效电路

（2）放大电路的微变等效电路

由晶体管的微变等效电路和放大电路的交流通路可得出放大电路的微变等效电路。如上所述，静态值由直流通路确定，而交流分量则由相应的交流通路（交流流通的路径）来分析计算，画交流通路的原则是：①对一定频率范围内的交流信号，大容量电容（如耦合电容）可视为短路；②电路中的内阻很小的直流电压源（如 V_{CC} 等）可视为短路，内阻很大的电流源或恒流源可视为开路。

根据上述原则画出图 3.2.2(b)所示电路的交流通路如图 3.3.6(a)所示。再把交流通路中的晶体管用它的微变等效电路代替，即为放大电路的微变等效电路，如图 3.3.6(b)所示。电路中的电压和电流都是交流分量，设输入的是正弦信号，电路中的电压和电流用相量表示。

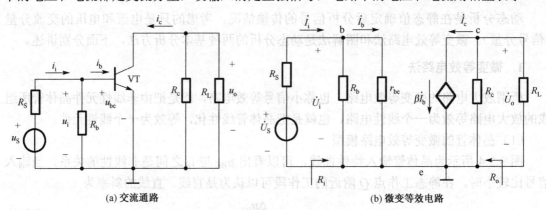

图 3.3.6　共射极放大电路交流通路及其微变等效电路

（3）放大电路交流性能指标的计算

① 电压放大倍数 $\dot{A}_{\mathrm{u}}$

对于图 3.3.6(b)所示的电路，可列出

$$\dot{U}_{\mathrm{i}} = \dot{I}_{\mathrm{b}} r_{\mathrm{be}}$$

$$\dot{U}_{\mathrm{o}} = -\dot{I}_{\mathrm{c}}(R_{\mathrm{c}}//R_{\mathrm{L}}) = -\beta\dot{I}_{\mathrm{b}}(R_{\mathrm{c}}//R_{\mathrm{L}}) = -\beta\dot{I}_{\mathrm{b}}R_{\mathrm{L}}'$$

式中，$R_{\mathrm{L}}' = R_{\mathrm{c}}//R_{\mathrm{L}}$，由式（1.1.1），放大电路的电压放大倍数为

$$\dot{A}_{\mathrm{u}} = \frac{\dot{U}_{\mathrm{o}}}{\dot{U}_{\mathrm{i}}} = -\beta\frac{R_{\mathrm{L}}'}{r_{\mathrm{be}}} \qquad (3.3.8)$$

式中的负号表示共射极放大电路的输出电压与输入电压的相位相反。

② 输入电阻 R_{i}

放大电路对信号源（或前级放大电路）来说是一个负载，可用一个电阻来等效代替。这个电阻是信号源的负载电阻，也就是放大电路的输入电阻 R_{i}。如果电压放大电路的输入电阻小：第一，将从信号源取用较大的电流，从而增加信号源的负担；第二，经过信号源内阻 R_{S} 和 R_{i} 的分压，实际加到放大电路的输入电压 u_{i} 减小，从而减小输出电压；第三，后级放大电路的输入电阻，就是前级放大电路的负载电阻，从而降低前级放大电路的电压放大倍数。因此，通常希望电压放大电路的输入电阻能高一些。

在图 3.3.6(b)所示的微变等效电路中，根据输入电阻的定义式（1.1.6），可以计算出

$$R_{\mathrm{i}} = \frac{\dot{U}_{\mathrm{i}}}{\dot{I}_{\mathrm{i}}} = R_{\mathrm{b}}//r_{\mathrm{be}} \qquad (3.3.9)$$

③ 输出电阻 R_{o}

放大电路对负载（或后级放大电路）来说是一个信号源，其内阻即为放大电路的输出电阻 R_{o}。如果输出电阻较大，放大电路带负载的能力就较差。因此，通常希望电压放大电路输出级的输出电阻低一些。

求输出电阻时，常采用外加电源法：首先将输入信号短路（$\dot{U}_{\mathrm{S}}=0$），保留信号源内阻，并在输出端将负载电阻 R_{L} 断开，然后外加交流电压源 $\dot{U}$，求出电压源产生的电流 $\dot{I}$，如图 3.3.7 所示，则输出电阻为

$$R_{\mathrm{o}} = \frac{\dot{U}}{\dot{I}}\bigg|_{\dot{U}_{\mathrm{S}}=0, R_{\mathrm{L}}=\infty} \qquad (3.3.10)$$

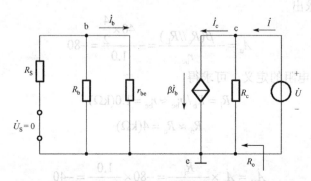

图 3.3.7 计算放大电路的输出电阻

根据图 3.3.7，由于 $\dot{U}_S = 0$，$\dot{I}_b = 0$，$\dot{I}_c = \beta \dot{I}_b = 0$，即受控电流源开路，故输出电阻为

$$R_o \approx R_c \tag{3.3.11}$$

式中，R_c 一般为几千欧，因此共射极放大电路的输出电阻较高。

④ 源电压放大倍数 $\dot{A}_{us}$

考虑信号源内阻时的电压放大倍数称为源电压放大倍数 $\dot{A}_{us}$，它定义为输出电压与信号源电压的相量之比，即

$$\dot{A}_{us} = \frac{\dot{U}_o}{\dot{U}_S} = \frac{\dot{U}_o}{\dot{U}_i} \cdot \frac{\dot{U}_i}{\dot{U}_S} \tag{3.3.12}$$

根据输入电阻的定义，图 3.3.6(b)除信号源以外的电路可以用 R_i 等效代替，则可画出图 1.1.3 所示的电路，从该图可以看出

$$\dot{U}_i = \dot{U}_S \frac{R_i}{R_i + R_S} \tag{3.3.13}$$

将式（3.3.13）代入式（3.3.12），则源电压放大倍数为

$$\dot{A}_{us} = \frac{\dot{U}_o}{\dot{U}_i} \cdot \frac{\dot{U}_i}{\dot{U}_S} = \dot{A}_u \frac{\dot{U}_i}{\dot{U}_S} = \dot{A}_u \frac{R_i}{R_i + R_S} \tag{3.3.14}$$

综上所述，微变等效电路法的分析步骤总结如下：

（1）画出放大电路的直流通路，分析静态工作点，确定其是否合适，如果不合适则应进行调整，如果合适，根据式（3.3.7）求 r_{be}；

（2）画出放大电路的交流通路，并用微变等效模型代替晶体管，从而得到放大电路的微变等效电路；

（3）根据要求求解动态参数 $\dot{A}_u$、R_i 和 R_o。

【例 3.3.2】 在图 3.2.2(b)所示电路中，已知 $V_{CC} = 12V$，$R_c = R_L = 4k\Omega$，$R_b = 300k\Omega$，信号源内阻 $R_S = 1k\Omega$，晶体管的 $\beta = 40$，$r_{bb'} = 300\Omega$，$U_{BEQ} = 0.7V$，C_1 和 C_2 对交流信号可视为短路，试求电压放大倍数 $\dot{A}_u$、输入电阻 R_i、输出电阻 R_o 和源电压放大倍数 $\dot{A}_{us}$。

解：在例 3.3.1 中已经求出

$$I_{CQ} = 1.52(mA) \approx I_{EQ}$$

由式（3.3.7）

$$r_{be} = 300 + (1+40)\frac{26(mV)}{1.52(mA)} = 1.0(k\Omega)$$

根据图 3.3.6(b)，可求出

$$\dot{A}_u = -\frac{\beta(R_c // R_L)}{r_{be}} = -\frac{40 \times \frac{4}{2}}{1.0} = -80$$

根据输入电阻和输出电阻的定义，可求得

$$R_i = R_b // r_{be} \approx r_{be} = 1.0(k\Omega)$$

$$R_o \approx R_c = 4(k\Omega)$$

而源电压放大倍数为

$$\dot{A}_{us} = \dot{A}_u \times \frac{R_i}{R_i + R_S} = -80 \times \frac{1.0}{1.0 + 1} = -40$$

2. 图解法

动态图解分析能够直观地显示在输入信号作用下，电路各电压及电流波形的幅值大小和相位关系，可以对动态工作情况进行全面的了解。动态图解分析是在静态分析的基础上进行的，分析步骤如下。

（1）根据 u_i 利用输入特性曲线画出 i_B 和 u_{BE} 波形

设图 3.3.6(a)中的输入信号为 $u_i = U_{im} \sin \omega t$，当它加到放大电路的输入端后，晶体管的基极和发射极之间的电压 u_{BE} 就在原有的静态值 U_{BEQ} 的基础上叠加一个交流量 $u_i (u_{be})$，如图 3.3.8(a)中的曲线①所示。根据 u_{BE} 的变化，可以在输入特性曲线上画出对应的 i_B 的波形图，如图 3.3.8(a)中的曲线②所示，可以看出，i_B 随 u_i 在 i_{B1} 和 i_{B2} 之间变化。

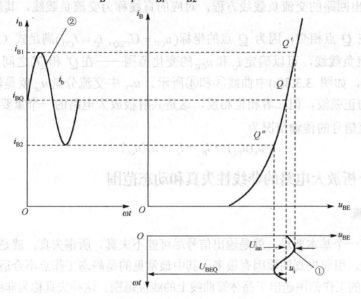

(a) 在输入特性曲线上画出 i_B 和 u_{BE} 波形

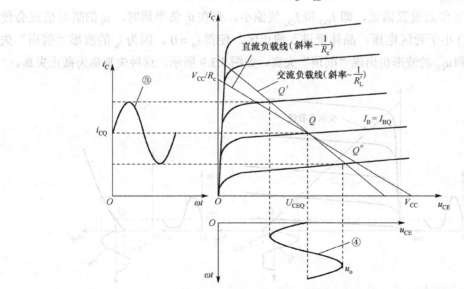

(b) 在输出特性曲线上画出 i_C 和 u_{CE} 波形

图 3.3.8　动态工作情况的图解分析

（2）根据 i_B 利用输出特性曲线画出 i_C 和 u_{CE} 的波形

由前述用图解法分析静态值可知，静态时直流负载线方程的斜率为 $-1/R_c$ ，而在动态情况下，由于 C_2 的隔直作用，虽然放大电路的静态工作点 Q 不受影响，但是从交流通路图 3.3.6(a)可以看出，此时输出回路的电阻为 R_c 与 R_L 的并联，称 $R'_L = R_c // R_L$ 为交流负载电阻，因此交流分量电压 u_{ce} 为

$$u_{ce} = -i_c R'_L = -(i_C - I_{CQ})R'_L \qquad (3.3.15)$$

而晶体管的管压降 u_{CE} 是在直流分量 U_{CEQ} 的基础上叠加 u_{ce}

$$u_{CE} = U_{CEQ} + u_{ce} = U_{CEQ} - (i_C - I_{CQ})R'_L \qquad (3.3.16)$$

式（3.3.16）为输出回路的交流负载线方程，对应的直线称为交流负载线，其斜率为 $-\dfrac{1}{R'_L}$ ，它和直流负载线在 Q 点相交，因为 Q 点的坐标 $(u_{CE} = U_{CEQ}, i_C = I_{CQ})$ 满足式（3.3.16）。由 i_B 的变化范围及交流负载线，可以确定 i_C 和 u_{CE} 的变化范围——在 Q' 和 Q'' 之间，由此即可画出 i_C 和 u_{CE} 的波形，如图 3.3.8(b)中曲线③和④所示。 u_{CE} 中交流分量 u_{ce} 就是输出电压 u_o ，它是与 u_i 同频率的正弦波，但二者相位相反，这是共射极放大电路的一个重要特点。

可以看出交流信号的传输情况为

$$u_i(u_{be}) \to i_b \to i_c \to u_o(u_{ce})$$

3.3.3　图解法分析放大电路的非线性失真和动态范围

1.　非线性失真

对放大电路有一个基本要求，就是输出信号尽可能不失真。所谓失真，就是输出波形与输入波形不完全一致。引起失真的原因有很多，其中最常见的是静态工作点不合适或者输入信号太大，使放大电路的工作范围超出了晶体管曲线上的线性范围。这种失真称为非线性失真。

（1）截止失真

如果静态工作点设置偏低，即 I_{BQ} 和 I_{CQ} 值偏小，则在 u_i 负半周时， u_i 的瞬时值就会使 $u_{BE}(=U_{BEQ}+u_i)$ 小于死区电压，晶体管进入截止区，使得 $i_B=0$ 。因为 i_B 的波形"削顶"失真，对应的 i_C 和 u_{CE} 的波形也出现"削顶"失真，如图 3.3.9 所示，这种失真称为截止失真。

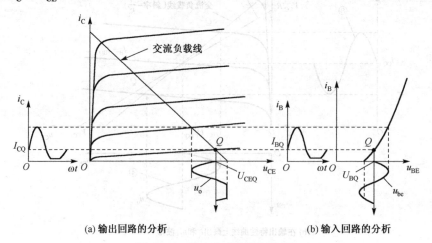

(a) 输出回路的分析　　　　　　　　　(b) 输入回路的分析

图 3.3.9　截止失真的图解分析

消除截止失真的方法是提高静态工作点的位置，适当减小输入信号的幅值。对于图 3.2.2(b) 所示的共射极放大电路来说，可以减小 R_b 的阻值来增大 I_{BQ}，使静态工作点上移，从而消除截止失真。

（2）饱和失真

如果静态工作点设置偏高，即 I_{BQ} 和 I_{CQ} 值偏大，则在 u_i 正半周时，u_i 的瞬时值就会使 $i_B(=I_{BQ}+i_b)$ 达到临界饱和电流，晶体管进入饱和区。虽然在饱和区 i_B 不产生失真，但由于 β 很小而且不是常数，所以 i_C 不再随 i_B 瞬时值的增大而增大，其值恒为 I_{CS}（临界饱和电流），即 i_C 波形的正半周被"削顶"，从而造成与 i_C 相位相反的 u_o 的负半周被"削顶"，如图 3.3.10 所示。

消除饱和失真的方法是降低静态工作点的位置，适当减小输入信号的幅值。对于图 3.2.2(b)所示的共射极放大电路来说，可以增大 R_b 的阻值来减小 I_{BQ}，使静态工作点下移，从而消除饱和失真。也可以减小 R_c 来使静态工作点右移。

静态工作点 Q 的位置应该适中，既不能太高，也不能太低。Q 的位置应该选取在输出特性曲线上交流负载线接近中间位置。当然选取时还要考虑输入信号的大小。如果输入信号幅度小，则可以把 Q 点选得低一点，以减少管子在静态时的功率损耗；如果输入信号幅度大，则可把 Q 点选得高一些。有时，即使 Q 点位置适当，但当输入信号幅度过大时，输出信号将会同时出现饱和失真和截止失真，称为双向失真。

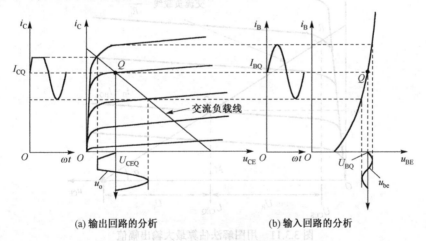

(a) 输出回路的分析　　　　　　　(b) 输入回路的分析

图 3.3.10　饱和失真的图解分析

2. 用图解法估算动态范围

动态范围是指放大电路的输出端不产生非线性失真的最大输出电压的峰-峰值，即

$$U_{p\text{-}p} = 2U_{omax} \qquad (3.3.17)$$

式中，U_{omax} 为不失真输出电压的最大值。

在图 3.3.11 所示的交流负载线上可以定出 R 和 F 两点。工作点下移到 F 点时，便进入截止区，将发生截止失真；工作点上移到 R 点时，便进入饱和区，将发生饱和失真。因此，图中 U_F 是受截止失真限制的交流信号分量的最大幅值，U_R 是受饱和失真限制的交流信号分量的最大幅值。从图 3.3.11 中可以看出

$$U_R = U_{CEQ} - U_{CES} \tag{3.3.18}$$

式中，U_{CES}叫做晶体管的饱和压降，对于小功率硅管，U_{CES}一般取（0.5～1）V。

而U_F的大小相当于线段MF的长度，从图3.3.11中的三角形QMF可得

$$\tan\alpha = \frac{QM}{MF}$$

式中，$QM = I_{CQ}$，而$\tan\alpha = 1/R_L'$为交流负载线斜率，所以

$$U_F = \frac{I_{CQ}}{1/R_L'} = I_{CQ}R_L' \tag{3.3.19}$$

在要求既不发生饱和失真，又不发生截止失真的条件下，输出电压交流分量的最大幅值应为U_R和U_F之中的最小者，即

$$U_{omax} = \min\{U_F, U_R\} = \min\{I_{CQ}R_L', U_{CEQ} - U_{CES}\} \tag{3.3.20}$$

求出U_{omax}后，根据式（3.3.17）即可确定输出动态范围$U_{p\text{-}p}$。

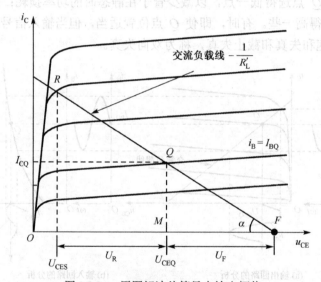

图 3.3.11　用图解法估算最大输出幅值

【**例 3.3.3**】　电路如图 3.3.12(a)所示，已知$-V_{CC} = -12V$，$R_c = R_L = 2k\Omega$，$R_b = 360k\Omega$，晶体管 VT 为锗管，$\beta = 60$，$r_{bb'} = 300\Omega$，$U_{BEQ} = -0.3V$，$U_{CES} = -0.5V$，C_1和C_2对交流信号可视为短路。试求：（1）静态工作点Q；（2）电压放大倍数$\dot{A}_u$、输入电阻R_i、输出电阻R_o和动态范围$U_{p\text{-}p}$。

解：（1）画出直流通路，如图 3.3.12(b)所示，计算其静态工作点，可得

$$I_{BQ} = \frac{V_{CC} + U_{BEQ}}{R_b} = \frac{12 - 0.3}{360} = 0.0325(\text{mA})$$

$$I_{CQ} = \beta I_{BQ} = 60 \times 0.0325 = 1.95(\text{mA})$$

$$U_{CEQ} = -V_{CC} + I_{CQ}R_c = -12 + 1.95 \times 2 = -8.1(\text{V})$$

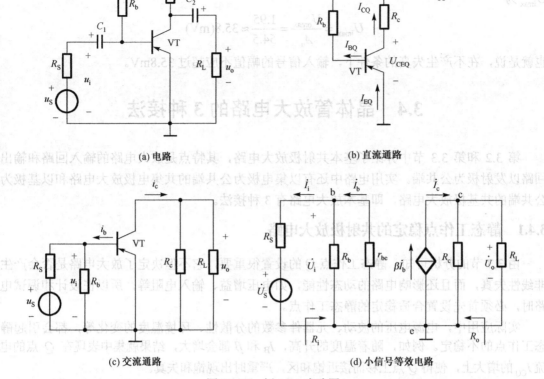

图 3.3.12　例 3.3.3 电路图

（2）画出放大电路的交流通路，如图 3.3.12(c)所示，再将图中晶体管用微变等效模型代替，得到图 3.3.12(d)所示的放大电路的微变等效电路。其中

$$r_{be} = 300 + (1+60)\frac{26(\text{mV})}{1.95(\text{mA})} \approx 1.1(\text{k}\Omega)$$

由微变等效电路可求得

$$\dot{A}_u = \frac{\dot{U}_o}{\dot{U}_i} = -\frac{\beta \dot{I}_b (R_c // R_L)}{\dot{I}_b r_{be}} = -\frac{60 \times \dfrac{2}{2}}{1.1} \approx -54.5$$

$$R_i = R_b // r_{be} \approx r_{be} = 1.1(\text{k}\Omega)$$

$$R_o \approx R_c = 2(\text{k}\Omega)$$

由式（3.3.20）可计算出输出电压的最大值。PNP 型晶体管电路的电压 U_{CEQ} 为负值，要在公式中代入绝对值，故

$$U_{omax} = \min\left\{ I_{CQ} R'_L,\ \left|U_{CEQ}\right| - \left|U_{CES}\right| \right\} = \min\{1.95 \times 1,\ 8.1 - 0.5\} = 1.95(\text{V})$$

所以电路的动态范围为

$$U_{p\text{-}p} = 2U_{omax} = 2 \times 1.95 = 3.9(\text{V})$$

根据电压放大倍数 $\dot{A}_u$ 和不失真最大输出电压 U_{omax}，还可以计算出输入信号的最大值 U_{imax} 为

$$U_{imax} = \frac{U_{omax}}{A_u} = \frac{1.95}{54.5} \approx 35.8(\text{mV})$$

也就是说，在不产生失真的条件下，输入信号的幅值不应超过 35.8mV。

3.4　晶体管放大电路的 3 种接法

第 3.2 和第 3.3 节中介绍了基本共射极放大电路，其特点是放大电路的输入回路和输出回路以发射极为公共端。实用电路中还有以集电极为公共端的共集电极放大电路和以基极为公共端的共基极放大电路，即基本放大电路有 3 种接法。

3.4.1　静态工作点稳定的共射极放大电路

由 3.3 节的分析可知，静态工作点 Q 的设置很重要，它不但决定了放大电路是否会产生非线性失真，而且还影响电路的动态性能，如电压增益、输入电阻等，所以在设计和调试电路时，必须首先设置合适稳定的静态工作点。

实际应用中，电源电压的波动、元器件参数的分散性、环境温度的变化等，都会引起静态工作点的不稳定。例如，随着温度的升高，I_B 和 β 都会增大，结果就集中表现在 Q 点的电流 I_{CQ} 的增大上，使得 Q 点上移而接近饱和区，严重时出现饱和失真。

前面讲的放大电路图 3.2.2(b)，计算 Q 点的偏流采用式（3.3.1），可以看出 R_b 一经选定后，I_B 也就固定不变了。这种仅由电源和 R_b 确定偏流的固定偏置电路是不实用的，对 β 值太敏感，而 β 值会随温度的改变而变化。实际中需要一个对 β 值不太敏感的电路。

对图 3.3.1 所示的电路加两只电阻，一只加在发射极电路上，另一只加在基极与地之间，电路如图 3.4.1(a)所示，称为基极分压式射极偏置电路。加上信号源、负载电阻及耦合电容后的放大电路如图 3.4.1(b)所示。

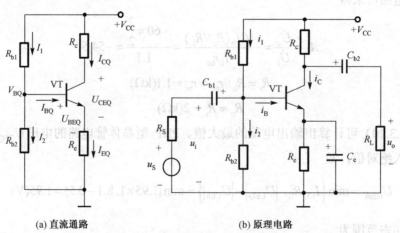

(a) 直流通路　　　　　　　　　　　　(b) 原理电路

图 3.4.1　基极分压式射极偏置电路

根据图 3.4.1(a)来分析该电路稳定静态工作点的原理和过程，可列出

$$I_1 = I_2 + I_{BQ}$$

若使

$$I_2 \gg I_{BQ} \qquad\qquad (3.4.1)$$

则

$$I_1 \approx I_2 \approx \frac{V_{CC}}{R_{b1} + R_{b2}}$$

基极电位为

$$V_{BQ} = R_{b2}I_2 \approx \frac{R_{b2}}{R_{b1} + R_{b2}}V_{CC} \qquad\qquad (3.4.2)$$

可以认为 V_{BQ} 与晶体管的参数无关，不受温度影响，而仅由 R_{b1} 与 R_{b2} 的分压电路所决定。由图 3.4.1(a)还可列出

$$U_{BEQ} = V_B - V_E = V_B - R_e I_{EQ} \qquad\qquad (3.4.3)$$

若使

$$V_{BQ} \gg U_{BEQ} \qquad\qquad (3.4.4)$$

则

$$I_{CQ} \approx I_{EQ} = \frac{V_{BQ} - U_{BEQ}}{R_e} \approx \frac{V_{BQ}}{R_e} \qquad\qquad (3.4.5)$$

式（3.4.5）表明，I_{CQ} 仅由 R_e 和 V_{BQ} 决定，它们都与温度无关，因此静态工作点基本是稳定的。要满足式（3.4.1）和式（3.4.4），对硅管而言，在估算时一般选取 $I_2 = (5\sim10)I_{BQ}$，$V_{BQ} = (5\sim10)U_{BEQ}$。

这种电路稳定静态工作点的过程可表示为：

$$T\uparrow \to I_{CQ}\uparrow \to I_{EQ}\uparrow \to (I_{EQ}R_e)\uparrow \to U_{BEQ}\downarrow \to I_{BQ}\downarrow$$
$$I_{CQ}\downarrow$$

这种将输出回路的电流变化以一定的方式回送到输入回路，从而产生抑制输出电流变化的作用，称为电流反馈。

此外，当发射极电流的交流分量通过 R_e 时，也会产生压降，使得 u_{be} 减小，从而降低电压放大倍数。为此，可在 R_e 两端并联一个大电容 C_e，使交流旁路。C_e 称为交流旁路电容。

【例 3.4.1】　在图 3.4.1(b)所示的基极分压式射极偏置电路中，已知 $V_{CC} = 12V$，$R_c = 2k\Omega$，$R_e = 2k\Omega$，$R_{b1} = 20k\Omega$，$R_{b2} = 10k\Omega$，$R_L = 6k\Omega$，晶体管的 $\beta = 40$，$U_{BEQ} = 0.7V$，试计算：（1）静态工作点；（2）该电路的电压放大倍数 $\dot{A}_u$、输入电阻 R_i 和输出电阻 R_o。

解：（1）由图 3.4.1(a)所示直流通路可计算出

$$V_{BQ} \approx \frac{R_{b2}}{R_{b1} + R_{b2}}V_{CC} = 12 \times \frac{10}{10 + 20} = 4(V)$$

$$I_{CQ} \approx I_{EQ} = \frac{V_{BQ} - U_{BEQ}}{R_e} = \frac{4 - 0.7}{2 \times 10^3} = 1.65(mA)$$

$$I_{BQ} = \frac{I_{CQ}}{\beta} = \frac{1.65}{40}(mA) \approx 41(\mu A)$$

$$U_{CEQ} \approx V_{CC} - I_{CQ}(R_c + R_e) = 12 - 1.65 \times 10^{-3} \times (2 + 2) \times 10^3 = 5.4(V)$$

（2）微变等效电路如图 3.4.2(a)所示，其中

$$r_{be} = 300 + (1 + \beta)\frac{26(mV)}{I_{EQ}(mA)} = 300 + (1 + 40) \times \frac{26}{1.65} \approx 0.95(k\Omega)$$

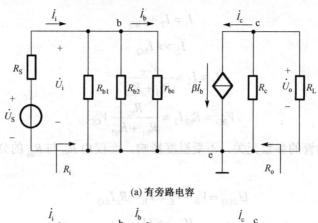

(a) 有旁路电容

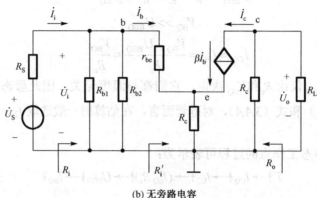

(b) 无旁路电容

图 3.4.2　图 3.4.1(b)所示电路的微变等效电路

则可求得

$$\dot{A}_u = \frac{\dot{U}_o}{\dot{U}_i} = -\frac{\beta \dot{I}_b (R_c /\!/ R_L)}{\dot{I}_b r_{be}} = -40 \times \frac{(2/\!/6)}{0.95} \approx -63.2$$

$$R_i = R_{b1} /\!/ R_{b2} /\!/ r_{be} = 20/\!/10/\!/0.95 = 0.83(\text{k}\Omega)$$

$$R_o \approx R_c = 2(\text{k}\Omega)$$

【例 3.4.2】 在例 3.4.1 中，如果没有并联旁路电容C_e，试计算该电路的电压放大倍数$\dot{A}_u$、输入电阻R_i和输出电阻R_o。

解： 没有并联旁路电容C_e的微变等效电路如图 3.4.2(b)所示。由于旁路电容C_e并不影响电路的静态值，所以图 3.4.2(a)与图 3.4.2(b)中的r_{be}值相同，由图可得

$$\dot{U}_o = -\beta \dot{I}_b (R_c /\!/ R_L) = -\beta \dot{I}_b R_L'$$

$$\dot{U}_i = \dot{I}_b r_{be} + (1+\beta) \dot{I}_b R_e$$

所以

$$\dot{A}_u = \frac{\dot{U}_o}{\dot{U}_i} = -\frac{\beta R_L'}{r_{be} + (1+\beta)R_e} = -\frac{40 \times (2/\!/6)}{0.95 + (1+40) \times 2} \approx -0.72$$

从分析可以看出，没有并联电容C_e的电压放大倍数比有并联电容时小很多，这是因为输入信号的很大部分加在了电阻R_e上，只有一部分加在基极-射极之间转换为输出信号。R_e

越大，稳定静态工作点的作用越强，但放大倍数下降越多，而在 R_e 两端并联电容后，很好地解决了稳定静态工作点与提高电压增益的矛盾。

在求输入电阻时，可看做是 R_{b1}、R_{b2} 和由基极向里看的等效电阻 R_i' 的并联，即

$$R_i = R_{b1}//R_{b2}//R_i'$$

用外加电源法求 R_i' 的电路如图 3.4.3 所示。

$$R_i' = \frac{\dot{U}}{\dot{I}} = \frac{\dot{I}r_{be} + (1+\beta)\dot{I}_bR_e}{\dot{I}} = \frac{\dot{I}_br_{be} + (1+\beta)\dot{I}_bR_e}{\dot{I}_b} = r_{be} + (1+\beta)R_e$$

所以

$$R_i = R_{b1}//R_{b2}//[r_{be} + (1+\beta)R_e] = 20//10//[0.95 + (1+40)\times 2] \approx 6.17(\text{k}\Omega)$$

输出电阻为

$$R_o \approx R_c = 2(\text{k}\Omega)$$

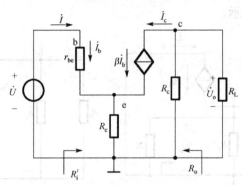

图 3.4.3 用外加电源法求输入电阻

3.4.2 共集电极放大电路

图 3.4.4(a)所示为共集电极放大电路（也称共集放大电路）的原理图，图 3.4.4(b)所示为它的交流通路。从交流通路可以看出，集电极是输入回路和输出回路的公共端，所以是共集电极电路。又由于输出电压从发射极取出，所以又称为射极输出器。

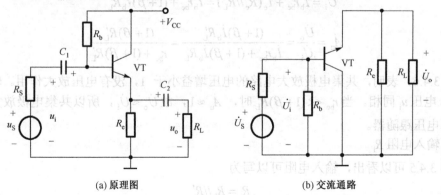

(a) 原理图   (b) 交流通路

图 3.4.4 共集电极放大电路

1. 静态分析

根据图 3.4.4(a)，在基极回路中有

$$V_{CC} = I_{BQ}R_b + U_{BEQ} + I_{EQ}R_e$$

而

$$I_{EQ} = (1+\beta)I_{BQ}$$

则

$$I_{BQ} = \frac{V_{CC} - U_{BEQ}}{R_b + (1+\beta)R_e}$$

$$I_{CQ} \approx I_{EQ} = \beta I_{BQ}$$

$$U_{CEQ} = V_{CC} - I_{EQ}R_e \approx V_{CC} - I_{CQ}R_e$$

2. 动态分析

（1）电压放大倍数 $\dot{A}_u$

将图 3.4.4(b)所示电路中的晶体管用其微变等效模型代替，得到共集电极放大电路的微变等效电路，如图 3.4.5 所示。

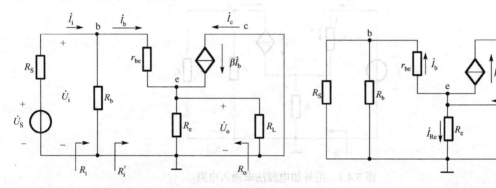

图 3.4.5 共集电极放大电路的微变等效电路　　　图 3.4.6 求共集电极放大电路输出电阻的等效电路

由图 3.4.5 所示的共集电极放大电路的微变等效电路可得

$$\dot{U}_o = \dot{I}_e(R_e//R_L) = (1+\beta)\dot{I}_b R_L'$$

式中，$R_L' = R_L//R_e$。

$$\dot{U}_i = \dot{I}_b r_{be} + \dot{I}_e(R_e//R_L) = \dot{I}_b r_{be} + (1+\beta)\dot{I}_b R_L'$$

$$\dot{A}_u = \frac{\dot{U}_o}{\dot{U}_i} = \frac{(1+\beta)\dot{I}_b R_L'}{\dot{I}_b r_{be} + (1+\beta)\dot{I}_b R_L'} = \frac{(1+\beta)R_L'}{r_{be} + (1+\beta)R_L'} \tag{3.4.6}$$

式（3.4.6）表明，共集电极放大电路的电压增益小于 1，没有电压放大作用。输出电压 u_o 与输入电压 u_i 同相。当 $r_{be} << (1+\beta)R_L'$ 时，$\dot{A}_u \approx 1$，故 $\dot{U}_o \approx \dot{U}_i$，所以共集电极放大电路又称为射极电压跟随器。

（2）输入电阻 R_i

由图 3.4.5 可以看出，输入电阻可以写为

$$R_i = R_b//R_i'$$

$$R_i' = \frac{\dot{U}_i}{\dot{I}_b} = r_{be} + (1+\beta)(R_e//R_L) = r_{be} + (1+\beta)R_L'$$

所以

$$R_i = R_b//[r_{be} + (1+\beta)R_L'] \tag{3.4.7}$$

与共射极放大电路比较，射极跟随器的输入电阻较高，可达几十千欧到几百千欧。

（3）输出电阻 R_o

应用外加电源法求输出电阻，将图 3.4.5 电路中的信号源短路，保留其内阻，负载断开，在断开处外加电压源 $\dot{U}$，求其产生的电流 $\dot{I}$，如图 3.4.6 所示。输出电阻可表示为

$$R_o = \frac{\dot{U}}{\dot{I}}$$

根据电路可列方程

$$\dot{I} = \dot{I}_{Re} + \dot{I}_b(1+\beta) = \frac{\dot{U}}{R_e} + (1+\beta)\frac{\dot{U}}{r_{be} + (R_b//R_S)} = \frac{\dot{U}}{R_e} + \frac{\dot{U}}{\dfrac{r_{be} + (R_b//R_S)}{(1+\beta)}}$$

即

$$R_o = R_e // \frac{r_{be} + (R_b//R_S)}{(1+\beta)} \tag{3.4.8}$$

通常有

$$R_e >> \frac{r_{be} + (R_b//R_S)}{(1+\beta)}$$

故

$$R_o \approx \frac{r_{be} + (R_b//R_S)}{(1+\beta)} \tag{3.4.9}$$

与共射极放大电路相比，共集电极放大电路的输出电阻很小，带负载能力强，而且输出电阻的大小与信号源的内阻 R_S 有关。

综上所述，射极输出器的主要特点是：电压放大倍数接近于 1，输出电压与输入电压同相，输入电阻大，输出电阻小。因此，它常被用做多极放大电路的输入级、输出级或缓冲级。

【例 3.4.3】 在图 3.4.4(a)所示的共集电极放大电路中，设 $V_{CC} = 10\text{V}$，$R_b = 240\text{k}\Omega$，$R_e = 5.6\text{k}\Omega$，锗晶体管的 $\beta = 40$，$U_{BEQ} = 0.2\text{V}$，信号源的内阻 $R_S = 10\text{k}\Omega$，负载电阻 R_L 开路。试估算静态工作点 Q，求电压放大倍数 $\dot{A}_u$ 和 $\dot{A}_{us}$、输入电阻 R_i 及输出电阻 R_o。

解：（1）估算静态工作点 Q

$$I_{BQ} = \frac{V_{CC} - U_{BEQ}}{R_b + (1+\beta)R_e} = \frac{10 - 0.2}{240 + (1+40) \times 5.6} \approx 0.02(\text{mA})$$

$$I_{CQ} \approx I_{EQ} = \beta I_{BQ} = 40 \times 0.02 = 0.8(\text{mA})$$

$$U_{CEQ} = V_{CC} - I_{EQ}R_e = V_{CC} - I_{CQ}R_e = 10 - 0.8 \times 5.6 = 5.52(\text{V})$$

（2）求 $\dot{A}_u$、$\dot{A}_{us}$、R_i 和 R_o

$$r_{be} = 300 + (1+\beta)\frac{26(\text{mV})}{I_{EQ}(\text{mA})} = 300 + (1+40)\frac{26(\text{mV})}{0.8(\text{mA})} \approx 1.63(\text{k}\Omega)$$

$$\dot{A}_u = \frac{\dot{U}_o}{\dot{U}_i} = \frac{(1+\beta)R_e}{r_{be} + (1+\beta)R_e} = \frac{(1+40) \times 5.6(\text{k}\Omega)}{1.63 + (1+40) \times 5.6(\text{k}\Omega)} \approx 0.99$$

$$R_i = R_b // [r_{be} + (1+\beta)R_e] = 240 // [1.63 + (1+40) \times 5.6] \approx 117.8(\text{k}\Omega)$$

$$R_o = R_e // \frac{r_{be} + (R_b//R_S)}{(1+\beta)} = 5.6 // \frac{1.63 + (10//240)}{1+40} \approx 0.26(\text{k}\Omega)$$

$$\dot{A}_{us} = \dot{A}_u \frac{R_i}{R_i + R_S} = 0.99 \times \frac{117.8}{117.8 + 10} \approx 0.91$$

3.4.3　共基极放大电路

图 3.4.7(a)所示为共基极放大电路（也称共基放大电路）的原理图，图 3.4.7(b)所示为它的交流通路。从交流通路可以看出，基极是输入回路和输出回路的公共端，所以是共基极电路。

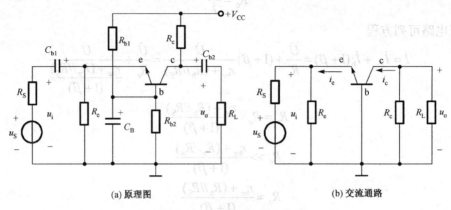

(a) 原理图　　　　　　　　　　(b) 交流通路

图 3.4.7　共基极放大电路

1．静态分析

图 3.4.7(a)所示电路的直流通路与基极分压式射极偏置电路的直流通路是一样的，因而 Q 点的求法相同。

2．动态分析

将图 3.4.7(b)所示电路中的晶体管用其微变等效模型代替，得到共基极放大电路的微变等效电路，如图 3.4.8 所示。

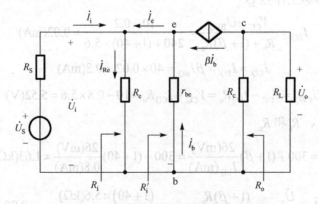

图 3.4.8　共基极放大电路的微变等效电路

（1）电压放大倍数 $\dot{A}_{u}$

由图 3.4.8 可知，$\dot{U}_{o} = -\beta \dot{I}_{b} R'_{L}$，$\dot{U}_{i} = -\dot{I}_{b} r_{be}$，于是有

$$\dot{A}_{u} = \frac{\dot{U}_{o}}{\dot{U}_{i}} = \beta \frac{R'_{L}}{r_{be}} \tag{3.4.10}$$

式中，$R'_{L} = R_{c} /\!/ R_{L}$。

由式（3.4.10）可以看出，共基极放大电路的放大倍数在数值上与共射极放大电路相同，但共基极放大电路的输出电压与输入电压同相。

（2）输入电阻 R_i

$$R_i = R_e // R_i'$$

$$R_i' = -\frac{\dot{U}_i}{\dot{I}_e} = -\frac{\dot{U}_i}{(1+\beta)\dot{I}_b} = \frac{r_{be}}{1+\beta}$$

所以

$$R_i = R_e // \frac{r_{be}}{1+\beta} \tag{3.4.11}$$

共基极放大电路的输入电阻远小于共射极放大电路的输入电阻。

（3）输出电阻 R_o

由图 3.4.8 可知

$$R_o \approx R_c \tag{3.4.12}$$

通过上述分析可知，共基极放大电路的特点是输入电阻小，电压放大作用强，输出电压与输入电压同相。

3.4.4 3 种基本放大电路的性能比较

根据前面的分析，现将基本放大电路的 3 种组态的性能特点进行比较，并列于表 3.4.1 中。

表 3.4.1 基本放大电路 3 种组态的性能比较

	共发射极	共集电极	共基极
电路	图 3.4.1(b)	图 3.4.4(a)	图 3.4.7(a)
微变等效电路	图 3.4.2(b)	图 3.4.5	图 3.4.8
电压增益	$\dot{A}_u = -\beta\dfrac{R_L'}{r_{be}}$	$\dot{A}_u = \dfrac{(1+\beta)R_L'}{r_{be}+(1+\beta)R_L'}$	$\dot{A}_u = \beta\dfrac{R_L'}{r_{be}}$
R_L'	$R_L' = R_c // R_L$	$R_L' = R_e // R_L$	$R_L' = R_c // R_L$
输入电阻	$R_i = R_{b1} // R_{b2} // r_{be}$	$R_i = R_b // [r_{be}+(1+\beta)R_L']$	$R_i = R_e // \dfrac{r_{be}}{1+\beta}$
输出电阻	$R_o \approx R_c$	$R_o = R_e // \dfrac{r_{be}+(R_b // R_s)}{(1+\beta)}$	$R_o \approx R_c$
用途	多级放大电路的中间级	输入级、中间级、输出级	高频或宽频带电路

从表 3.4.1 可以看出：

① 共发射极电路既放大电压也放大电流，输入、输出电阻适中，被主要应用于低频多级放大电路的中间级；

② 共集电极电路只放大电流，不放大电压，在 3 种组态中，输入电阻最高，输出电阻最小，常被用于输入级、输出级或作为隔离用的缓冲级。

③ 共基极电路只放大电压，不放大电流，输入电阻小，高频特性很好，常被用于高频或宽频带低输入阻抗的场合。

【例 3.4.4】 今将射极输出器与共发射极放大电路组成两级放大电路，如图 3.4.9 所示。已知：$V_{CC} = 12V$，$\beta_1 = 60$，$U_{BE} = 0.6V$，$R_{b1} = 200k\Omega$，$R_{e1} = 2k\Omega$，$R_s = 100\Omega$，$R_{c2} = 2k\Omega$，$R_{e2} = 2k\Omega$，$R_{b1}' = 20k\Omega$，$R_{b2}' = 10k\Omega$，$R_L = 6k\Omega$，$\beta_2 = 40$。试求：（1）前后级放大电路

的静态值；（2）放大电路的输入电阻 R_i 和输出电阻 R_o ；（3）各级电压放大倍数 $\dot{A}_{u1}$、$\dot{A}_{u2}$ 及两级电压放大倍数 $\dot{A}_u$ 。

解： 图 3.4.9 所示为两级阻容耦合放大电路，两级之间通过耦合电容 C_2 及下级输入电阻连接，故称为阻容耦合。由于电容有隔直作用，它可使前、后级的直流工作状态互相之间无影响，故各级放大电路的静态工作点可以单独考虑。耦合电容对交流信号的容抗必须很小，其交流分压作用可以忽略不计，以使前级输出信号电压几乎无损失地传送到后级输入端。

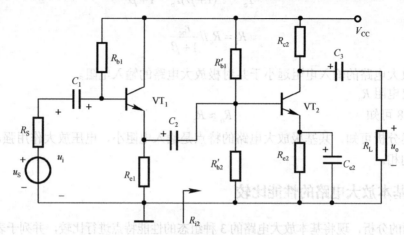

图 3.4.9　例 3.4.4 的两级阻容耦合放大电路

（1）前级静态值为

$$I_{B1Q} = \frac{V_{CC} - U_{BE1Q}}{R_{b1} + (1+\beta_1)R_{e1}} = \frac{12 - 0.6}{200 \times 10^3 + (1+60) \times 2 \times 10^3} \approx 0.035\,(\text{mA})$$

$$I_{C1Q} \approx I_{E1Q} = (1+\beta_1)I_{B1Q} = (1+60) \times 0.035\,\text{mA} \approx 2.14\,(\text{mA})$$

$$U_{CE1Q} = V_{CC} - R_{e1}I_{E1Q} = 12 - 2 \times 10^3 \times 2.14 \times 10^{-3} = 7.72\,(\text{V})$$

后级静态值同例 3.4.1，即　　　　$I_{C2Q} \approx I_{E2Q} = 1.65\,(\text{mA})$

$$I_{B2Q} = 0.041\,(\text{mA})$$

$$U_{CE2Q} = 5.4\,(\text{V})$$

（2）放大电路的输入电阻和输出电阻

多级放大电路的输入电阻就是第一级的输入电阻，由于射极输出器的输入电阻与负载电阻有关，因此，输入电阻与后一级的输入电阻有关

$$R_i = R_{i1} = R_{b1} // [r_{be1} + (1+\beta_1)R'_{L1}]$$

式中，$R'_{L1} = R_{e1} // R_{i2}$ 为前级的负载电阻，其中 R_{i2} 为后级的输入电阻，已在例 3.4.1 中求得，$R_{i2} = 0.83\,(\text{k}\Omega)$ 。于是

$$R'_{L1} = \frac{2 \times 0.83}{2 + 0.83} \approx 0.59\,(\text{k}\Omega)$$

$$r_{be1} = 300 + (1+\beta_1)\frac{26}{I_{E1Q}} = \left[300 + (1+60) \times \frac{26}{2.14}\right](\Omega) \approx 1.04\,(\text{k}\Omega)$$

于是得出 $\qquad R_i = R_{i1} = R_{b1} // [r_{be1} + (1+\beta_1)R'_{L1}] = 31.2(\text{k}\Omega)$

多级放大电路的输出电阻就是最后一级的输出电阻

$$R_o = R_{o2} \approx R_{c2} = 2(\text{k}\Omega)$$

（3）计算电压放大倍数

多级放大电路的电压放大倍数为各级电路的放大倍数的乘积。

前级 $\qquad \dot{A}_{u1} = \dfrac{(1+\beta_1)R'_{L1}}{r_{be1} + (1+\beta_1)R'_{L1}} = \dfrac{(1+60)\times 0.59}{1.04 + (1+60)\times 0.59} \approx 0.97$

后级（见例 3.4.1） $\qquad \dot{A}_{u2} = -63.2$

两级电压放大倍数 $\qquad \dot{A}_u = \dot{A}_{u1} \cdot \dot{A}_{u2} = 0.97 \times (-63.2) \approx -61.3$

习　题　3

3.1　测得放大电路中的晶体三极管的 3 个电极①、②、③的电流大小和方向如图 3.1 所示，试判断晶体管的类型（NPN 或 PNP），说明①、②、③中哪个是基极 b、发射极 e、集电极 c，求出电流放大系数 β。

3.2　试判断图 3.2 所示电路中开关 S 放在①、②、③哪个位置时 I_B 最大；放在哪个位置时 I_B 最小，为什么？

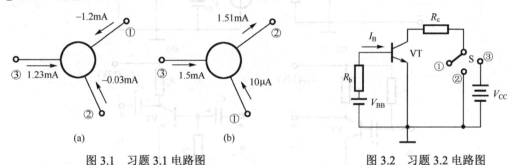

图 3.1　习题 3.1 电路图　　　　　　　　　　图 3.2　习题 3.2 电路图

3.3　测得某放大电路中晶体三极管各极直流电位如图 3.3 所示，判断晶体三极管的类型（NPN 或 PNP）及 3 个电极，并分别说明它们是硅管还是锗管。

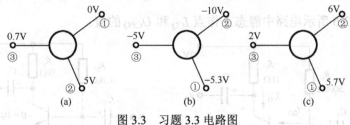

图 3.3　习题 3.3 电路图

3.4　用万用表直流电压挡测得晶体三极管的各极对地电位如图 3.4 所示，判断这些晶体管分别处于哪种工作状态（饱和、放大、截止或已损坏）。

3.5　某晶体管的极限参数为 $I_{CM} = 20\text{mA}$、$P_{CM} = 200\text{mW}$、$U_{(BR)CEO} = 15\text{V}$，若它的工作电流 $I_C = 10\text{mA}$，那么它的工作电压 U_{CE} 不能超过多少？若它的工作电压 $U_{CE} = 12\text{V}$，那么它的工作电流 I_C 不能超过多少？

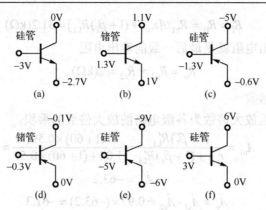

图 3.4 习题 3.4 电路图

3.6 图 3.5 所示电路对正弦信号是否有放大作用？如果没有放大作用，则说明理由，并将错误加以改正（设电容的容抗可以忽略）。

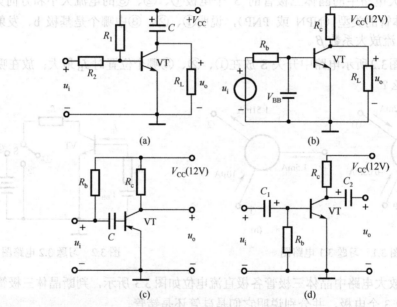

图 3.5 习题 3.6 电路图

3.7 确定图 3.6 所示电路中静态工作点 I_{CQ} 和 U_{CEQ} 的值。

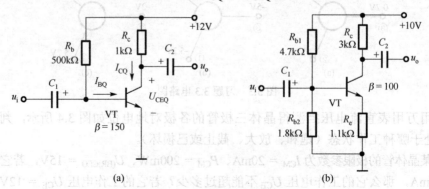

图 3.6 习题 3.7 电路图

3.8　在图 3.6(a)所示电路中，假设电路其他参数不变，分别改变以下某一项参数时：（1）增大 R_b；（2）增大 V_{CC}；（3）增大 β。试定性说明放大电路的 I_{BQ}、I_{CQ} 和 U_{CEQ} 将增大、减小还是基本不变。

3.9　图 3.7 所示为放大电路的直流通路，晶体管均为硅管，判断它的静态工作点位于哪个区（放大区、饱和区、截止区）。

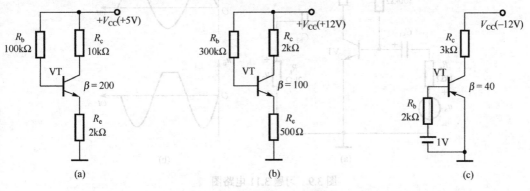

图 3.7　习题 3.9 电路图

3.10　画出图 3.8 所示电路的直流通路和微变等效电路，并注意标出电压、电流的参考方向。设所有电容对交流信号均可视为短路。

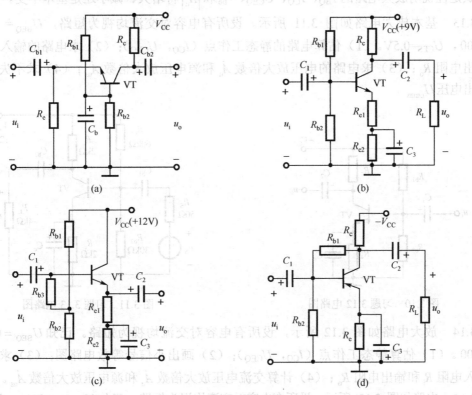

图 3.8　习题 3.10 电路图

3.11　放大电路如图 3.9(a)所示。设所有电容对交流均视为短路，$U_{BEQ} = 0.7\text{V}$，$\beta = 50$。

（1）估算该电路的静态工作点 Q；（2）画出小信号等效电路；（3）求电路的输入电阻 R_i 和输出电阻 R_o；（4）求电路的电压放大倍数 $\dot{A}_u$；（5）若 u_o 出现图 3.9(b)所示的失真现象，问是截止失真还是饱和失真？为消除此失真，应该调整电路中哪个元件？如何调整？

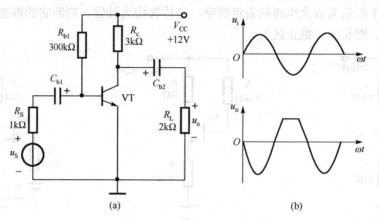

图 3.9　习题 3.11 电路图

　　3.12　图 3.10 所示 NPN 三极管组成的分压式工作点稳定电路中，假设电路其他参数不变，分别改变以下某一项参数时：（1）增大 R_{b1}；（2）增大 R_{b2}；（3）增大 R_e；（4）增大 β。试定性说明放大电路的 I_{BQ}、I_{CQ}、U_{CEQ}、r_{be} 和 $|\dot{A}_u|$ 将增大、减小还是基本不变。

　　3.13　基本放大电路如图 3.11 所示。设所有电容对交流均视为短路，$U_{BEQ}= 0.7\text{V}$，$\beta =100$，$U_{CES}=0.5\text{V}$。（1）估算电路的静态工作点（I_{CQ}，U_{CEQ}）；（2）求电路的输入电阻 R_i 和输出电阻 R_o；（3）求电路的电压放大倍数 $\dot{A}_u$ 和源电压放大倍数 $\dot{A}_{us}$；（4）求不失真的最大输出电压 U_{omax}。

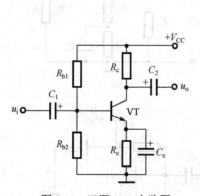

图 3.10　习题 3.12 电路图

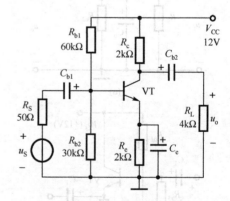

图 3.11　习题 3.13 电路图

　　3.14　放大电路如图 3.12 所示，设所有电容对交流均视为短路。已知 $U_{BEQ}= 0.7\text{V}$，$\beta =100$。（1）估算静态工作点（I_{CQ}，U_{CEQ}）；（2）画出小信号等效电路图；（3）求放大电路输入电阻 R_i 和输出电阻 R_o；（4）计算交流电压放大倍数 $\dot{A}_u$ 和源电压放大倍数 $\dot{A}_{us}$。

　　3.15　电路如图 3.13 所示，设所有电容对交流均视为短路。已知 $U_{BEQ}= 0.7\text{V}$，$\beta =100$，（1）估算静态工作点 Q（I_{CQ}、I_{BQ} 和 U_{CEQ}）；（2）求解 $\dot{A}_u$、R_i 和 R_o。

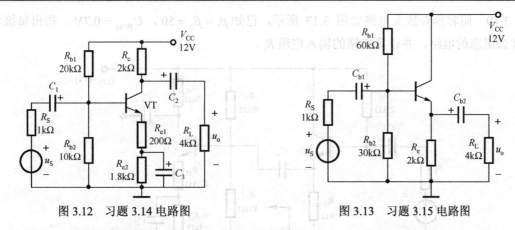

图 3.12 习题 3.14 电路图   图 3.13 习题 3.15 电路图

3.16 一个放大电路如图 3.14 所示，已知晶体管的 $U_{BEQ} = -0.7V$，$\beta = 50$，$r_{bb'} = 100\Omega$，各电容值足够大。试求：（1）静态工作点的值；（2）该放大电路的电压放大倍数 $\dot{A}_u$、源电压放大倍数 $\dot{A}_{us}$、输入电阻 R_i 及输出电阻 R_o；（3）C_e 开路时的静态工作点及 $\dot{A}_u$、$\dot{A}_{us}$、R_i、R_o；（4）若 u_o 出现图 3.18(b)所示的失真现象，问是截止失真还是饱和失真？

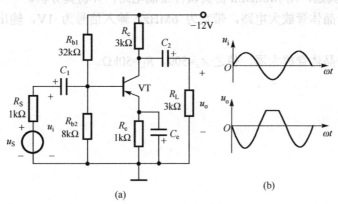

图 3.14 习题 3.16 电路图

3.17 电路如图 3.15 所示，设所有电容对交流均视为短路，$U_{BEQ} = -0.7V$，$\beta = 50$。试求该电路的静态工作点 Q、$\dot{A}_u$、R_i 和 R_o。

3.18 电路如图 3.16 所示，设所有电容对交流均视为短路，已知 $U_{BEQ} = 0.7V$，$\beta = 20$，r_{ce} 可忽略。（1）估算静态工作点 Q；（2）求解 $\dot{A}_u$、R_i 和 R_o。

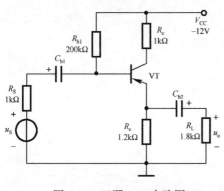

图 3.15 习题 3.17 电路图

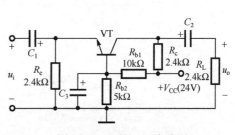

图 3.16 习题 3.18 电路图

3.19 阻容耦合放大电路如图 3.17 所示，已知 $\beta_1 = \beta_2 = 50$，$U_{BEQ} = 0.7V$，指出每级各是什么组态的电路，并计算电路的输入电阻 R_i。

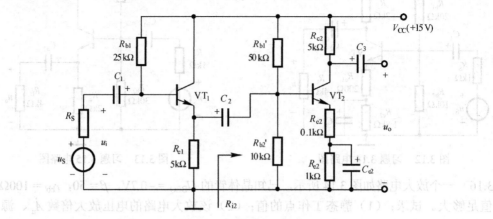

图 3.17 习题 6.19 电路图

3.20 设计仿真题，用 Multisim 仿真软件绘制电路，并仿真分析。

（1）设计一个晶体管放大电路，带宽为 6MHz，输入信号为 1V，输出为 10V，负载电阻为 600Ω。

（2）设计一个晶体管放大器，使之 A_u=500，R_L=50kΩ。

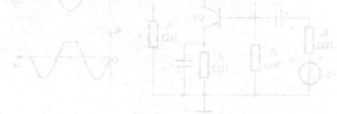

第 4 章　场效应管放大电路与功率放大电路

第 3 章讨论了双极型晶体管及其放大电路，本章将介绍另一种重要的三端放大器件：场效应晶体管（Field Effect Transistor，FET），又称为单极型晶体管。场效应管是利用电场效应来控制其电流大小的半导体器件。本章通过与双极型晶体管的比较，首先介绍各种 FET 外部特性和模型，重点讨论 FET 基本放大电路——共源放大电路和共漏放大电路，最后讨论功率放大电路。

4.1　场效应管的外部特性

场效应管的外形与双极型晶体管的一样，也有各种封装形式，几种常见的外形如图 3.1.1 所示。

FET 按结构分为两大类：金属-氧化物-半导体场效应管（Metal-Oxide-Semiconductor Field Effect Transistor，MOSFET）和结型场效应管（Junction Field Effect Transistor，JFET）。

MOSFET 是 20 世纪 60 年代中期推出的，尽管它的运行速度比双极型晶体管要慢得多，但它具有体积小和功耗低的特点，易于大规模集成。微处理器和大容量存储器都是由它集成的。

JFET 是在双极型晶体管推出几年后推出的。JFET 的开发先于 MOSFET，但它的应用远不及 MOSFET，且只用于某些特殊场合，有被淘汰的趋势，所以本书不再介绍。

综上所述，本章主要讨论 MOSFET。在 MOSFET 中，增强型 MOSFET 又远比耗尽型 MOSFET 应用广泛，且在集成电路设计中占有主导地位，所以以首先介绍增强型 MOS 管。

4.1.1　增强型 MOS 管的外部特性

1. 结构与电路符号

图 4.1.1(a)所示为 N 沟道增强型 MOS 管结构示意图。它以一块低掺杂的 P 型硅片为衬底，利用扩散的方法制作两个高掺杂浓度的 N 型区，记为 N⁺区，并引出两个电极，分别为源极 S 和漏极 D，在 P 型硅表面上制作一层 SiO_2 绝缘层，再在 SiO_2 上制作一层金属铝，引出电极，作为栅极 G。在通常情况下，源极一般都与衬底极 B 相连，即 $u_{BS} = 0$。场效应管的 3 个电极为 G、S 和 D，分别类似于双极型性晶体管的基极 b、发射极 e 和集电极 c。

由于栅极与源极、漏极之间均采用 SiO_2 绝缘层隔离，故称绝缘栅极。图 4.1.1(b)所示为 N 沟道和 P 沟道两种增强型场效应管的电路符号。图中衬底箭头方向是 PN 结正偏时的正向电流方向。

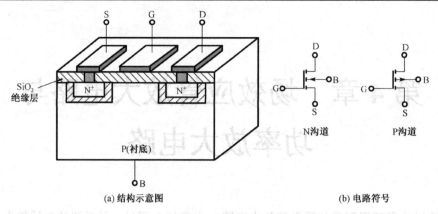

(a) 结构示意图   (b) 电路符号

图 4.1.1 N 沟道增强型 MOS 管

2. 伏安特性曲线与电流方程

场效应管共源极特性测试电路如图 4.1.2(a)所示，与图 4.1.2(b)所示的晶体三极管的共发射极特性测试电路相比较，可以看出 3 个电极的对应关系，N 沟道的场效应管类比于 NPN 型管子，所加电源的极性和电流方向也可类比。图中衬底与源极相连，这是很常用的接法。

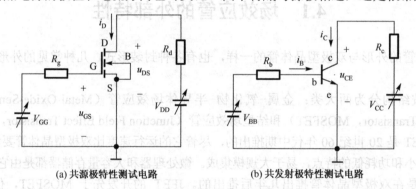

(a) 共源极特性测试电路   (b) 共发射极特性测试电路

图 4.1.2 特性测试电路比较

（1）转移特性

由于是绝缘栅极，栅极输入端基本没有电流，故讨论它的输入特性是没有意义的，所以讨论其转移特性，描述当漏-源电压 u_{DS} 为常数时，漏极电流 i_D 与栅-源电压 u_{GS} 之间的函数关系，即

$$i_D = f(u_{GS})\Big|_{u_{DS}=常数}$$

从增强型 MOS 管的符号可以看出，D 和 S 之间是虚线，说明 D 和 S 之间是不通的，称之为没有导电沟道。只有当栅-源之间加的电压 $u_{GS} > U_{th}$ 时，才有电流 $i_D > 0$，且 u_{GS} 越大，i_D 也随之增大，说明管子此时被"开启"，故 U_{th} 称为开启电压；当 $u_{GS} < U_{th}$ 时，$i_D = 0$，N 沟道增强型 MOSFET 的转移特性曲线如图 4.1.3(a)所示。由此可见，N 沟道增强型 MOSFET 在使用时，需使栅-源电压为正，且 $u_{GS} > U_{th}$。这种在 $u_{GS} = 0$ 时没有导电沟道而必须依靠栅-源电压的作用才形成导电沟道的 FET 称为增强型 FET。图 4.1.1(b)中的短线反映了增强型 FET 在 $u_{GS} = 0$ 时沟道是断开的特点。

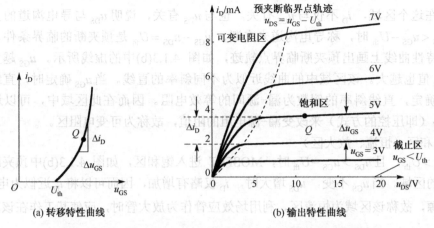

图 4.1.3　N 沟道增强型 MOS 管的转移特性曲线和输出特性曲线

根据半导体物理中对场效应管内部载流子的分析，可知转移特性曲线是条抛物线，i_D 的近似表达式为：

$$i_D = K(u_{GS} - U_{th})^2 \tag{4.1.1}$$

式中，K 为常数，由场效应管的结构决定。如果已知转移特性，可通过 U_{th} 和输出特性曲线上任一点的 u_{GS} 和 i_D 值估算出 K 值的大小。

在 u_{DS} 等于常数时，漏极电流的微变量和引起这个变化的栅-源电压的微变量之比称为互导，互导反映了栅-源电压对漏极电流的控制能力，它相当于转移特性曲线上工作点处的斜率，如图 4.1.3(a)所示，即

$$g_m = \frac{\Delta i_D}{\Delta u_{GS}}\bigg|_{u_{DS}=\text{常数}} \tag{4.1.2}$$

互导 g_m 是表征 FET 放大能力的一个重要参数，单位为 S（西门子）或 mS。g_m 一般在十分之几至几毫西的范围内，特殊的可达 100mS，甚至更高。g_m 与切线点的位置密切相关，由于转移特性曲线的非线性，因而 I_D 越大，g_m 越高。

如从图 4.1.3(b)可以求出 g_m 为

$$g_m = \frac{\Delta i_D}{\Delta u_{GS}} = \frac{3.5 - 2}{5 - 4} = 1.5(\text{mS})$$

（2）输出特性

输出特性是指在栅-源电压 u_{GS} 为常量时，漏极电流 i_D 与漏-源电压 u_{DS} 之间的关系，即

$$i_D = f(u_{DS})\big|_{u_{GS}=\text{常数}}$$

对应于一个 u_{GS}，就有一条曲线，因此输出特性曲线是一族曲线，相比于电流控制型的双极性晶体管，FET 是电压控制器件。图 4.1.3(b)所示为一个 N 沟道增强型 MOS 管的输出特性曲线，可划分为 3 个工作区：截止区、可变电阻区和饱和区。下面分别对 3 个工作区进行讨论。

① 截止区

当 $u_{GS} < U_{th}$ 时，导电沟道尚未形成，$i_D = 0$，为截止工作状态，又称为夹断区。

② 可变电阻区（非饱和区）

图 4.1.3(b)中虚线的左边部分称为可变电阻区，该区域类似于双极性晶体管的饱和区，

可以看出在这个区域，i_D 不仅与 u_{GS} 有关，也与 u_{DS} 有关，说明 u_{DS} 与导电沟道的大小也有关，当 $u_{DS} < u_{GS} - U_{th}$ 时，称导电沟道未夹断，$u_{GS} - u_{DS} = U_{th}$ 是预夹断的临界条件，据此可以在输出特性曲线上画出预夹断临界点轨迹，如图 4.1.3(b)中的虚线所示。u_{GS} 越大，预夹断时的 u_{DS} 值也越大。该区域中的曲线近似为不同斜率的直线。当 u_{GS} 确定时，直线的斜率也被唯一确定，直线斜率的倒数为漏-源间的等效电阻。因而在此区域中，可以通过改变 u_{GS} 的大小（即压控的方式）来改变漏-源电阻的阻值，故称为可变电阻区。

③ 饱和区（恒流、放大区）

当 $u_{GS} > U_{th}$，且 $u_{DS} > u_{GS} - U_{th}$ 时，MOSFET 进入饱和区，如图 4.1.3(b)中预夹断临界点轨迹右边的区域。当 u_{GS} 不变，u_{DS} 增大时，i_D 仅略有增加，因而可以将 i_D 近似为电压 u_{GS} 控制的电流源，故称该区域为恒流区。利用场效应管作为放大管时，应使其工作在该区域。

4.1.2　耗尽型 MOS 管的外部特性

1．符号

图 4.1.4 所示为耗尽型 MOS 管的电路符号。与增强型 MOSFET 不同的是，其中的虚线用实线取代，表明当 $u_{GS} = 0$ 时，导电沟道仍存在。

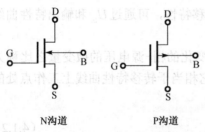

N沟道　　　　　P沟道

图 4.1.4　N 沟道耗尽型 MOS 管的符号

2．伏安特性与电流方程

N 沟道耗尽型 MOS 管的输出特性曲线和转移特性曲线如图 4.1.5 所示。

从特性曲线可以看出，N 沟道耗尽型 MOS 管可以在正或负的栅-源电压下工作。当 $u_{GS} > 0$ 时，i_D 随着 u_{GS} 的增大而增大。如果所加 u_{GS} 为负，i_D 会减小，当 i_D 减小为 0 时，说明漏-源极之间的导电沟道被夹断，此时的栅-源电压称为夹断电压 U_P。

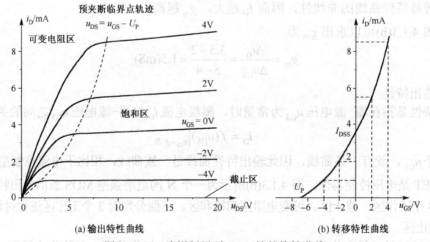

(a) 输出特性曲线　　　　　　　　(b) 转移特性曲线

图 4.1.5　N 沟道耗尽型 MOS 管的特性曲线

耗尽型 MOS 管的工作区域同样可以分为截止区、可变电阻区和饱和区，所不同的是，N 沟道耗尽型 MOS 管的夹断电压 U_P 为负值，而 N 沟道增强性 MOS 管的开启电压 U_{th} 为正值。

　　耗尽型 MOS 管的电流方程可以用增强型 MOS 管的电流方程式（4.1.1）表示，但这时必须用 U_P 取代 U_{th}。

　　在饱和区，当 $u_{GS}=0$，$u_{DS} \geq u_{GS}-U_P$ 时（即进入预夹断后），则由式（4.1.1）可得

$$i_D = K_n U_P^2 = I_{DSS} \tag{4.1.3}$$

式中，I_{DSS} 为零偏压时的漏极电流，称为饱和漏极电流。因此式（4.1.1）可改写为

$$i_D \approx I_{DSS}\left(1-\frac{u_{GS}}{U_P}\right)^2 \tag{4.1.4}$$

　　P 沟道耗尽型 MOS 管有类似的特性，与 N 沟道的差别仅是电压极性和电流方向相反。

4.1.3　4 种场效应管的特性比较

　　为了帮助读者学习，现将 4 种 FET 的特性列于表 4.1.1 中。

表 4.1.1　各种场效应管的特性比较

结 构 类 型	工作方式	电 路 符 号	转移特性曲线	输出特性曲线
绝缘栅 (MOSFET) N 沟道	增强型			
	耗尽型			
绝缘栅 (MOSFET) P 沟道	增强型			
	耗尽型			

在使用时要注意几点。一是 MOS 管中有的产品将衬底引出，则衬-源极之间的电压 u_{BS} 必须保证衬-源极间的 PN 结反向偏置，因此 P 衬底接低电位，N 衬底接高电位。二是场效应管通常制成漏极与源极可以互换，但有的产品出厂时已将源极与衬底连在一起，这时源极与漏极不能对调，使用时要注意。三是 MOSFET 由于栅极与衬底之间的电容量很小，只要少量的感应电荷就可以产生很高的电压，使极薄的绝缘层击穿，造成场效应管损坏。因此，无论在存放时还是在工作电路中，都应在栅-源极之间提供直流通路或加双向稳压对管保护，避免栅极悬空。

4.2　场效应管放大电路

场效应管与双极型晶体管一样，都能实现信号的控制，所以也能组成放大电路。与双极型晶体管类似，由场效应管组成的单管放大电路有 3 种组态，即共源极、共漏极和共栅极放大电路。其中，共栅极放大电路因为不经常使用，故本节只对共源极放大电路和共漏极放大电路进行分析。

4.2.1　场效应管放大电路的直流偏置及静态分析

为了保证在有输入信号时，场效应管始终工作在放大区（恒流区）。同双极型晶体管一样，场效应管放大电路也要建立合适的静态工作点。所不同的是，场效应管是电压控制器件，因此它需要有合适的栅-源电压。

根据不同类型的场效应管对栅-源电压 U_{GS} 的要求，通常偏置形式有两种：一种是只适合耗尽型场效应管的自给偏压电路；另一种是用于各种类型场效应管的分压式偏置电路。

1. 自给偏压电路

由 N 沟道耗尽型 MOS 管构成的自给偏置共源极放大电路如图 4.2.1(a)所示，电容 C_1 和 C_2 为耦合电容，C_S 为旁路电容，在交流通路中可以视为短路。将电容开路就可以得直流通路，如图 4.2.1(b)所示。

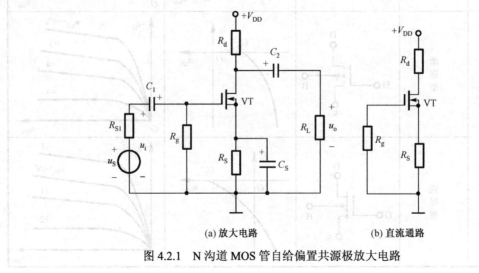

(a) 放大电路　　　　　　　　　　(b) 直流通路

图 4.2.1　N 沟道 MOS 管自给偏置共源极放大电路

由耗尽型 MOS 管的特性可知，即使 $U_{GS} = 0$，在相应的电压 U_{DS} 作用下也会有漏极电流 I_D。在图 4.2.1(b)所示电路中，当 I_D 流过源极电阻 R_S 时会产生压降 $V_{SQ} = I_{DQ}R_S$，由于栅极电流为零，从而使 R_g 中电流为零，所以栅极电位 $V_{GQ} = 0$，因此栅-源静态电压为

$$U_{GSQ} = V_{GQ} - V_{SQ} = -I_{DQ}R_S \qquad (4.2.1)$$

式（4.2.1）表明，在直流电源 $+V_{DD}$ 的作用下，电路靠电阻 R_S 上的电压使栅-源极之间获得负偏压，这种依靠自身获得负偏压的方式称为自给偏压。

将式（4.2.1）代入场效应管电流方程（4.1.4），得

$$I_{DQ} \approx I_{DSS}\left(1 - \frac{U_{GSQ}}{U_P}\right)^2 = I_{DSS}\left(1 - \frac{-I_{DQ}R_S}{U_P}\right)^2 \qquad (4.2.2)$$

由式（4.2.2）求解出漏极静态电流 I_{DQ}，将其代入式（4.2.1），可得栅-源极之间的静态电压 U_{GSQ}。根据电路的输出回路方程，可得管压降

$$U_{DSQ} = V_{DD} - I_{DQ}(R_d + R_S) \qquad (4.2.3)$$

在求解以上方程时，因为有二次方程，所以会有两组解，为保证 MOS 管具有放大能力，静态值必须位于恒流区，因此，要对所求得的 Q 点进行验证。当 Q 点值满足 $U_{DSQ} > U_{GSQ} - U_P$ 时，表明场效应管工作在放大区，Q 点即为静态工作点。否则，所计算的 Q 点没有意义，应舍去。

【例 4.2.1】 场效应管偏置电路如图 4.2.1(b)所示，其中 $R_d = 6k\Omega$，$R_S = 1k\Omega$，$R_g = 1.2M\Omega$，$V_{DD} = 15V$，其转移特性曲线如图 4.2.2 所示。试求 I_{DQ}、U_{GSQ} 及 U_{DSQ} 的值。

解： 由图 4.2.2 可读得：$I_{DSS} = 2.3mA$、$U_P = -3V$。列方程组

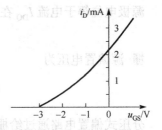

图 4.2.2 例 4.2.1 的转移特性曲线

$$\begin{cases} I_{DQ} = I_{DSS}\left(1 - \dfrac{U_{GSQ}}{U_P}\right)^2 = 2.3 \times \left(1 + \dfrac{U_{GSQ}}{3}\right)^2 \\ U_{GSQ} = -I_{DQ}R_S = -I_{DQ} \times 1 \end{cases}$$

解方程组得到两个解：$I_{DQ1} = 1.01mA$，$I_{DQ2} = 8.9mA$，其中 $I_{DQ2} > I_{DSS}$，不符合实际，舍去，故

$$\begin{cases} I_{DQ} = 1.01mA \\ U_{GSQ} = -1.01V \end{cases}$$

$$U_{DSQ} = V_{DD} - I_{DQ}(R_d + R_S) = 15 - 1.01 \times (6 + 1) = 7.93\,V$$

增强型场效应管只有栅-源电压先达到开启电压 U_{th} 时，才有漏极电流 I_D，因此对增强型场效应管不能使用自给偏压电路。

自给偏压电路中的源极电阻越大，电路的静态工作点就越稳定。但是源极电阻太大会使偏置太大，电路的工作点将接近截止区，分压式偏置电路可以克服上述缺点。

2. 分压式偏置电路

分压式偏置电路的栅极和直流电源之间增加了一个电阻。如图 4.2.3(a)所示，图中场效应管为 N 沟道增强型 MOS 管。这种偏置方法适合由任何类型的场效应管构成的放大电路。将耦合电容和旁路电容断开，就得到图 4.2.3(a)所示电路的直流通路，如图 4.2.3(b)所示。

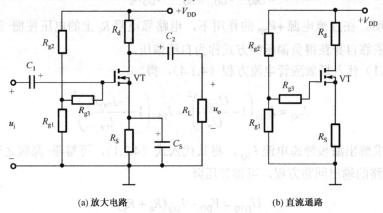

(a) 放大电路　　　　　　　　　　　　(b) 直流通路

图 4.2.3　分压式偏置的共源极放大电路

在图 4.2.3(b)所示电路中，由于栅极电流为零，即电阻 R_{g3} 中无电流流过，所以栅极电位 V_{GQ} 等于电阻 R_{g1} 和 R_{g2} 对电源电压 $+V_{DD}$ 的分压，即

$$V_{GQ} = \frac{R_{g1}}{R_{g1}+R_{g2}}V_{DD}$$

源极电位等于电流 I_{DQ} 在 R_S 上的压降，即

$$V_{SQ} = I_{DQ}R_S$$

栅-源偏置电压为

$$U_{GSQ} = V_{GQ}-V_{SQ} = \frac{R_{g1}}{R_{g1}+R_{g2}}V_{DD}-I_{DQ}R_S \tag{4.2.4}$$

分压式偏置电路通过给栅极加固定电压和源极偏置结合产生偏置，是一种混合偏置。为了保证放大电路的高输入电阻，除了可以增大 R_{g1} 和 R_{g2} 的值以外，在电路中增加了电阻 R_{g3} 以提高输入电阻，因为在静态时 R_{g3} 中无电流，不会影响静态工作点。

增强型 MOS 管在放大区的 I_{DQ} 和 U_{GSQ} 满足电流方程

$$I_{DQ} = K_n(U_{GSQ}-U_{th})^2 \tag{4.2.5}$$

将式（4.2.4）和式（4.2.5）联立，求解二元方程，可得 I_{DQ} 和 U_{GSQ}。再求解管压降

$$U_{DSQ} = V_{DD}-I_{DQ}(R_d+R_S) \tag{4.2.6}$$

求得静态工作点后同样要进行检验判断，舍去一组不合理的解。

4.2.2　共源极放大电路的动态分析

1. 场效应管的微变等效电路

在小信号工作条件下，场效应管工作在放大区时，与晶体管一样可以用微变等效电路来分析。

输入回路中，由于栅-源极之间呈现很高的电阻，基本不从信号源索取电流，所以可以认为栅-源极间近似开路。在输出回路中，漏极电流仅仅决定于栅-源电压，满足 $i_d = g_m u_{gs}$，因而可认为输出回路是一个电压控制的电流源。这样就可以得到场效应管在低频时的微变等效电路，如图 4.2.4 所示。

2. 共源极放大电路的动态分析

图 4.2.1(a)所示的共源极放大电路的微变等效电路如图 4.2.5 所示。由图 4.2.5 可知

$$\dot{U}_i = \dot{U}_{gs}$$

$$\dot{U}_o = -g_m \dot{U}_{gs}(R_d // R_L) = -g_m \dot{U}_{gs} R'_L$$

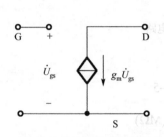
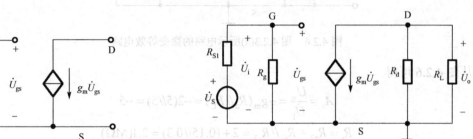

图 4.2.4　场效应管的微变等效电路　　　图 4.2.5　图 4.2.1(a)所示共源极放大电路的微变等效电路

式中，$R'_L = R_L // R_d$，因此电压放大倍数为

$$\dot{A}_u = \frac{\dot{U}_o}{\dot{U}_i} = -g_m(R_d // R_L) = -g_m R'_L \qquad (4.2.7)$$

式中，负号表示输出电压与输入电压反相。

放大电路的输入电阻为

$$R_i = R_g \qquad (4.2.8)$$

输出电阻

$$R_o = \frac{\dot{U}}{\dot{I}} = R_d \qquad (4.2.9)$$

【**例 4.2.2**】　在图 4.2.3(a)所示电路中，已知 $V_{DD} = 15V$，$R_{g1} = 150k\Omega$，$R_{g2} = 300k\Omega$，$R_{g3} = 2M\Omega$，$R_d = 5k\Omega$，$R_S = 500\Omega$，$R_L = 5k\Omega$，MOS 管的 $g_m = 2mS$，$U_{th} = 2V$，$K_n = 0.5mA/V^2$。试求：（1）静态工作点 Q；（2）$\dot{A}_u$、R_i 和 R_o。

解：（1）根据式（4.2.4）和式（4.2.5），有

$$U_{GSQ} = \frac{R_{g1}}{R_{g1} + R_{g2}} V_{DD} - I_{DQ} R_S = \frac{150}{150+300} \times 15 - I_{DQ} \times 0.5 = 5 - 0.5 I_{DQ} \qquad (4.2.10)$$

$$I_{DQ} = K_n(U_{GSQ} - U_{th})^2 = 0.5(U_{GSQ} - 2)^2 \qquad (4.2.11)$$

联立求解式（4.2.10）和式（4.2.11），得出 U_{GSQ} 的两个解分别为 $+4V$ 和 $-4V$，舍去负值，得出合理解为

$$U_{GSQ} = 4(V)，\quad I_{DQ} = 2(mA)$$

根据式（4.2.6）求解 U_{DSQ}

$$U_{DSQ} = V_{DD} - I_{DQ}(R_d + R_S) = 15 - 2 \times (5 + 0.5) = 4(\text{V})$$

（2）画出图 4.2.3(a)所示电路的微变等效电路，如图 4.2.6 所示。

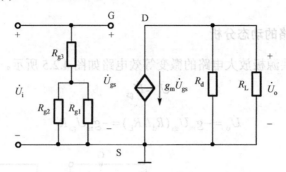

图 4.2.6　图 4.2.3(a)所示电路的微变等效电路

从图 4.2.6 可得

$$\dot{A}_u = \frac{\dot{U}_o}{\dot{U}_i} = -g_m(R_d /\!/ R_L) = -2(5/\!/5) = -5$$

$$R_i = R_{g3} + R_{g1} /\!/ R_{g2} = 2 + (0.15 /\!/ 0.3) = 2.1(\text{M}\Omega)$$

$$R_o = R_d = 5(\text{k}\Omega)$$

【例 4.2.3】 在例 4.2.2 中，如果没有旁路电容 C_S，试计算该电路的放大倍数 $\dot{A}_u$、输入电阻 R_i 和输出电阻 R_o。

解： 没有旁路电容 C_S 的微变等效电路如图 4.2.7 所示。

$$\dot{A}_u = \frac{\dot{U}_o}{\dot{U}_i} = \frac{-g_m(R_d /\!/ R_L)}{1 + g_m R_S} = \frac{-2 \times (5/\!/5)}{1 + 2 \times 0.5} = -2.5$$

$$R_i = R_{g3} + R_{g1} /\!/ R_{g2} = 2 + (0.15 /\!/ 0.3) = 2.1(\text{M}\Omega)$$

$$R_o = R_d = 5(\text{k}\Omega)$$

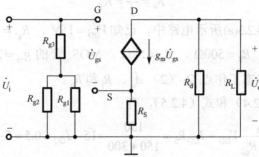

图 4.2.7　图 4.2.3(a)所示电路没有旁路电容的微变等效电路

可以看出，源极电阻使得电压增益减小了。

4.2.3　共漏极放大电路的动态分析

图 4.2.8(a)所示为共漏极放大电路，共漏极放大电路也称为源极输出器或源极跟随器。

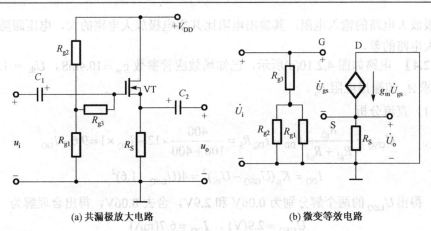

(a) 共漏极放大电路　　　　　　　　(b) 微变等效电路

图 4.2.8　共漏极放大电路

共漏极放大电路静态工作点的计算方法与共源极放大电路的类似，可列出回路方程与特性方程联立求解，即

$$U_{GSQ} = \frac{R_{g1}}{R_{g1} + R_{g2}} V_{DD} - I_{DQ} R_S$$

$$I_{DQ} = I_{DSS} \left(1 - \frac{U_{GSQ}}{U_P}\right)^2, \quad U_{DSQ} = V_{DD} - I_{DQ} R_S \qquad (4.2.12)$$

画出微变等效电路如图 4.2.8(b)所示，由图可得

$$\dot{U}_o = g_m \dot{U}_{gs} R_S, \quad \dot{U}_i = \dot{U}_{gs} + g_m \dot{U}_{gs} R_S$$

所以电压放大倍数为

$$\dot{A}_u = \frac{\dot{U}_o}{\dot{U}_i} = \frac{g_m R_S}{1 + g_m R_S} \qquad (4.2.13)$$

根据输入电阻的定义

$$R_i = R_{g3} + R_{g1} /\!/ R_{g2} \qquad (4.2.14)$$

采用外加电源法求输出电阻，将输入端短路，在输出端加交流电压源 $\dot{U}$，必然产生电流 $\dot{I}$，如图 4.2.9 所示，这时 $\dot{U}$ 与 $\dot{I}$ 之比即为输出电阻 R_o。由图可得

$$\dot{I} = \dot{I}_{RS} - g_m \dot{U}_{gs} = \frac{\dot{U}}{R_S} - g_m \dot{U}_{gs}$$

由于 $\dot{U}_{gs} = -\dot{U}$，所以

$$\dot{I} = \frac{\dot{U}}{R_S} + g_m \dot{U}$$

$$R_o = \frac{\dot{U}}{\dot{I}} = \frac{1}{\frac{1}{R_S} + g_m} = R_S /\!/ \frac{1}{g_m} \qquad (4.2.15)$$

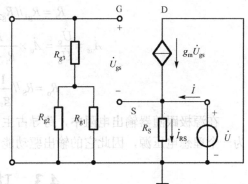

图 4.2.9　分析共漏极放大电路的输出电阻

共漏极放大电路的特点与共集电极放大电路的相似，但共漏极放大电路的输入电阻远大

于共集电极放大电路的输入电阻，其输出电阻比共集电极放大电路的大，电压跟随作用比共集电极放大电路的差。

【例 4.2.4】 电路如图 4.2.10(a)所示，已知场效应管参数 $g_m = 10.4\text{mS}$，$U_{th} = 1.6\text{V}$，$K_n = 4\text{mA/V}^2$，求 $\dot{A}_{us}$ 和输出电阻 R_o。

解：（1）直流分析

$$U_{GSQ} = \frac{R_{g2}}{R_{g1} + R_{g2}}V_{DD} - I_{DQ}R_S = \frac{400}{100 + 400} \times 12 - I_{DQ} \times 1 = 9.6 - I_{DQ}$$

$$I_{DQ} = K_n(U_{GSQ} - U_{th})^2 = 4(U_{GSQ} - 1.6)^2$$

联立求解，得出 U_{GSQ} 的两个解分别为 0.06V 和 2.9V，舍去 0.06V，得出合理解为

$$U_{GSQ} = 2.9(\text{V})，\quad I_{DQ} = 6.7(\text{mA})$$

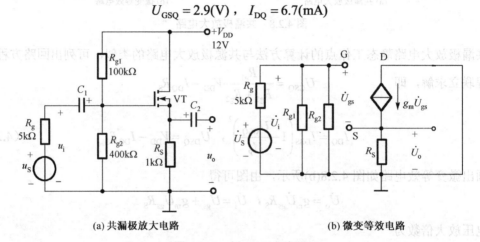

(a) 共漏极放大电路　　　　　　　　　　　(b) 微变等效电路

图 4.2.10　例 4.2.4 电路图

（2）交流分析，画出微变等效电路，如图 4.2.10(b)所示。

$$\dot{U}_o = g_m\dot{U}_{gs}R_S，\quad \dot{U}_i = \dot{U}_{gs} + g_m\dot{U}_{gs}R_S$$

$$\dot{A}_u = \frac{\dot{U}_o}{\dot{U}_i} = \frac{g_mR_S}{1 + g_mR_S} = \frac{10.4 \times 1}{1 + 10.4 \times 1} = 0.912$$

放大电路的输入电阻为

$$R_i = R_{g1}//R_{g2} = 100//400 = 80(\text{k}\Omega)$$

$$\dot{A}_{us} = \frac{\dot{U}_o}{\dot{U}_S} = \dot{A}_u \times \frac{R_i}{R_i + R_g} = 0.912 \times \frac{80}{80 + 5} = 0.858$$

$$R_o = R_S//\frac{1}{g_m} = 1//\frac{1}{10.4} = 87.5(\Omega)$$

在源极跟随器输出电阻中，跨导占主要地位。由于输出电阻较小，所以源极跟随器近似为一个理想电压源，因此它的输出驱动能力较强。

4.3　功率放大电路

前面分析的放大电路主要是小信号放大电路，一般用于多级放大电路的输入级和中间级，主要任务是放大信号的电压，因此可以称为电压放大电路。而本节探讨的放大电路称为

功率放大电路，主要任务是放大信号的功率，一般用于多级放大电路的输出级，用来推动执行机构或负载。

4.3.1 功率放大电路概述

1. 功率放大电路的特点

小信号放大电路主要用于增强电压或电流的幅度，因而相应地称为电压放大电路或电流放大电路，讨论的主要指标是电压或电流增益、输入阻抗和输出阻抗等，输出的功率并不一定大。而功率放大电路则不同，它的主要要求是获得一定的不失真的输出功率。由于功率放大电路通常工作在大信号状态，所以它与小信号放大电路相比，有其本身的特点。

（1）要求输出足够大的功率

为了获得大的功率输出，要求功放管的电压和电流都有足够大的输出幅度，因此功放管往往在接近极限状态下工作，所以要根据极限参数的要求选择功放管。

（2）效率要高

功放电路实际是一种能量转化电路，将电源能量转化为输出信号能量。因此，对功放电路要考虑其转化效率，即功放电路的最大输出功率和电源所提供的功率之比。提高效率可以在相同输出功率的条件下减小能量损耗，减小电源容量，降低成本。

（3）非线性失真小

功率放大电路工作在大信号状态，其电压和电流大幅度摆动，接近截止区和饱和区，所以不可避免地产生非线性失真。信号幅度越大，造成的非线性失真也越严重，因此提高输出功率和减小非线性失真是一对矛盾，在使用中要根据使用场合兼顾这两方面的指标。

（4）功放管的散热和保护问题

功放管工作在大信号极限运用状态，其 u_{CE} 最大值接近 $U_{(BR)CEO}$，电流 i_C 最大值接近 I_{CM}，管耗接近最大值 P_{CM}。因此，选择功放管时要注意不要超过极限参数，并要考虑过电压和过电流保护措施。此外，为了充分利用 P_{CM} 而使功放管输出足够大的功率，应考虑其散热问题。

总之，功率放大电路要研究的主要问题是，在不超过功放管极限参数的前提下，如何获得尽可能大的输出功率、尽可能小的失真和尽可能高的效率。因此电路形式的选择、放大电路工作状态的选择及分析方法的选择都要从这个基本点出发。

在分析方法上，由于功放管处于大信号下工作，小信号模型已不再适用，故通常采用图解法。

2. 功率放大电路的类型

从上面的分析可知，在功率放大电路中，效率是我们关心的主要问题之一。转化效率 η 定义为输出功率 P_o 与电源供给的功率 P_V 之比，即 $\eta = P_o / P_V$，而 $P_V = P_o + P_T$，其中 P_T 主要为晶体管的管耗。因此，若要提高转换效率，就必须减小管耗。而静态电流是造成管耗的主要因素，根据静态工作点位置的不同，也就是按晶体管在输入信号一个周期内导通时间的不同，功放电路可分为甲类、乙类、甲乙类和丙类 4 种类型。下面对前 3 种类型进行简单介绍。

（1）甲类功放

在图 4.3.1(a)中，静态工作点 Q 设置在放大区，晶体管在输入信号的整个周期内都导通，有电流流过，晶体管的导通角为 360°，晶体管的这种工作方式称为甲类工作状态，对应的功放电路称为甲类功放。

甲类功放可以得到不失真的波形。甲类功放在静态时也要消耗电源功率，这时电源功率全部消耗在晶体管和电阻上。当有信号输入时，其中一部分转化为有用的输出功率，一部分为管耗。可以证明，即使在理想情况下，甲类放大电路的效率最高也只能达到 50%。

（2）乙类功放

乙类功放的静态工作点 Q 设置在截止点上（ $I_{CQ}=0$ ），如图 4.3.1(b)所示，晶体管只在输入信号的半周内导通，导通角为 180°，即在半个周期内 $i_C>0$ 。

由于静态功耗近似为零，无输入信号时电路的输出功率为零，乙类功放的转换效率高（理论值可达 78.5%），但只能输出半个周期的信号。可以采用两个晶体管组成的互补对称功放电路减小失真，但波形会出现交越失真。

（3）甲乙类功放

静态工作点 Q 设置在使晶体管静态时处于微导通状态，如图 4.3.1(c)所示，晶体管在输入信号的大半个周期内导通，导通角略大于 180°、小于 360°，在一个周期之内有半个周期以上 $i_C>0$ 。晶体管的这种工作方式称为甲乙类工作状态，对应的功放电路称为甲乙类功放。

甲乙类功放因静态偏置电流很小，在输出功率、功耗和效率等性能上与乙类十分近似，采用互补对称功放电路，较好地解决了效率与非线性失真之间的矛盾，同时又消除了交越失真，成为一种实用的功放电路。

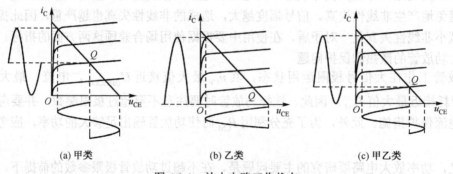

| (a) 甲类 | (b) 乙类 | (c) 甲乙类 |

图 4.3.1　放大电路工作状态

4.3.2　互补对称功率放大电路

互补对称功率放大电路包括双电源互补对称电路和单电源互补对称电路。双电源互补对称电路又称为无输出电容电路，简称 OCL（Output Capacitor Less）电路。

1. 双电源互补对称电路的电路组成及工作原理

晶体管工作在乙类工作方式时，虽然管耗小，可以提高效率，但失真严重，输入信号有半个波形被削掉了。采用图 4.3.2(a)所示的电路，VT_1、VT_2 分别为 NPN 和 PNP 晶体管，性能完全对称，都工作在乙类工作状态，但一个在正半周工作，而另一个在负半周工作，同时使这两个输出波形都加到负载上，从而在负载上得到一个完整的波形。

静态时，$u_i = 0$，由于电路上下对称，$u_o = 0$，$U_{BE1} = U_{BE2} = 0$，晶体管处于截止状态，电路的静态功耗为零。

动态时，当输入信号处于正半周，且幅度远大于晶体管导通电压时，VT_1 导通，VT_2 截止，$+V_{CC}$ 供电，电流从 $+V_{CC}$ 经 VT_1 的 c-e 和 R_L 至地，VT_1 构成的射极跟随器的输出电压 u_o 跟随 u_i 的正半周变化，其最大峰值可接近 $+V_{CC}$；在 u_i 的负半周，VT_1 截止，VT_2 导通，$-V_{CC}$ 供电，电流从地经 R_L 和 VT_2 的 e-c 至 $-V_{CC}$，VT_2 构成的射随电路使 u_o 跟随 u_i 的负半周变化，其最大峰值可接近 $-V_{CC}$。这样在信号的正、负半周两管轮流导通（称为互补），在负载电阻上就可输出一个完整的正弦波。此电路称为乙类互补对称电路。

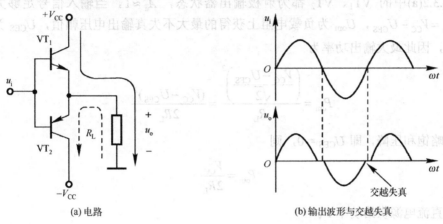

(a) 电路　　　　　　　　　　　　(b) 输出波形与交越失真

图 4.3.2　乙类双电源互补对称电路

2. 甲乙类双电源互补对称功率放大电路

图 4.3.2(a)所示的乙类双电源互补对称电路中，VT_1 和 VT_2 没有直流偏置，由于晶体管输入特性存在死区，若输入的信号值小于晶体管的开启电压 U_{th}，则 VT_1、VT_2 均截止，此时 $u_o = 0$，而不能跟随 u_i 变化，从而产生失真，称为交越失真，如图 4.3.2(b)所示。

消除交越失真的有效方法是为放大电路设置合适的静态工作点。在图 4.3.3 所示的电路中，利用两个二极管 VD_1、VD_2 的正向压降为两个功放管 VT_1、VT_2 提供正向偏压。

在静态时，$U_{BE1} + U_{BE2} = U_{D1} + U_{D2}$，因而 VT_1、VT_2 处于临界导通状态，这样当信号输入时，至少有一只功放管导通，交越失真也就不存在了。图 4.3.3 所示电路为两级放大电路，第一级为共射电路，VT_3 为放大管，第二级为互补对称电路。由于功放管的导通时间超过半个周期，故处于甲乙类工作状态，所以该电路称为甲乙类双电源互补对称功放电路。由于静态电流很小，是接近乙类的甲乙类工作状态，在分析计算时，可以把它近似看成乙类放大电路。

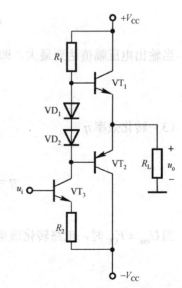

图 4.3.3　甲乙类双电源互补对称功放电路

3. 双电源互补对称电路的分析计算

（1）输出功率 P_o

在图 4.3.2(a)所示电路中，输出功率（即负载 R_L 上获得的功率）P_o 为

$$p_o = \frac{U_o^2}{R_L} = \frac{\left(\dfrac{U_{om}}{\sqrt{2}}\right)^2}{R_L} = \frac{1}{2} \cdot \frac{U_{om}^2}{R_L} \tag{4.3.1}$$

式中，U_o 和 U_{om} 分别为输出正弦电压的有效值和最大值。

图 4.3.2(a)中的 VT_1、VT_2 都为射极输出器状态，$A_u \approx 1$，当输入信号足够大时，使 $U_{im} = U_{om} = V_{CC} - U_{CES}$，$U_{om}$ 为负载电阻上获得的最大不失真输出电压幅值，U_{CES} 为晶体管饱和压降，因此最大输出功率为

$$P_{om} = \frac{\left(\dfrac{V_{CC} - U_{CES}}{\sqrt{2}}\right)^2}{R_L} = \frac{(V_{CC} - U_{CES})^2}{2R_L} \tag{4.3.2}$$

若忽略饱和压降，即 $U_{CES} = 0$，则

$$P_{om} = \frac{V_{CC}^2}{2R_L} \tag{4.3.3}$$

（2）直流电源供给功率 P_V

直流电源供给的直流功率是电源电压与电源电流平均值的乘积。由于每个电源只提供半个周期的电流，因此流过电源的平均电流 I_C 为

$$I_C = \frac{1}{2\pi} \int_0^\pi \frac{U_{om}}{R_L} \sin\omega t \, d(\omega t) = \frac{1}{\pi} \times \frac{U_{om}}{R_L} \tag{4.3.4}$$

因此两个电源提供的功率为

$$P_V = 2V_{CC}I_C = \frac{2}{\pi} \times \frac{V_{CC}U_{om}}{R_L} \tag{4.3.5}$$

当输出电压幅值达到最大，即 $U_{om} \approx V_{CC}$ 时，电源供给的最大功率为

$$P_{Vm} = \frac{2}{\pi} \times \frac{V_{CC}^2}{R_L} \tag{4.3.6}$$

（3）转化效率 η

$$\eta = \frac{P_o}{P_V} = \frac{\left(\dfrac{U_{om}^2}{2R_L}\right)}{\left(\dfrac{2V_{CC}U_{om}}{\pi R_L}\right)} = \frac{\pi}{4} \times \frac{U_{om}}{V_{CC}} \tag{4.3.7}$$

当 $U_{om} \approx V_{CC}$ 时，电路转化效率达到最大

$$\eta_{max} = \frac{P_{om}}{P_V} = \frac{\pi}{4} = 78.5\% \tag{4.3.8}$$

可见，乙类功率放大电路的转化效率总是低于 78.5%的。

4. 双电源互补对称电路中功放管的选择

选择功率放大管主要考虑每个晶体管的最大容许管耗。我们知道，当输出电压幅度最大时，虽然功放管电流最大，但管压降最小，故管耗不是最大的；当输出电压为零时，虽然功放管压降最大，但集电极电流最小，故管耗也不是最大的。因此必定在输出电压幅值为一个特定值时，管耗最大。为此可以求出管耗和输出电压幅值的关系式，通过求极值的方法，求出管耗最大时的输出电压的幅值。

由直流电源提供的直流功率，一部分通过晶体管转换为输出功率，其余部分则消耗在晶体管上形成管耗。总的管耗为

$$P_T = P_V - P_o = \frac{2}{\pi} \times \frac{V_{CC}U_{om}}{R_L} - \frac{1}{2} \times \frac{U_{om}^2}{R_L} \tag{4.3.9}$$

令 $\dfrac{dP_T}{dU_{om}} = 0$，则 $U_{om} = \dfrac{2V_{CC}}{\pi} \approx 0.6V_{CC}$ 时管耗最大，此时每一只管子的最大管耗约为

$$P_{T1m} = \frac{V_{CC}^2}{\pi^2 R_L} \tag{4.3.10}$$

根据式（4.3.3）和式（4.3.10），晶体管的最大功耗与最大输出功率的关系为

$$P_{T1m} \approx 0.2P_{om} \tag{4.3.11}$$

式（4.3.11）常用来作为选择功放管的依据。从以上分析可知，选择功放管时，其极限参数应满足：

① 每只功放管的最大管耗为 $P_{CM} \geqslant 0.2P_{om}$；

② 考虑到当 VT_1 导通，$U_{om} = V_{CC}$ 时，VT_2 承受最大管压降为 $2V_{CC}$，因此应选用 c-e 间击穿电压 $|U_{(BR)CEO}| \geqslant 2V_{CC}$ 的晶体管；

③ 最大集电极电流为 $I_{CM} \geqslant V_{CC}/R_L$。

【例 4.3.1】 乙类功放电路如图 4.3.2(a)所示，设 $V_{CC} = 15V$，$R_L = 8\Omega$，输入信号 u_i 为正弦波信号。在忽略饱和压降的情况下，试计算：（1）最大输出功率 P_{om}；（2）每个晶体管容许的管耗 P_{CM} 至少为多少？（3）每个晶体管的耐压 $|U_{(BR)CEO}|$ 应大于多少？

解：（1）根据式（4.3.3），最大输出功率为

$$P_{om} = \frac{1}{2} \cdot \frac{V_{CC}^2}{R_L} = \frac{1}{2} \times \frac{15^2}{8} = 14.06(W)$$

（2）根据式（4.3.10），每个晶体管的最大管耗为

$$P_{T1m} = \frac{V_{CC}^2}{\pi^2 R_L} = \frac{15^2}{\pi^2 \times 8} \approx 2.85(W)$$

因此，选择功率管应满足 $P_{CM} \geqslant 2.85W$。

（3）功率管 c-e 间的最大压降为

$$U_{CEmax} = 2V_{CC} = 2 \times 15 = 30(V)$$

所以，$|U_{(BR)CEO}| \geqslant 30V$。

5. 单电源互补对称功率放大电路

双电源互补对称电路需要两个独立电源，这给使用带来了不便，所以实际应用中常采用

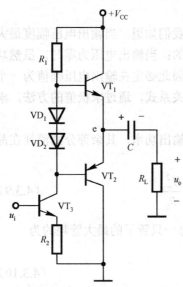

图 4.3.4　单电源互补对称电路

单电源互补对称电路，如图 4.3.4 所示。它去掉了负电源，接入了一个电容 C，称为无输出变压器电路，简称 OTL（Output Transformer Less）电路。

静态时，调整晶体管发射极电位，使 $V_e = V_{CC}/2$，两个晶体管处于临界导通状态，故属于甲乙类工作状态。

动态时，输入正弦波信号 u_i。在负半周，VT$_1$ 导通，VT$_2$ 截止，电流从 $+V_{CC}$ 经 VT$_1$ 的 c-e、电容 C、负载电阻 R_L 到地，输出电压 $u_o = u_i$，C 充电；在 u_i 的正半周，VT$_2$ 导通，VT$_1$ 截止，电流从电容 C 的 "+" 端经 VT$_2$ 的 e-c、地、R_L 到 C 的 "–" 端，$u_o = u_i$，C 放电。只要选择的时间常数 $R_L C$ 足够大，就可以认为充、放电过程中 C 上的电压几乎不变，故可以看做是双电源功放中的负电源，用电容 C 和一个电源起到了原来两个电源的作用。

由于单电源互补对称电路中每个晶体管的工作电压是 $V_{CC}/2$，因此在分析时，只需用 $V_{CC}/2$ 代替 P_o、P_{Vm}、P_T、P_{Tm} 的计算公式（4.3.1）、式（4.3.6）、式（4.3.9）和式（4.3.10）中的 V_{CC} 即可。

4.3.3　采用复合管的互补对称功率放大电路

要求输出大功率时，负载电流常达到几安甚至几十安，而前级放大电路只能提供几毫安的电流。一般大功率管的电流放大系数较小，为了提高功放管的电流放大系数，常用多个晶体管组合成复合管，代替功率输出级的晶体管。

1.　复合管的接法及其 β

复合管是把两个晶体管直接耦合起来，等效为一个晶体管，具体接法如图 4.3.5 所示。

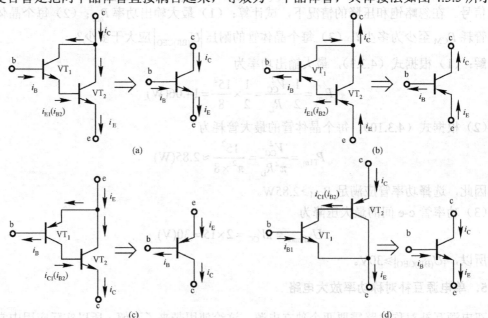

图 4.3.5　复合管的接法

从图 4.3.5(a)可以看出，VT_1 的发射极电流为 VT_2 的基极电流，复合后等效为 NPN 型管，该管的集电极电流为

$$i_C = i_{C1} + i_{C2} = \beta_1 i_{B1} + (1+\beta_1)\beta_2 i_{B1}$$
$$= (\beta_1 + \beta_2 + \beta_1\beta_2)i_{B1} = (\beta_1 + \beta_2 + \beta_1\beta_2)i_B$$

通常，可以认为 $\beta_1\beta_2 \gg \beta_1 + \beta_2$，所以复合管的电流放大系数为

$$\beta = \frac{i_C}{i_B} \approx \beta_1\beta_2 \qquad (4.3.12)$$

按上述同样方法分析其他形式的复合管，可以得到以下的结论：

① 复合后的管子的类型与前级 VT_1 相同；

② 复合后的电流放大系数近似等于两管的 β 相乘；

③ 两只晶体管正确连接成复合管，必须保证每只晶体管各电极的电流都能顺着各自的正常工作方向流动，且保证每管工作在放大状态，否则将是错误的。

综上所述，采用复合管增大了电流放大系数，减小了前级的驱动电流，并且可以用不同类型的晶体管构成所需类型的晶体管。

2. 复合管组成的互补对称功放电路

将互补对称电路中的晶体管用复合管替代，不仅提高了 β 值，大大降低了输出级对基极驱动电流的要求，同时又解决了输出功放管的配对问题。用图 4.3.5(a)所示管型为 NPN 的复合管代替图 4.3.3 中的 VT_1，用图 4.3.5(b)所示管型为 PNP 的复合管代替图 4.3.3 中的 VT_2，就能实现互补。但实际上往往用 PNP 型与 NPN 型复合成 PNP 型（即图 4.3.5(c)所示的复合管）来代替 VT_2，构成图 4.3.6 所示的电路，称为准互补功放电路。这是由于在集成电路中，PNP 管型与 NPN 管型的制造工艺不同而难以完全对称，故 VT_2 和 VT_4 都选为 NPN 管，使得两个等效的功放管特性基本对称。

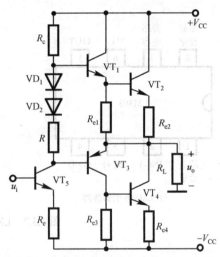

图 4.3.6　复合管组成的互补对称功放电路

4.3.4　集成功率放大电路

集成功放电路成熟，低频性能好，内部设计具有复合保护电路，外围电路简单，保护功能齐全，还可外加散热片来解决散热问题。这使得它广泛用于音响、电视和小电机的驱动方面。集成功放的种类很多，从用途分，有通用型和专用型功放；从芯片内部的构成分，有单通道和双通道功放；从输出功率分，有小功率功放和大功率功放等。以 LM386 为例进行简单介绍。

LM386 是一种通用型单通道音频集成功放，其具有增益可调（20～200）、通频带宽（300kHz）、功耗低（V_{CC} = 6V 时静态功耗仅为 24mW）、适用电源电压范围宽（4～12V 或 5～18V）、低失真（0.2%）等特点，其输出功率为 325mW（V_{CC} = 6V、R_L = 8 Ω）（标准）、1W（V_{CC} = 16V、R_L = 32 Ω）（标准）。

LM386 有 8 个引脚，如图 4.3.7(a)所示。引脚 2 和 3 分别为反相输入端和同相输入端，5 为输出端。6 为直流电源端，4 为接地端。7 接旁路电容。1 和 8 为增益控制端。

LM386 典型接法如图 4.3.7(b)所示。这里的 R_{W1} 能够调节输入信号的大小，即控制音量大小。输出端通过大电容 C_1 接到 8Ω负载电阻（扬声器）。由于扬声器为感性负载，使电路容易产生自激振荡或出现过压，所以在输出端接入 R_1 和 C_2 串联回路进行相位补偿，使负载接近纯电阻。6 脚接直流电源，C_5 为去耦电容，滤掉电源的高频交流成分。7 脚通过旁路电容 C_4 接地。如果 1 脚和 8 脚两端开路，则功放电路的电压增益约为 20（即 26dB）。如果 1 脚和 8 脚间只接入 C_3，则电压增益达到最大，200（即 46dB）。调节 R_{W2} 的阻值，可以改变功放电路的电压增益，阻值越小，增益越大。

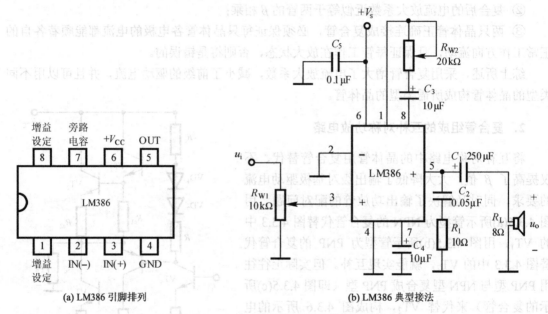

(a) LM386 引脚排列　　　　　　　　(b) LM386 典型接法

图 4.3.7　LM386 的引脚排列及其典型接法

习　题　4

4.1　图 4.1 所示为场效应管的转移特性，请分别说明场效应管各属于何种类型。说明它的开启电压 U_{th}（或夹断电压 U_P）约为多少。

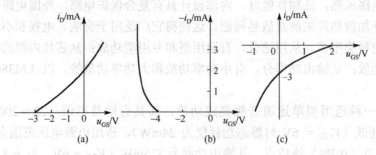

图 4.1　习题 4.1 电路图

4.2 某 MOSFET 的 $I_{DSS} = 10\text{mA}$ 且 $U_P = -8\text{V}$。（1）此元件是 P 沟道还是 N 沟道？（2）计算 $U_{GS} = -3\text{V}$ 时的 I_D；（3）计算 $U_{GS} = 3\text{V}$ 时的 I_D。

4.3 画出下列 FET 的转移特性曲线。

（1）$U_P = -6\text{V}$，$I_{DSS} = 1\text{mA}$ 的 MOSFET；

（2）$U_{th} = 8\text{V}$，$K_n = 0.2\text{mA/V}^2$ 的 MOSFET。

4.4 试在具有四象限的直角坐标上分别画出 4 种类型 MOSFET 的转移特性示意图，并标明各自的开启电压或夹断电压。

4.5 判断图 4.2 所示各电路是否有可能正常放大正弦信号。电容对交流信号可视为短路。

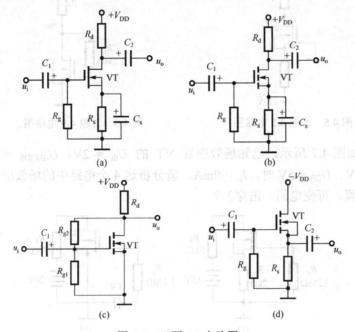

图 4.2　习题 4.5 电路图

4.6 电路如图 4.3 所示，MOSFET 的 $U_{th} = 2\text{V}$，$K_n = 50\text{mA/V}^2$，确定电路 Q 点的 I_{DQ} 和 U_{DSQ} 值。

4.7 试求图 4.4 所示各电路的 U_{DS}，已知 $|I_{DSS}| = 8\text{mA}$。

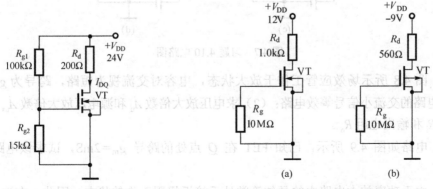

图 4.3　习题 4.6 电路图　　　　　　　　图 4.4　习题 4.7 电路图

4.8　电路如图 4.5 所示，已知 VT 在 $U_{GS} = 5V$ 时的 $I_D = 2.25mA$，在 $U_{GS} = 3V$ 时的 $I_D = 0.25mA$。现要求该电路中 FET 的 $V_{DQ} = 2.4V$、$I_{DQ} = 0.64mA$，试求：

（1）管子的 K_n 和 U_{th} 的值；

（2）R_d 和 R_s 的值应各取多大？

4.9　电路如图 4.6 所示，已知 FET 的 $U_{th} = 3V$，$K_n = 0.1mA/V^2$。现要求该电路中 FET 的 $I_{DQ} = 1.6mA$，试求 R_d 的值。

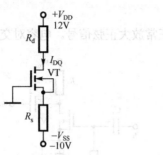

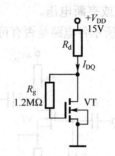

图 4.5　习题 4.8 电路图　　　　　图 4.6　习题 4.9 电路图

4.10　电路如图 4.7 所示，已知场效应管 VT 的 $U_{th} = 2V$，$U_{(BR)DS} = 16V$，$U_{(BR)GS} = 30V$，当 $U_{GS} = 4V$、$U_{DS} = 5V$ 时，$I_D = 9mA$。请分析这 4 个电路中的场效应管各工作在什么状态（截止、恒流、可变电阻、击穿）？

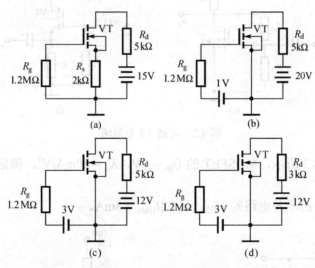

图 4.7　习题 4.10 电路图

4.11　图 4.8 所示场效应管工作于放大状态，电容对交流视为短路，跨导为 $g_m = 1mS$。（1）画出电路的交流小信号等效电路；（2）求电压放大倍数 $\dot{A}_u$ 和源电压放大倍数 $\dot{A}_{us}$；（3）求输入电阻 R_i 和输出电阻 R_o。

4.12　电路如图 4.9 所示，已知 FET 在 Q 点处的跨导 $g_m = 2mS$，试求该电路的 $\dot{A}_u$、R_i、R_o。

4.13　由于功率放大电路中的晶体管常处于接近极限工作的状态，因此，在选择晶体管时必须特别注意哪 3 个参数？

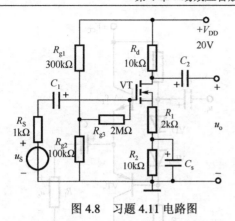

图 4.8　习题 4.11 电路图

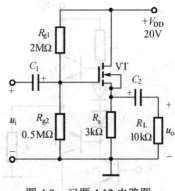

图 4.9　习题 4.12 电路图

4.14　一双电源互补对称功率放大电路如图 4.10 所示，设 $V_{CC}=12V$，$R_L=16\Omega$，u_i 为正弦波。试求：

(1) 在晶体管的饱和压降 U_{CES} 可以忽略的情况下，负载上可以得到的最大输出功率 P_{om}；

(2) 每个晶体管的耐压 $|U_{(BR)CEO}|$ 应大于多少？

(3) 这种电路会产生何种失真？为改善上述失真，应在电路中采取什么措施？

4.15　一个单电源互补对称功放电路如图 4.11 所示，设 $V_{CC}=12V$，$R_L=8\Omega$，C 的电容量很大，u_i 为正弦波，在忽略晶体管饱和压降 U_{CES} 的情况下，试求该电路的最大输出功率 P_{om}。

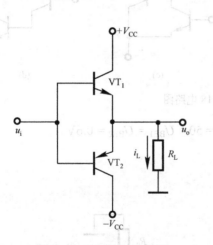

图 4.10　习题 4.14 电路图

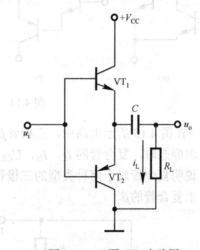

图 4.11　习题 4.15 电路图

4.16　在图 4.12 所示的电路中，已知 $V_{CC}=16V$，$R_L=4\Omega$，u_i 为正弦波，输入电压足够大，在忽略晶体管饱和压降 U_{CES} 的情况下，试求：

(1) 最大输出功率 P_{om}；

(2) 晶体管的最大管耗 P_{CM}；

(3) 若晶体管饱和压降 $U_{CES}=1V$，求最大输出功率 P_{om} 和 η。

4.17　在图 4.13 所示的单电源互补对称电路中，已知 $V_{CC}=24V$，$R_L=8\Omega$，流过负载电阻的电流为 $i_o=0.5\cos\omega t(A)$。试求：

(1) 负载上所能得到的功率 P_o；

(2) 电源供给的功率 P_V。

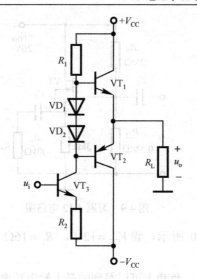

图 4.12　习题 4.16 电路图

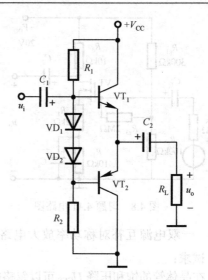

图 4.13　习题 4.17 电路图

4.18　图 4.14 中哪些接法可以构成复合管？哪些等效为 NPN 管？哪些等效为 PNP 管？

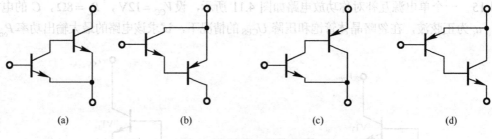

(a)　　　　　　　　(b)　　　　　　　　(c)　　　　　　　　(d)

图 4.14　习题 4.18 电路图

4.19　在图 4.15 所示电路中，三极管 $\beta_1 = \beta_2 = 50$，$U_{BE1} = U_{BE2} = 0.6V$。

（1）求静态时，复合管的 I_C、I_B、U_{CE}；

（2）说明复合管属于何种类型的三极管；

（3）求复合管的 β。

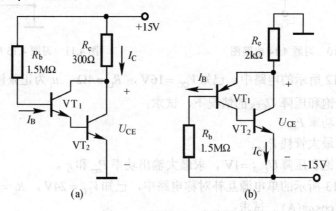

图 4.15　习题 4.19 电路图

4.20　设计仿真题，用 Multisim 仿真软件绘制电路，并仿真分析。

（1）利用场效应管放大电路设计一个 0°～360°可调移相电路。

（2）设计一个音频功率放大器，用来为 8Ω的扬声器输送 8W 的平均功率，放大器带宽为 10Hz～15kHz。

（3）不得使用集成功放芯片设计一个低频功率放大器，当输入正弦信号电压 V_{p-p} 为 50mV 时，在 8Ω电阻负载上的输出功率≥1W，输出波形肉眼观测无明显失真。通频带为 100Hz～10kHz，输入电阻为 600Ω，供电电源限制为 ±12V 直流电源。

（1）初始输出式音放大电压 为一个 0°,-360°）可增益和电路。

（2）其中一个会益音大器，增率为 80Ω 负载式 益化大，应式其理零

为 10Hz—15.1MHz，它能式式对大率式

（3）标写出直是故示大在 一个低试边大率，当输入正正率增见电压 U_{p-p} 为 50mV

时，在 8.0kΩ 的负式出出为 ≤1W，把击动信故阴故来叫显路。频率范围为 100Hz—

第 5 章　　电子电路中的反馈

在实际放大电路中，为了改善放大电路的性能，总是引入不同形式的负反馈。本章从反馈的概念和分类入手，重点讨论 4 种常用组态的负反馈放大电路及其判别方法，给出负反馈放大电路增益的一般表达式，讨论负反馈对放大电路性能的影响，最后讨论在正弦波振荡电路中的正、负反馈及其工作原理。

5.1　　反馈的基本概念与分类

5.1.1　　反馈的基本概念

1.　反馈的概念

在电子系统中，将输出回路的输出量（输出电压或电流）通过一定形式的电路网络，部分或全部馈送到输入回路中，并能够影响其输入量（输入电压或电流），从而影响放大电路的输出量，这种电压或电流的回送过程称为反馈。

图 5.1.1 所示为反馈网络的方框图，图中 A 为基本放大电路，F 为反馈网络。$\dot{X}_i$ 表示输入信号，$\dot{X}_o$ 表示输出信号，$\dot{X}_f$ 表示反馈信号，$\dot{X}_{id}$ 表示净输入信号，这些信号可以是电

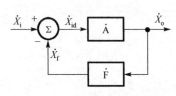

图 5.1.1　反馈网络的方框图

压，也可以是电流。图中连线的箭头表示信号流通的方向，分析时近似认为信号是沿箭头方向单向流通的，符号 "Σ" 表示比较环节，$\dot{X}_i$、$\dot{X}_f$ 在此叠加，若引入反馈后使 $\dot{X}_{id}$ 减弱，经过基本放大电路后使得 $\dot{X}_o$ 也减弱，这种反馈称为负反馈，多用于改善放大电路的性能。反之，若反馈的引入使得 $\dot{X}_{id}$ 增强，经过基本放大电路后使得 $\dot{X}_o$ 也增

强，这种反馈称为正反馈，多用于振荡电路。

2.　有无反馈的判断

根据反馈的概念可以判断电路中有没有引入反馈。如果放大电路中存在将输出回路与输入回路相连接的通路，且由此影响放大电路的净输入量，则表明电路引入了反馈，否则电路中就没有反馈。如图 5.1.2 所示，在图 5.1.2(a)电路中，集成运放的输出端与输入端之间无通路，故电路中没有引入反馈。在图 5.1.2(b)电路中，虽然集成运放的输出端与同相输入端之间跨接了电阻 R，但因集成运放的同相输入端接地，R 并不会使 u_o 作用于输入回路，即没有由此影响放大电路的净输入量，故电路中也没引入反馈。在图 5.1.2(c)电路中，电阻 R_2 将集成运放的输出端与反相输入端连接起来，使得集成运放的净输入量不仅取决于输入信号，还与输出信号有关，说明电路中引入了反馈。

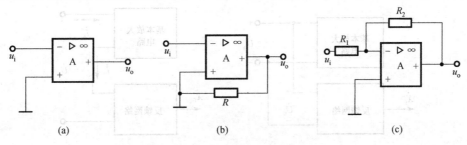

图 5.1.2　放大电路有无反馈的判断

5.1.2　反馈的类型

1．直流反馈和交流反馈

根据反馈放大电路中反馈信号本身的交、直流特性，可以分为直流反馈和交流反馈。在直流通路中引入的反馈为直流反馈，反馈量是直流量。在交流通路中引入的反馈为交流反馈，反馈量是交流量。一般地，反馈电路与电容并联时为直流反馈，与电容串联时则为交流反馈，与电容既不串联也不并联时，则交、直流反馈都存在。

在图 5.1.3(a)所示电路中，从 VT_2 的发射极通过 R_f 引回到 VT_1 的基极的反馈信号 $\dot{I}_f$ 将只包含直流成分，所以电路引入的是直流反馈。如图 5.1.3(b)所示，从输出端通过 R_f 和 C_f 将反馈引回到 VT_1 的发射极，由于电容 C_f 的隔直作用，反馈信号 $\dot{U}_f$ 中只含有交流成分，所以该电路为交流反馈。如果去掉图 5.1.3(a)中的 C_e，将图 5.1.3(b)中的电容 C_f 短路，则交、直流反馈同时存在。

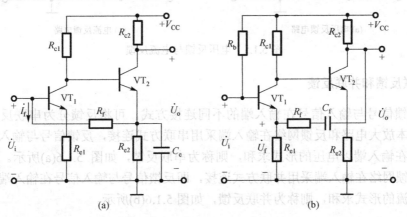

图 5.1.3　直流反馈与交流反馈

2．电压反馈和电流反馈

根据反馈网络对输出量进行取样的方式不同，分为电压反馈和电流反馈。若反馈信号取样于输出电压，即基本放大电路与反馈网络在输出端口采用并联的方式连接，此时引入的反馈信号正比于输出电压，则称为电压反馈，如图 5.1.4(a)所示。反之，若反馈信号是取样于输出电流，即基本放大电路和反馈网络在输出端口采用串联的方式连接，此时引入的反馈信号正比于输出电流，则称为电流反馈，如图5.1.4(b)所示。

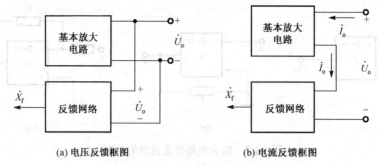

(a) 电压反馈框图　　　　　　　　　　(b) 电流反馈框图

图 5.1.4　输出端取样方式

根据图 5.1.4 可以总结出电压反馈和电流反馈的判断方法如下：将输出端交流短路（$\dot{U}_o = 0$），若反馈信号 $\dot{X}_f = 0$，则为电压反馈，若 $\dot{X}_f \neq 0$，则为电流反馈。

图 5.1.5(a)所示电路中的反馈为电压反馈，图 5.1.5(b)所示电路中的反馈为电流反馈。

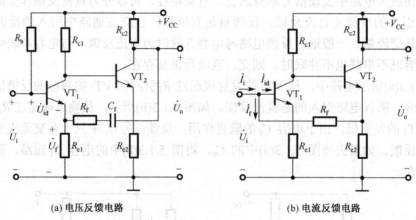

(a) 电压反馈电路　　　　　　　　　　(b) 电流反馈电路

图 5.1.5　电压反馈与电流反馈

3．串联反馈和并联反馈

根据反馈信号与输入信号在输入端的不同连接方式，可将反馈分为串联反馈和并联反馈。如果基本放大电路和反馈网络在输入端采用串联方式连接，反馈信号与输入信号串联于一个回路，在输入端以电压的形式求和，则称为串联反馈，如图 5.1.6(a)所示。如果基本放大电路和反馈网络在输入端采用并联方式连接，即反馈信号与输入信号在输入端接于同一个节点，以电流的形式求和，则称为并联反馈，如图 5.1.6(b)所示。

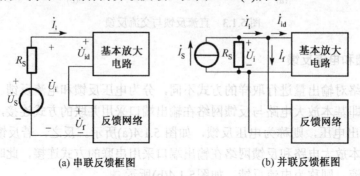

(a) 串联反馈框图　　　　　　　　　　(b) 并联反馈框图

图 5.1.6　串联反馈与并联反馈

从图 5.1.6 可以总结出判断串联反馈与并联反馈的方法：若反馈网络与基本放大电路的输入信号端同点相连出现节点，则为并联反馈，否则为串联反馈。

从输入端看图 5.1.5(a)所示电路，反馈网络与基本放大电路的信号串联，在输入端出现回路，即为电压求和的串联反馈电路；而图 5.1.5(b)在输入端出现节点，为电流求和的并联反馈电路。

4．正反馈和负反馈

根据反馈效果，可以将反馈分为负反馈和正反馈。若引入反馈后使得加在基本放大电路输入端的净输入信号减弱，经过基本放大电路后使得输出信号也减弱，这种反馈称为负反馈。反之，若反馈的引入使得净输入信号增强，经过基本放大电路后使得输出信号也增强，这种反馈称为正反馈。

反馈极性通常可以采用瞬时极性法来判断。所谓瞬时极性，是指电路中某点对地的瞬时极性。具体判别方法是：设定某一时刻输入电压对地的瞬时极性为(+)，按照放大电路的工作特性，沿反馈环一周，标出各点信号的瞬时极性，直至反馈支路在输入端的连接点。根据输入端反馈信号的连接方式，将反馈信号与输入信号叠加，得到基本放大电路的净输入信号。如果净输入信号减小了，则说明电路中引入了负反馈，反之则是正反馈。

图 5.1.7 所示的电路都为串联反馈，信号都以电压形式出现。

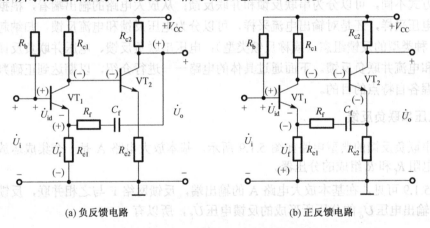

(a) 负反馈电路　　　　　　　　　　　　　　(b) 正反馈电路

图 5.1.7　串联反馈正、负反馈的判断

在图 5.1.7(a)电路中，先假设输入电压 u_i 的瞬时极性对地为(+)，则 $u_{c1}(-) \rightarrow u_{b2}(-) \rightarrow u_{c2}(+)$ $\rightarrow u_{e1}(+) \rightarrow u_f(+) \rightarrow$ 净输入电压 u_{id}（$=u_i - u_f$）减小，所以为负反馈。

在图 5.1.7(b)电路中，先假设输入电压 u_i 的瞬时极性对地为(+)，则 $u_{c1}(-) \rightarrow u_{b2}(-) \rightarrow u_{e2}(-)$ $\rightarrow u_{e1}(-) \rightarrow u_f(-) \rightarrow$ 净输入电压 u_{id}（$=u_i + u_f$）增大 ，所以为正反馈。

需特别指出的是，反馈量仅取决于输出量，而与输入量无关。例如，在图 5.1.7 所示电路中，反馈电压 u_f 并不表示 R_{e1} 上的实际电压，而只表示输出量作用的结果。所以，在分析反馈极性时，可以将输出量当做是作用于反馈网路的独立源。

图 5.1.8 所示电路都为并联反馈，信号都以电流形式出现。

在图 5.1.8(a)电路中，设输入电压 u_i 的瞬时极性对地为(+)，则 $u_{c1}(-) \rightarrow u_{b2}(-) \rightarrow u_{e2}(-) \rightarrow i_f$ 流出节点 $b_1 \rightarrow$ 净输入电流 i_{id}（$=i_i - i_f$）减小，所以为负反馈。

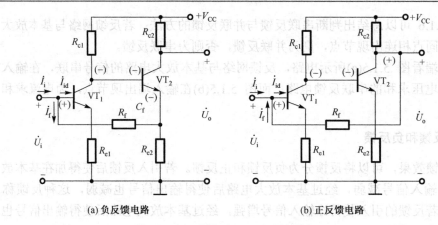

(a) 负反馈电路　　　　　　　　　　　　　　(b) 正反馈电路

图 5.1.8　并联反馈正、负反馈的判断

在图 5.1.8(b) 电路中，设输入电压 u_i 的瞬时极性对地为 (+)，则 $u_{c1}(-) \rightarrow u_{b2}(-) \rightarrow u_{c2}(+) \rightarrow i_f$ 流入节点 $b_1 \rightarrow$ 净输入电流 i_{id}（$= i_i + i_f$）增大，所以为正反馈。

5.1.3　交流负反馈的 4 种基本组态

负反馈放大电路的电路形式多种多样。从放大电路的输入端看，根据反馈信号与输入信号的连接方式不同，可以分为串联反馈和并联反馈；从放大电路的输出端看，根据反馈信号是对输出电压采样，还是对输出电流采样，可以分为电压反馈和电流反馈。归纳起来负反馈可分为 4 种类型的反馈组态（或称反馈类型）：电压串联负反馈、电压并联负反馈、电流串联负反馈和电流并联负反馈。下面通过具体的电路一一进行介绍，以期达到正确判断其反馈组态并掌握各自特点的目的。

1. 电压串联负反馈

电压串联负反馈的典型电路如图 5.1.9 所示。基本放大电路 A 是一个集成运放，反馈网络 F 是由电阻 R_f 和 R_l 组成的分压器。

由图 5.1.9 可见，在基本放大电路 A 的输出端，反馈网络 F 与之相并联，反馈信号是由 R_f 和 R_l 对输出电压 $\dot{U}_o$ 的分压所形成的反馈电压 $\dot{U}_f$，所以有

$$\dot{U}_f = \frac{R_l}{R_1 + R_f} \dot{U}_o \qquad (5.1.1)$$

故反馈网络的输出电压 $\dot{U}_f$ 与 $\dot{U}_o$ 成正比，$\dot{U}_f$ 的变化也必然反映 $\dot{U}_o$ 的变化。若将负载 R_L 两端短路，则 $\dot{U}_o = 0$，分压值 $\dot{U}_f$ 也必定为零，故为电压反馈。

在放大电路的输入端，反馈网络输出端、信号源及基本放大电路的输入端三者构成串联关系，反馈信号、输入信号与净输入信号均以电压形式出现进行比较，彼此串联构成回路，所以是串联反馈。

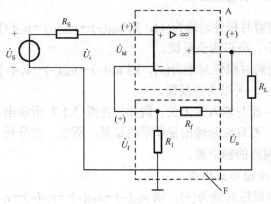

图 5.1.9　电压串联负反馈

在图 5.1.9 所示电路中，由于 $\dot{U}_{\mathrm{i}}$ 接在运放的同相输入端，设该点电位为(+)，故输出电压 $\dot{U}_{\mathrm{o}}$ 极性为(+)，经 R_{f}、R_1 分压取得的反馈电压 $\dot{U}_{\mathrm{f}}$ 极性也为(+)，从而使得净输入电压 $\dot{U}_{\mathrm{id}} = \dot{U}_{\mathrm{i}} - \dot{U}_{\mathrm{f}}$，比无反馈时减小了，所以电路引入的是负反馈。总之，图 5.1.9 所示电路引入的是电压串联负反馈。

电压反馈的重要特点是电路的输出电压趋向于维持恒定。

2．电压并联负反馈

电压并联负反馈的典型电路如图 5.1.10 所示。图中放大电路 A 为集成运放，反馈网络 F 由电阻 R_{f} 构成。

由图 5.1.10 可见，反馈网络输入端与放大电路输出端的接法与前面的电压串联负反馈的接法相同，所以从输出端的采样方式仍为电压反馈。

在放大电路的输入端，反馈支路 R_{f} 与放大器的输入端及信号源相并联，相交于节点，

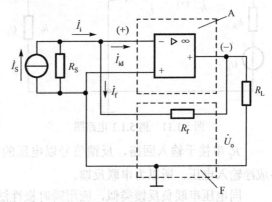

图 5.1.10　电压并联负反馈

反馈信号以电流的形式回送到输入端，反馈信号、输入信号与净输入信号均以电流的形式出现进行比较，故为并联反馈。

用瞬时极性法判断电路的反馈极性：假设在输入端所加的信号电流 $\dot{I}_{\mathrm{S}}$ 的瞬时流向如图中箭头所示，则由于运放为反相输入，使得 $\dot{U}_{\mathrm{o}}$ 的极性是上端为（–），此时 $\dot{I}_{\mathrm{i}}$、$\dot{I}_{\mathrm{f}}$、和 $\dot{I}_{\mathrm{id}}$ 的流向如图中的箭头所示。这样，在相同 $\dot{I}_{\mathrm{S}}$ 值的作用下，因 $\dot{I}_{\mathrm{f}}$ 的分流而使流入运放的电流 $\dot{I}_{\mathrm{id}} = \dot{I}_{\mathrm{i}} - \dot{I}_{\mathrm{f}}$ 比无反馈时减小了，$\dot{U}_{\mathrm{o}}$ 也随之减小，故为负反馈。综合起来，图 5.1.10 所示为电压并联负反馈电路。

【例 5.1.1】　判断图 5.1.11 所示电路引入了哪种组态的交流反馈。

解：图 5.1.11 所示电路是一个共射放大电路，电阻 R_{f} 跨接在基极与集电极之间，是反馈网络。

反馈支路 R_{f} 在输出端与 $\dot{U}_{\mathrm{o}}$ 相接，反馈信号取自输出电压，是电压反馈。

在输入端，R_{f} 与输入信号线节点相交，反馈信号以电流形式出现，与输入信号并联比较，属于并联反馈。

各节点的瞬时极性如图所标，由此判断反馈电流的方向如图中所标，净输入信号 $\dot{I}_{\mathrm{id}} = \dot{I}_{\mathrm{i}} - \dot{I}_{\mathrm{f}}$，属于负反馈。

所以该电路引入了电压并联负反馈。其实此电路与图 5.1.10 所示的电路都是反相放大电路，不同之处在于图 5.1.10 所示的电路由集成运放组成，而该电路由单个晶体管组成。

3．电流串联负反馈

图 5.1.12 所示电路为电压–电流转换电路，放大电路 A 为集成运放，反馈网络 F 由电阻 R_{f} 构成。

在输出端，反馈网络 R_{f} 串接于输出回路中，根据"虚断"原则，R_{f} 中流过的电流也为 $\dot{I}_{\mathrm{o}}$，所以反馈电压 $\dot{U}_{\mathrm{f}} = \dot{I}_{\mathrm{o}} R_{\mathrm{f}}$，与输出电流成正比。若将输出回路开路，则 $\dot{I}_{\mathrm{o}} = 0$，反馈电压 $\dot{U}_{\mathrm{f}}$ 也必定为零。反馈信号与输出电流成正比，为电流反馈。

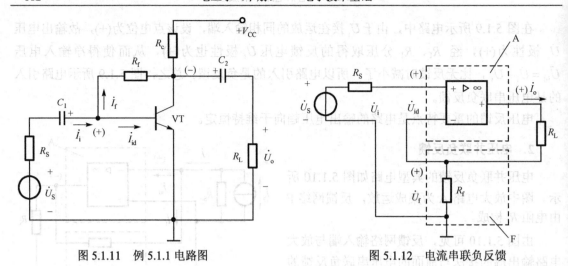

图 5.1.11　例 5.1.1 电路图
图 5.1.12　电流串联负反馈

R_f 串接于输入回路，反馈信号以电压的形式出现在输入端，与输入电压串联比较后形成净输入电压，所以为串联反馈。

同电压串联负反馈类似，应用瞬时极性法可以判断为负反馈。故图 5.1.12 所示电路引入的是电流串联负反馈。

电流反馈的重要特点是电路的输出电流趋向于维持恒定。

【例 5.1.2】　判断图 5.1.13 所示电路的反馈组态。

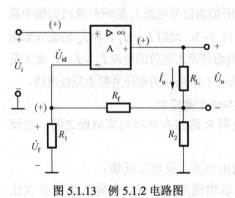

图 5.1.13　例 5.1.2 电路图

解： 首先令输出端短路，此时流过电阻 R_f 与 R_1 的电流依然存在，电阻 R_1 上的反馈电压 $\dot{U}_f$ 也不为零，因此电路引入的是电流反馈。

在输入端以电压信号进行串联比较，电路引入的是串联反馈。

利用瞬时极性法判断该电路的反馈极性。设 $\dot{U}_i$ 的瞬时极性为（+），则由它引起的电路各点电位的瞬时极性如图 5.1.13 所示。在电阻 R_1 上的反馈电压 $\dot{U}_f$ 的瞬时极性为（+），它将使集成运放的净输入电压 $\dot{U}_{id}$ 减小，故电路引入的是负反馈。

所以，该电路的反馈组态为电流串联负反馈。

4．电流并联负反馈

图 5.1.14 所示为电流并联负反馈电路。放大电路 A 为集成运放，反馈网络 F 由电阻 R_f 与 R 构成。

在输出端，反馈网络对输出信号的取样，是由 R_f 与 R 组成的分流电路，从输出电流 $\dot{I}_o$ 中分流出一定的数值形成反馈信号 $\dot{I}_f$，根据"虚短"原则有

$$\dot{I}_f = \frac{R}{R + R_f} \dot{I}_o \tag{5.1.2}$$

若将输出端开路，则 $\dot{I}_o = 0$，分流 $\dot{I}_f$ 也将为零，即反馈电流与输出电流成正比，反馈的取样对象是输出电流，为电流反馈。

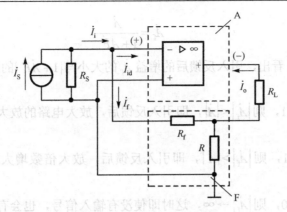

图 5.1.14 电流并联负反馈

反馈网络在输入端与放大器的输入端并联，相交于节点，反馈信号以电流的形式回送到输入端，$\dot{I}_i$ 和 $\dot{I}_f$ 以并联的方式进行比较，故为并联反馈。

用瞬时极性法可以判断出电路为负反馈。图 5.1.14 所示电路的反馈组态为电流并联负反馈。

5.2 负反馈对放大电路性能的影响

5.2.1 降低放大倍数

由图 5.1.1 所示反馈放大电路的方框图可知，基本放大电路的放大倍数（也称为反馈放大电路的开环放大倍数）为输出量与净输入量之比，即

$$\dot{A} = \frac{\dot{X}_o}{\dot{X}_{id}} \tag{5.2.1}$$

反馈系数为反馈量与输出量之比，即

$$\dot{F} = \frac{\dot{X}_f}{\dot{X}_o} \tag{5.2.2}$$

引入负反馈后的净输入信号为

$$\dot{X}_{id} = \dot{X}_i - \dot{X}_f \tag{5.2.3}$$

负反馈放大电路的放大倍数（也称为闭环放大倍数）为输出量与输入量之比，即

$$\dot{A}_f = \frac{\dot{X}_o}{\dot{X}_i} \tag{5.2.4}$$

下面推导闭环放大倍数 $\dot{A}_f$ 与开环放大倍数 $\dot{A}$，以及反馈系数 $\dot{F}$ 之间的关系。由式（5.2.1）～式（5.2.4）可得

$$\dot{A}_f = \frac{\dot{X}_o}{\dot{X}_i} = \frac{\dot{X}_o}{\dot{X}_{id} + \dot{X}_f} = \frac{\dot{A}\dot{X}_{id}}{\dot{X}_{id} + \dot{F}\dot{X}_o} = \frac{\dot{A}\dot{X}_{id}}{\dot{X}_{id} + \dot{A}\dot{F}\dot{X}_{id}}$$

由此得到负反馈放大器放大倍数的一般表达式为

$$\dot{A}_\text{f} = \frac{\dot{A}}{1 + \dot{A}\dot{F}} \tag{5.2.5}$$

由式（5.2.5）可以看出，引入反馈后的增益 $\dot{A}_\text{f}$ 的大小与 $|1 + \dot{A}\dot{F}|$ 的值有关。下面分 3 种情况讨论：

（1）若 $|1 + \dot{A}\dot{F}| > 1$，则 $|\dot{A}_\text{f}| < |\dot{A}|$，即引入反馈后，放大电路的放大倍数减小了，这种反馈称为负反馈；

（2）若 $|1 + \dot{A}\dot{F}| < 1$，则 $|\dot{A}_\text{f}| > |\dot{A}|$，即引入反馈后，放大倍数增大了，这种反馈称为正反馈；

（3）若 $|1 + \dot{A}\dot{F}| = 0$，则 $|\dot{A}_\text{f}| \to \infty$，这时即使没有输入信号，也会有输出信号，这种现象称为放大电路的自激，电路将失去放大信号的功能，所以应该尽量避免。

可以看出，对于负反馈，$|1 + \dot{A}\dot{F}|$ 越大，反馈放大电路的增益减小越多。我们将 $|1 + \dot{A}\dot{F}|$ 称为反馈深度，它是衡量负反馈程度的一个重要性能指标。

如果在式（5.2.5）中满足 $|1 + \dot{A}\dot{F}| \gg 1$，即 $\dot{A}\dot{F} \gg 1$，则有

$$\dot{A}_\text{f} = \frac{\dot{A}}{1 + \dot{A}\dot{F}} \approx \frac{1}{\dot{F}} \tag{5.2.6}$$

将这种情况称为深度负反馈。

由式（5.2.5）可见，放大电路引入交流负反馈后，放大倍数由 $\dot{A}$ 变为 $\dot{A}_\text{f}$，而 $|\dot{A}_\text{f}| < |\dot{A}|$，所以引入负反馈对放大电路的直接影响是放大倍数减小了，也就是说，以牺牲放大倍数来得到其他工作性能的改善，例如，可以稳定放大倍数、改变输入电阻和输出电阻、展宽频带、减小非线性失真等。

5.2.2 提高放大倍数的稳定性

放大电路的工作状况发生变化（如环境温度变化、元器件参数变化、负载变化、电源电压波动等），将导致放大倍数的改变。引入负反馈后，则可以提高放大倍数的稳定性。

若放大电路引入深度负反馈，则电路的放大倍数如式（5.2.6）所示，其大小仅取决于反馈网络的反馈系数 $\dot{F}$，而与基本放大电路几乎无关。由于反馈网络一般是由性能比较稳定的无源线性元件组成的，因此引入深度负反馈后，电路放大倍数是比较稳定的。

通常，用放大倍数的相对变化量来衡量其稳定性。设未引入反馈时，放大倍数的相对变化量为 $\dfrac{\text{d}A}{A}$，引入反馈后，放大倍数的相对变化量为 $\dfrac{\text{d}A_\text{f}}{A_\text{f}}$。在中频段，$A$ 和 F 都是实数，故可将式（5.2.5）改写为

$$A_\text{f} = \frac{A}{1 + AF} \tag{5.2.7}$$

式（5.2.7）对 A 求导可得

$$\frac{\text{d}A_\text{f}}{\text{d}A} = \frac{1}{(1 + AF)^2}$$

即

$$\text{d}A_\text{f} = \frac{\text{d}A}{(1 + AF)^2} \tag{5.2.8}$$

用式（5.2.7）等号两边去除式（5.2.8）等号两边，得

$$\frac{\mathrm{d}A_{\mathrm{f}}}{A_{\mathrm{f}}} = \frac{1}{1+AF} \cdot \frac{\mathrm{d}A}{A} \qquad (5.2.9)$$

式（5.2.9）表明，引入反馈后，闭环放大倍数的相对变化量 $\dfrac{\mathrm{d}A_{\mathrm{f}}}{A_{\mathrm{f}}}$ 只是未加反馈时开环放

大倍数相对变化量 $\dfrac{\mathrm{d}A}{A}$ 的 $1/(1+AF)$。负反馈放大电路的稳定性提高了。

5.2.3　减小非线性失真

由于放大电路中的有源器件（三极管、场效应管）的特性是非线性的，因此当静态工作点设置不合适或输入信号较大时，很容易引起输出波形的非线性失真。

引入负反馈，可以有效地减小放大电路的非线性失真。设输入信号 $\dot{X}_{\mathrm{i}}$ 为正弦波，经基本放大器放大后产生正半周大、负半周小的非线性失真波形 $\dot{X}_{\mathrm{o}}$，如图 5.2.1(a)所示。在图 5.2.1(b)中引入了负反馈，在反馈系数 $\dot{F}$ 为常数的条件下，反馈信号 $\dot{X}_{\mathrm{f}}$ 也是正半周大、负半周小的失真波形，它与输入信号 $\dot{X}_{\mathrm{i}}$ 相减后得到的净输入信号 $\dot{X}_{\mathrm{id}} = \dot{X}_{\mathrm{i}} - \dot{X}_{\mathrm{f}}$ 的波形将是正半周小、负半周大的波形。这种净输入信号将使输出信号的正半周减小，负半周增大，即正、负半周趋于对称，校正了基本放大器产生的非线性失真。

需要指出的是，负反馈只能减小由电路内部原因引起的非线性失真，如果输入信号本身是失真的，负反馈对其将不起作用。负反馈是利用失真波形来改善波形失真的，所以只能改善失真，而不能彻底消除失真。

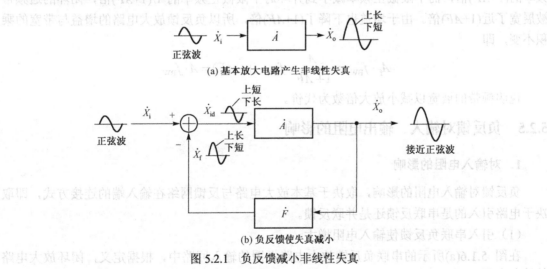

(a) 基本放大电路产生非线性失真

(b) 负反馈使失真减小

图 5.2.1　负反馈减小非线性失真

5.2.4　展宽通频带

从放大器的频率特性可知，在低频段和高频段电压放大倍数都会下降，上限截止频率和下限截止频率之差即为通频带，$f_{\mathrm{BW}} = f_{\mathrm{H}} - f_{\mathrm{L}}$。放大电路中引入负反馈，能有效地展宽通频带，改善电路的频率特性。关于这一点，可以定性地解释为：加入负反馈以后，对于同样大小的输入信号，在中频区由于输出信号大，因而反馈信号也较大，于是输入信号被削弱得较大；而在高频区和低频区，由于输出信号较小，反馈信号也随之减小，输入信号

被削弱得较小，从而使放大器输出信号的下降程度较小，放大倍数相应提高，高、中、低
3 个频段上的放大倍数就比较均匀，放大器通频带也就加宽了。放大器开环和闭环幅频特
性如图 5.2.2 所示。

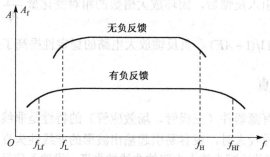

图 5.2.2　负反馈使放大电路通频带展宽

设无反馈时的上、下限频率分别为 f_H 和 f_L，通频带为 f_{BW}，引入反馈后的上、下限频
率分别为 f_{Hf} 和 f_{Lf}，通频带为 f_{BWf}，可以证明（具体的推导过程可参考相关资料）

$$\begin{cases} f_{Lf} = \dfrac{f_L}{1+AF} \\ f_{Hf} = (1+AF)f_H \\ f_{BWf} \approx (1+AF)f_{BW} \end{cases} \quad (5.2.10)$$

由式（5.2.10）可知，引入负反馈后，放大电路的上限截止频率增大到开环时上限截止
频率的 $(1+AF)$ 倍，而下限截止频率减小到开环时下限截止频率的 $1/(1+AF)$ 倍，闭环的通频带
被展宽了近 $(1+AF)$ 倍。由于增益也下降了 $(1+AF)$ 倍，所以负反馈放大电路的增益与带宽的乘
积不变，即

$$A_f \cdot f_{BWf} \approx \frac{A}{1+AF} \cdot f_{BW} \cdot (1+AF) = A \cdot f_{BW}$$

说明频带的展宽以减小放大倍数为代价。

5.2.5　负反馈对输入、输出电阻的影响

1. 对输入电阻的影响

负反馈对输入电阻的影响，取决于基本放大电路与反馈网络在输入端的连接方式，即取
决于电路引入的是串联反馈还是并联反馈。

（1）引入串联负反馈使输入电阻增大

在图 5.1.6(a) 所示的串联负反馈放大电路框图的输入回路中，根据定义，闭环放大电路
的输入电阻 R_{if} 为

$$R_{if} = \frac{\dot{U}_i}{\dot{I}_i} = \frac{\dot{U}_{id} + \dot{U}_f}{\dot{I}_i} = \frac{\dot{U}_{id} + \dot{A}\dot{F}\dot{U}_{id}}{\dot{I}_i} = (1 + \dot{A}\dot{F})\frac{\dot{U}_{id}}{\dot{I}_i}$$

而

$$\frac{\dot{U}_{id}}{\dot{I}_i} = R_i$$

所以

$$R_{if} = (1 + \dot{A}\dot{F})R_i \quad (5.2.11)$$

可见，引入负反馈后，输入电阻将增大到原来的 $(1 + \dot{A}\dot{F})$ 倍。

（2）引入并联负反馈使输入电阻减小

在图 5.1.6(b)所示的并联负反馈放大电路框图的输入回路中，根据定义，闭环放大电路的输入电阻 R_{if} 为

$$R_{if} = \frac{\dot{U}_i}{\dot{I}_i} = \frac{\dot{U}_i}{\dot{I}_{id} + \dot{I}_f} = \frac{\dot{U}_i}{\dot{I}_{id} + \dot{A}\dot{F}\dot{I}_{id}} = \frac{1}{(1+\dot{A}\dot{F})} \frac{\dot{U}_i}{\dot{I}_{id}}$$

而

$$\frac{\dot{U}_i}{\dot{I}_{id}} = R_i$$

所以

$$R_{if} = \frac{1}{1+\dot{A}\dot{F}} R_i \tag{5.2.12}$$

可见，引入并联负反馈后，输入电阻减小到原来的 $1/(1+\dot{A}\dot{F})$。

2．对输出电阻的影响

负反馈对输出电阻的影响取决于反馈网络与基本放大电路在输出端的连接方式，即取决于电路引入的是电压反馈还是电流反馈。

（1）电压负反馈使输出电阻减小

电压负反馈的放大电路具有稳定输出电压的作用，即具有恒压输出的特性，而恒压源的内阻很小，所以电压负反馈放大电路的输出电阻也很小。可以证明，电压负反馈放大电路的输出电阻是基本放大电路输出电阻的 $1/(1+\dot{A}\dot{F})$ 倍。

（2）电流负反馈使输出电阻增大

电流负反馈的放大电路具有稳定输出电流的作用，即具有恒流输出的特性。由于恒流源的内阻很大，所以电流负反馈放大电路的输出电阻也很大。可以证明，电流负反馈放大电路的输出电阻是基本放大电路输出电阻的 $(1+\dot{A}\dot{F})$ 倍。

5.3　振荡电路中的反馈

5.3.1　正弦波振荡电路的振荡条件

由式（5.2.7）可知，当 $|1+\dot{A}\dot{F}|=0$，$|\dot{A}_f|=\infty$。这时没有输入信号，就有输出信号产生，这种现象称为自激。对于放大电路来说，自激将会使放大电路无法正常工作，必须避免；而对于振荡电路，就是要利用自激来产生正弦波。振荡电路与负反馈放大电路不同，必须引入正反馈，其方框图如图 5.3.1 所示。根据图 5.3.1 可得

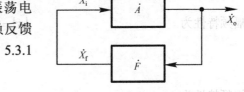

图 5.3.1　正弦波振荡电路的方框图

$$\dot{A} = \frac{\dot{X}_o}{\dot{X}_i}, \quad \dot{F} = \frac{\dot{X}_f}{\dot{X}_o}$$

式中，$\dot{X}_o$ 为输出信号，$\dot{X}_i$ 为开环放大器的输入信号，$\dot{X}_f$ 为反馈信号。

显然，要使电路维持振荡，必有

$$\dot{X}_i = \dot{X}_f$$

则正弦波振荡电路的平衡条件是

$$\dot{A}\dot{F} = \frac{\dot{X}_o}{\dot{X}_i} \cdot \frac{\dot{X}_f}{\dot{X}_o} = 1 \tag{5.3.1}$$

式（5.3.1）包括两个条件，即

$$\begin{cases} |\dot{A}\dot{F}| = 1 & \text{(5.3.2a)} \\ \varphi_A + \varphi_F = 2n\pi，n \text{ 为整数} & \text{(5.3.2b)} \end{cases}$$

式（5.3.2a）称为振幅平衡条件，式（5.3.2b）称为相位平衡条件。振荡电路的振荡频率由相位平衡条件决定。要使振荡电路的输出有一个从小到大直至平衡在一定振幅的过程，电路的起振条件为

$$\dot{A}\dot{F} > 1 \tag{5.3.3}$$

式（5.3.3）（写成模和相角的形式）同样包含如下两个条件

$$\begin{cases} |\dot{A}\dot{F}| > 1 & \text{(5.3.4a)} \\ \varphi_A + \varphi_F = 2n\pi，n \text{ 为整数} & \text{(5.3.4b)} \end{cases}$$

式（5.3.4a）称为振幅起振条件，式（5.3.4b）称为相位起振条件。

5.3.2　RC 文氏桥正弦波振荡电路

1. RC 串并联选频网络的频率特性

RC 串并联选频网络如图 5.3.2 所示，从上册第 3 章的讨论我们知道这个电路具有带通特性，所以可以作为选频网络。通常，选取 $R_1 = R_2 = R$，$C_1 = C_2 = C$。因为 RC 串并联选频网络在正弦波振荡电路中既作为选频网络，又作为正反馈网络，所以其输入电压为 $\dot{U}_o$，输出电压为 $\dot{U}_f$。由第 3 章我们知道

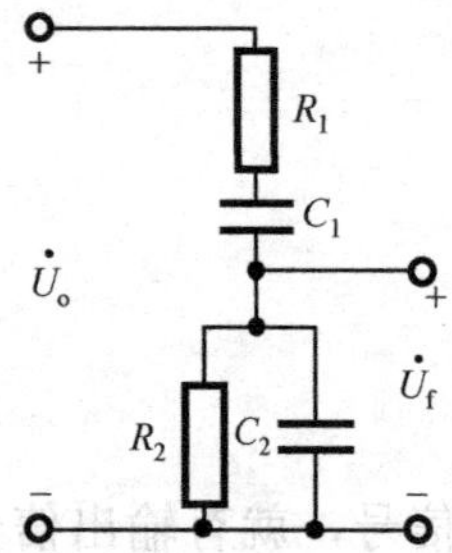

$$\dot{F} = \frac{\dot{U}_f}{\dot{U}_o} = \frac{1}{3 + j\left(\dfrac{f}{f_0} - \dfrac{f_0}{f}\right)} \tag{5.3.5}$$

图 5.3.2　RC 串并联选频网络

式中

$$f_0 = \frac{1}{2\pi RC} \tag{5.3.6}$$

幅频特性为

$$|\dot{F}| = \frac{1}{\sqrt{9 + \left(\dfrac{f}{f_0} - \dfrac{f_0}{f}\right)^2}} \tag{5.3.7a}$$

相频特性为

$$\varphi_F = -\arctan\frac{1}{3}\left(\frac{f}{f_0} - \frac{f_0}{f}\right) \tag{5.3.7b}$$

由式（5.3.7）可得

当 $f = f_0$ 时，$|\dot{F}| = \dot{F}|_{max} = \dfrac{1}{3}$，$\varphi_F = 0$

即当 $f = f_0$ 时，$\dot{U}_f$ 的幅值为 $\dot{U}_o$ 幅值的 1/3，且相位为同相。

2．RC 文氏桥正弦波振荡电路

RC 文氏桥正弦波振荡电路如图 5.3.3 所示，输出电压经 RC 串并联电路分压后在并联电路上得到反馈电压 $\dot{U}_f$，加在运放的同相输入端，构成正反馈，所以 RC 串并联选频网络既是选频网络，又是正反馈网络，放大电路是同相比例电路，而 R_f 和 R_1 引入的是负反馈。

当 $f = f_0 = \dfrac{1}{2\pi RC}$ 时，$|\dot{F}|_{\max} = \dfrac{1}{3}$，$\varphi_F = 0$。因此当要产生频率为 f_0 的正弦波时，根据平衡条件 $|\dot{A}\dot{F}| = 1$ 和 $\varphi_A + \varphi_F = 2n\pi$ 可知，只要放大器的放大倍数 $|\dot{A}| = 3$，$\varphi_A = 0$，就可以产生振荡。对由运放构成的同相比例电路，放大倍数为

$$A = 1 + \frac{R_f}{R_1}$$

要使 $|\dot{A}| = 3$，可以求出 $\qquad\qquad R_f = 2R_1 \qquad\qquad\qquad\qquad (5.3.8)$

为保证振荡电路的起振，R_f 的取值应略大于 $2R_1$，即起振条件为

$$R_f > 2R_1 \qquad\qquad\qquad\qquad (5.3.9)$$

由于 $\dot{U}_o$ 与 $\dot{U}_f$ 具有良好的线性关系，所以为了稳定输出电压的幅值，一般应在电路中加入非线性环节。例如，可以选用 R_1 为正温度系数的热敏电阻，或选用 R_f 为负温度系数的热敏电阻。当 $\dot{U}_o$ 由于某种原因而增大时，流过 R_f 和 R_1 上的电流增大，导致温度升高，因而 R_1 的阻值增大或 R_f 的阻值减小，从而使 $\dot{A}$ 值减小，$\dot{U}_o$ 也就随之减小；当 $\dot{U}_o$ 由于某种原因而减小时，各物理量与上述变化相反，从而使输出电压稳定。

【例 5.3.1】 电路如图 5.3.3 所示，已知 $R = 10\text{k}\Omega$，$C = 0.01\mu\text{F}$。

（1）试求振荡器的振荡频率 f_0。

（2）为保证电路起振，R_f 与 R_1 应有何种关系？

（3）若用热敏电阻来稳幅，R_f 应采用何种温度系数的热敏电阻？

（4）若不小心使 R_f 开路或使 R_f 短路，则输出电压各等于多少？

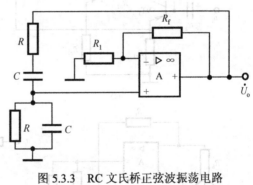

图 5.3.3 RC 文氏桥正弦波振荡电路

解：（1）根据 RC 文氏桥正弦波振荡电路的工作原理，有

$$f = f_0 = \frac{1}{2\pi RC} = \frac{1}{2\pi \times 10 \times 10^3 \times 0.01 \times 10^{-6}} \approx 1.59(\text{kHz})$$

（2）起振条件为 $|\dot{A}\dot{F}| > 1$，而 $|\dot{F}|_{\max} = \dfrac{1}{3}$，则为保证起振，必有 $R_f > 2R_1$。

（3）要想能稳幅，就必须使 A 随输出电压振幅的增大而减小，因此 R_f 应采用具有负温度系数的热敏电阻。

（4）若 R_f 开路，则电路的放大倍数趋近于无穷大，在理想情况下，输出电压为方波。若 R_f 短路，则电路的放大倍数将小于 3，电路会停振，输出电压为零。

习　题　5

5.1　什么叫反馈？负反馈有哪几种类型？

5.2　负反馈放大电路一般由哪几部分组成？试用方框图说明它们之间的关系。

5.3　在图 5.1 所示的各电路中，请指明反馈网络是由哪些元件组成的，判断引入的是正反馈还是负反馈，是直流反馈还是交流反馈。设所有电容对交流信号可视为短路。

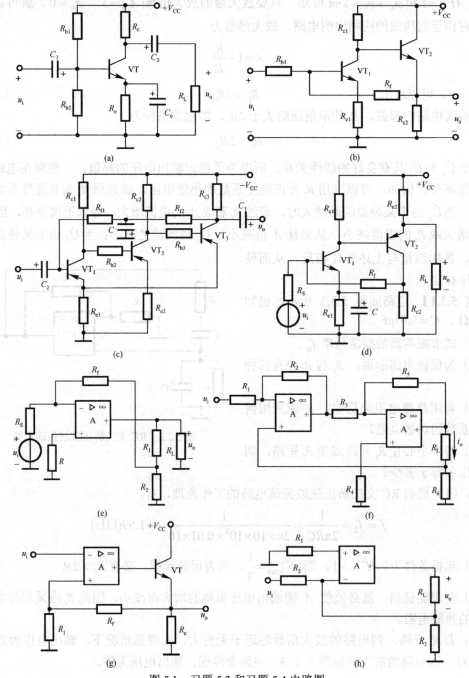

图 5.1　习题 5.3 和习题 5.4 电路图

5.4 试判断图 5.1 所示电路的级间交流反馈的组态。

5.5 某反馈放大电路的方框图如图 5.2 所示，已知其开环电压增益 $A_u = 2000$，反馈系数 $F_u = 0.0495$。若输出电压 $U_o = 2\text{V}$，求输入电压 U_i、反馈电压 U_f 及净输入电压 U_{id}。

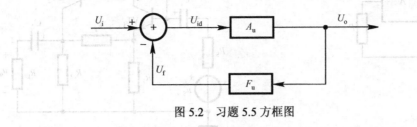

图 5.2 习题 5.5 方框图

5.6 一个放大电路的开环增益为 $A_{uo} = 10^4$，当它连接成负反馈放大电路时，其闭环电压增益为 $A_{uf} = 60$，若 A_{uo} 变化 10%，问 A_{uf} 变化多少？

5.7 某电压负反馈放大器采用一个增益为 100V/V 且输出电阻为 1000Ω 的基本放大器，反馈放大器的闭环输出电阻为 100Ω。确定其闭环增益。

5.8 某电压串联负反馈放大器采用一个输入电阻与输出电阻均为 1kΩ 且增益 $A=2000\text{V/V}$ 的基本放大器，反馈系数 $F=0.1\text{V/V}$。求闭环放大器的增益 A_{uf}、输入电阻 R_{if} 和输出电阻 R_{of}。

5.9 为了满足下列要求，在电路中应当分别引入什么类型的负反馈？

（1）某放大电路的信号源输出微弱电压信号，要求有稳定的输出电压；

（2）要求得到一个电流控制的电流源。

5.10 在图 5.3 所示多级放大电路的交流通路中，按下列要求分别接成所需的两级反馈放大电路：（1）电路参数变化时，u_o 变化不大，并希望有较小的输入电阻 R_{if}；（2）当负载变化时，i_o 变化不大，并希望放大器有较大的输入电阻 R_{if}。

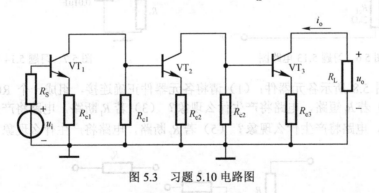

图 5.3 习题 5.10 电路图

5.11 试指出图 5.4 所示电路能否实现 $i_L = \dfrac{u_I}{R}$ 的压控电流源的功能？若不能，应如何改正？

5.12 反馈放大电路如图 5.5 所示。（1）指明级间反馈元件，并判别反馈类型和性质；（2）若要求放大电路有稳定的输出电流，应如何改接 R_f？请在电路图中画出改接的反馈路径，并说明反馈类型。

5.13 电路如图 5.6 所示，A 是放大倍数为 1 的隔离器。（1）指出电路中的反馈类型（正或负、交流或直流、电压或电流、串联或并联）；（2）试从静态与动态量的稳定情况（如稳定静态工作点、稳定输出电压或电流）、输入与输出电阻的大小等方面分析电路有什么特点。

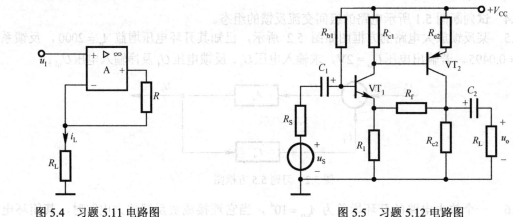

图 5.4　习题 5.11 电路图　　　　　　　　图 5.5　习题 5.12 电路图

5.14　电路如图 5.7 所示：（1）保证电路振荡，求 R_P 的最小值；（2）求振荡频率 f_0 的调节范围。

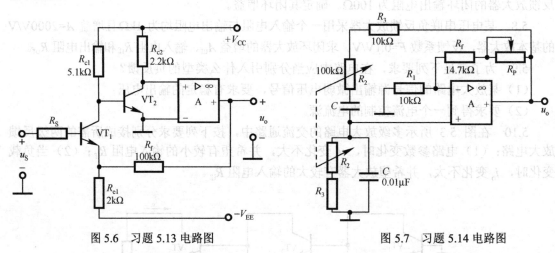

图 5.6　习题 5.13 电路图　　　　　　　　图 5.7　习题 5.14 电路图

5.15　如图 5.8 所示各元器件：（1）请将各元器件正确连接，组成一个 RC 文氏桥正弦波振荡器；（2）若 R_1 短路，电路将产生什么现象？（3）若 R_1 断路，电路将产生什么现象？（4）若 R_f 短路，电路将产生什么现象？（5）若 R_f 断路，电路将产生什么现象？

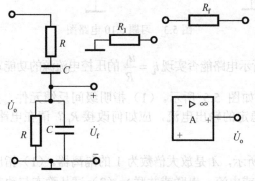

图 5.8　习题 5.15 电路图

5.16　图 5.9 所示为正弦波振荡电路，已知 A 为理想运放。

（1）已知电路能够产生正弦波振荡，为使输出波形频率增大，应如何调整电路参数？

（2）已知 $R_1 = 10\text{k}\Omega$，若产生稳定振荡，则 R_f 约为多少？

（3）已知 $R_1 = 10\text{k}\Omega$，$R_f = 15\text{k}\Omega$，问电路产生什么现象？简述理由。

（4）若 R_f 为热敏电阻，试问其温度系数是正还是负？

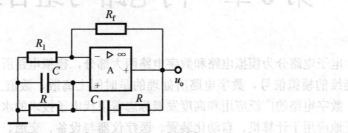

图 5.9　习题 5.16 电路图

5.17　设计仿真题，用 Multisim 仿真软件绘制电路，并仿真分析。

（1）用双极性晶体管设计一个单级阻容耦合放大电路，已知 $+V_{CC}=12\text{V}$，$R_L = 2\text{k}\Omega$，$U_i=10\text{mV}$，$R_S=50\Omega$，要求 $A_u=30$，$R_i>2\text{k}\Omega$，$R_o<3\text{k}\Omega$，$f_L<30\text{Hz}$，$f_H>500\text{kHz}$。

（2）设计一电流电压转换电路，将 4~20mA 的电流转换为标准电压 -10~+10V。4mA 为满量程的 0% 对应 -10V，12mA 为 50% 对应 0V，20mA 为 100% 对应 +10V。

（3）设计一个输出正弦、余弦信号的电路，要求 $f = 1\text{kHz}$，它们的幅度相等。

（4）设计一个函数发生器，可以产生 1kHz 的三角波、方波和正弦波。

第 6 章　门电路与组合逻辑电路

电子电路分为模拟电路和数字电路两大部分，模拟电路所处理的信号是在时间上和数值上连续的模拟信号，数字电路所处理的是时间上离散、数值上也离散的信号，称为数字信号。数字电路的广泛应用和高度发展标志着现代电子技术的水平，如今，数字电路与技术已广泛地应用于计算机、自动化装置、医疗仪器与设备、交通、电信等几乎所有的生产、生活领域中。从本章开始分别介绍数字逻辑电路的基本概念、基本理论、基本方法及常用数字逻辑部件的功能和应用，本章主要介绍数字逻辑基础、逻辑门电路、组合逻辑电路及常用的组合逻辑功能器件。

6.1　数字信号、数制与码制

6.1.1　数字信号

数字信号是在时间和数值上都离散的信号，有 0、1 两个数值，数字信号是一种跃变的脉冲信号，持续时间短。图 6.1.1 所示为最常见的矩形波和尖顶波。数字信号传输可靠，易于存储，抗干扰能力强，稳定性好。

实际的矩形波并不像图 6.1.1(a)所示那么理想，上升沿和下降沿不是很陡峭，实际的矩形波如图 6.1.2 所示，图中标明了脉冲波形的几个主要参数。

（1）脉冲幅值 U_m：脉冲波形最大值；

（2）脉冲周期 T：相邻两个脉冲信号上升沿（或下降沿）上，脉冲幅度 10%的两点之间的时间间隔；

（3）脉冲上升时间 t_r：脉冲从幅值的 10%处上升到幅值的 90%处所需的时间；

（4）脉冲下降时间 t_f：脉冲从 90%幅值下降到 10%幅值所需的时间；

（5）脉冲宽度 t_p：脉冲波形上升到 $50\%U_m$ 至下降到 $50\%U_m$ 所需的时间。

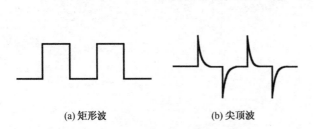

(a) 矩形波　　　　　　　　(b) 尖顶波

图 6.1.1　矩形波和尖顶波

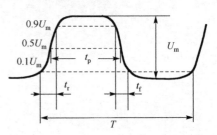

图 6.1.2　实际数字信号电压波形

6.1.2　数制及其转换

1. 数制

按不同的进位方式，数制可以分为很多种。在数字系统中，通常采用的是二进制、十进制和十六进制。

（1）十进制

十进制是人们最常用的进位计数制，10 进制包含 0～9 这 10 个数码，计数的基数是 10，超过 9 的数必须用多位数表示，其中低位和相邻高位之间的关系是"逢十进一"。十进制的位权值是 10^i。

基数是数制中允许使用的数码个数，记为 N。在 N 进制的进位计数中，N^i 是第 i 位的位权值。例如

$$14.8 = 1 \times 10^1 + 4 \times 10^0 + 8 \times 10^{-1}$$

如果用 N 来取代此式中的 10，则得到任意进制（N 进制）计数的一般形式

$$D = \sum k_i \times N^i \qquad (6.1.1)$$

式中，k_i 是第 i 位的系数，N 称为计数的基数，N^i 称为第 i 位的权值。

（2）二进制

二进制是以 2 为基数的计数进位制。在二进制中仅有 0 和 1 两个数码。二进制的关系是"逢二进一"，即 1+1=10。

任何一个二进制都可以按位权展开相加，并计算成用十进制表示的数值，例如

$$(1101.11)_2 = 1 \times 2^3 + 1 \times 2^2 + 0 \times 2^1 + 1 \times 2^0 + 1 \times 2^{-1} + 1 \times 2^{-2} = (13.75)_{10}$$

式中，二进制数的下脚标注为 2，十进制的下脚标注为 10。

（3）八进制

八进制采用 0～7 这 8 个数码，是以 8 为基数的计数进位制。八进制的进位规律是"逢八进一"。八进位制可以转换为十进制数，例如

$$(52.6)_8 = 5 \times 8^1 + 2 \times 8^0 + 6 \times 8^{-1} = (42.75)_{10}$$

（4）十六进制

十六进制的进位关系是"逢十六进一"，有 0～9，并且用 A、B、C、D、E、F（字母不区分大小写）这 6 个字母来分别表示 10、11、12、13、14、15。十六进制可以转换为十进制数，例如

$$(E7.A)_{16} = 14 \times 16^1 + 7 \times 16^0 + 10 \times 16^{-1} = (231.625)_{10}$$

十进制、二进制、八进制及十六进制的对照关系如表 6.1.1 所示。

表 6.1.1　各种不同进制的对照表

十进制数	二进制数	八进制数	十六进制数
0	0000	0	0
1	0001	1	1
2	0010	2	2
3	0011	3	3

十进制数	二进制数	八进制数	十六进制数
4	0100	4	4
5	0101	5	5
6	0110	6	6
7	0111	7	7
8	1000	10	8
9	1001	11	9
10	1010	12	A
11	1011	13	B
12	1100	14	C
13	1101	15	D
14	1110	16	E
15	1111	17	F

2. 数制的转换

任意进制数可以转换为十进制数，十进制数也可以转换为任意进制数。

（1）十-二进制数转换

十进制数转换为二进制数时，由于整数和小数的转换方法不同，所以先将十进制数的整数部分和小数部分分别转换，然后再相加。

整数部分采用"除 2 取余"，步骤如下：用 2 整除十进制整数，可以得到一个商和余数；再用 2 去除商，又会得到一个商和余数，依次进行，直到商为 0 时为止，然后把先得到的余数作为二进制数的低位有效位，后得到的余数作为二进制数的高位有效位，依次排列。

小数部分采用"乘 2 取整"法。步骤如下：用 2 乘十进制小数，可以得到积，将积的整数部分取出，再用 2 乘余下的小数部分，又得到一个积，再将积的整数部分取出，依次进行，直到积中的小数部分为零，此时 0 或 1 为二进制的最后一位，或者达到所要求的精度为止，将先得到的整数作为小数部分的最高位，依次排列。

【例 6.1.1】 将十进制数 25.125 转换为二进制数。

解： 整数部分采用"除基取余"得到

$$
\begin{array}{r}
2\,\underline{|25} \\
2\,\underline{|12}\cdots 余数为1\,(最低位) \\
2\,\underline{|6}\cdots 余数为0 \\
2\,\underline{|3}\cdots 余数为0 \\
2\,\underline{|1}\cdots 余数为1 \\
0\cdots 余数为1\,(最高位)
\end{array}
$$

故整数部分为 $(25)_{10}=(11001)_2$

小数部分采用"乘基取整"得到

$$
\begin{array}{r}
0.125 \\
\times 2 \\
\hline
0.25 \quad 整数0(最高位) \\
\times 2 \\
\hline
0.5 \quad 整数0 \\
\times 2 \\
\hline
1 \quad 整数1(最低位)
\end{array}
$$

故小数部分为 $(0.125)_{10}=(0.001)_2$

将上述两部分相加，综合可得$(25.125)_{10} = (11001.001)_2$

（2）十-八进制数转换

十进制数转换为八进制数时，先如上所述转换成二进制数。八进制的基数为 $8=2^3$，所以一位八进制是由 3 位二进制构成的。二进制整数转换为八进制数，从低位开始，每 3 位二进制数为一组，不足 3 位的，则在高位补 0，代入等值的八进制数；二进制小数转换为八进制数，从高位开始，每 3 位二进制数为一组，不足 3 位的，则在低位补 0 凑齐，然后用等值的八进制数代替。如例 6.1.1 中的 25.125 转换成八进制数，即

$$(25.125)_{10} = (11001.001)_2 = (011\ 001.001)_2 = (31.1)_8$$

（3）十-十六进制数转换

十进制数转换为十六进制数时，先转换成二进制数。十六进制的基数为 $16=2^4$，所以一位十六进制是由 4 位二进制构成的。二进制整数转换为十六进制数，从低位开始，每 4 位二进制数为一组，不足 4 位的，则在高位补 0，代入为等值的十六进制数；二进制小数转换为十六进制数，从高位开始，每 4 位二进制数为一组，不足 4 位的，则在低位补 0 凑齐，然后用等值的十六进制数代替。如例 6.1.1 中的 25.125 转换成十六进制数，即

$$(25.125)_{10} = (11001.001)_2 = (0001\ 1001.0010)_2 = (19.2)_{16}$$

6.1.3 码制

在数字系统中，常用 n 位二进制数码表示数值的大小和特定的信息。由于十进制计数方式为人们所熟悉，为了方便地使用二进制数表示十进制数的值，因此产生了十进制数的二进制编码，即 BCD（Binary Coded Decimal）码。

用二进制数表示一位十进制数的编码，称为二-十进制码，即 BCD 码。因为十进制数有 0~9 这 10 个数码，需要用 4 位二进制数来表示一位十进制数，而 4 位二进制代码共有 16 种组合，采用其中 10 个组合表示 0~9 这 10 个数，可以有多种编码方案，其中 8421 码是 BCD 码中最常用的代码，即从高位到低位的权值分别为 8、4、2、1。表 6.1.2 所示为 8421 的代码表。

表 6.1.2 8421 二-十进制代码表

十进制数	8421 码	十进制数	8421 码
0	0000	5	0101
1	0001	6	0110
2	0010	7	0111
3	0011	8	1000
4	0100	9	1001

【例 6.1.2】 求二进制数 10001.01 对应的 BCD8421 码。

解： 首先将二进制数 10001.01 转换成十进制数，得$(10001.01)_2 = (17.25)_{10}$，再分别将十进制数 17.25 中的每个数值分别转换成 8421 码。

1 对应 0001；7 对应 0111；2 对应 0010；5 对应 0101，将以上数值按其权位分别放置，即可得$(10001.01)_2 = (17.25)_{10} = (00010111.00100101)_{BCD8421}$

6.2　逻辑函数及其化简

6.2.1　逻辑代数的运算

数字逻辑电路是由基本逻辑运算关系构成的，这种基本逻辑运算称为逻辑代数。逻辑代数描述的是客观事物之间的逻辑关系，逻辑函数值只有"0"和"1"两个值，这两个值不具有数量大小的意义，仅客观地表示事物的两种状态，如灯的亮与灭，开关的接通与断开。门电路的输入和输出都用电位的高低表示，若规定高电位为 1，低电位为 0，则称为正逻辑系统。若规定低电位为 1，高电位为 0，则为负逻辑系统。本书中采用的均为正逻辑。

逻辑运算的基本运算有 3 种：与、或和非运算。

1. 与逻辑

只有决定事件发生的所有条件都满足，事件才会发生，若有一个条件不具备，事件就不会发生，这种逻辑关系为"与"逻辑。如图 6.2.1 所示，开关 A 和 B 串联，只有当 A 与 B 同时接通时，灯才会亮。如果用 1 表示灯亮，用 0 表示灯灭，则灯与开关之间的逻辑关系如表 6.2.1 所示，这种用 0、1 表示输入/输出关系的表称为真值表。

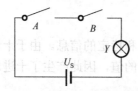

图 6.2.1　由开关组成的与逻辑门电路

表 6.2.1　与逻辑的真值表

A	B	Y
0	0	0
1	0	0
0	1	0
1	1	1

在逻辑代数中，用运算符号表示各种逻辑的输出与输入之间的关系，形成了逻辑函数表达式。与逻辑的关系式为

$$Y = A \cdot B \tag{6.2.1}$$

式中乘运算符号可以省略，写成 $Y=AB$，其逻辑符号如图 6.2.2 所示。

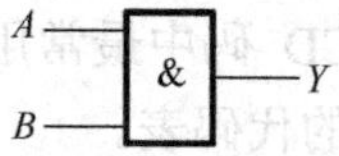

图 6.2.2　与逻辑符号

2. 或逻辑

在决定事件的几个条件中，只要有一个或一个以上的条件满足时，事件就会发生，这种逻辑关系就是或逻辑。在图 6.2.3 中，开关 A 和 B 并联，当 A 接通或 B 接通，或 A 和 B 同时接通时，灯都亮。或逻辑的真值表如表 6.2.2 所示。

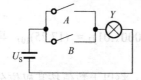

图 6.2.3　由开关组成的或逻辑门电路

表 6.2.2　或逻辑的真值表

A	B	Y
0	0	0
1	0	1
0	1	1
1	1	1

或逻辑关系式为

$$Y = A + B \qquad\qquad (6.2.2)$$

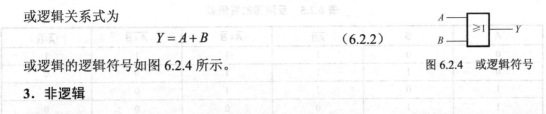

图 6.2.4　或逻辑符号

或逻辑的逻辑符号如图 6.2.4 所示。

3. 非逻辑

条件具备了，事件不发生；而条件不具备时，事件却发生了，这种逻辑关系就是非逻辑。如图 6.2.5 所示，开关 A 和电灯并联，当 A 接通时，电灯不亮；当 A 断开时，电灯就亮了，非逻辑的真值表如表 6.2.3 所示。

非逻辑的关系式为

$$Y = \overline{A} \qquad\qquad (6.2.3)$$

非逻辑的逻辑符号如图 6.2.6 所示。

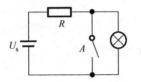

图 6.2.5　由开关组成的非逻辑门电路

表 6.2.3　非逻辑的真值表

A	Y
0	1
1	0

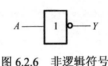

图 6.2.6　非逻辑符号

6.2.2　逻辑代数的基本定律

逻辑代数中有逻辑乘（与运算）、逻辑加（或运算）和求反（非运算）3 种基本运算。根据这 3 种基本的运算可以推导出逻辑运算的一些法则，表 6.2.4 给出了逻辑代数的基本定律。

表 6.2.4　逻辑代数的基本定律

序　号		基本定律	
1	0-1 律	$A \times 0 = 0$	$A + 1 = 1$
		$A \times 1 = A$	$A + 0 = A$
2	重叠律	$AA = A$	$A + A = A$
3	互补律	$A\overline{A} = 0$	$A + \overline{A} = 1$
4	交换律	$AB = BA$	$A + B = B + A$
5	结合律	$ABC = A(BC) = (AB)C$	$A + B + C = A + (B + C) = (A + B) + C$
6	分配律	$A(B + C) = AB + AC$	$A + BC = (A + B)(A + C)$
7	吸收律	$A + AB = A$	$A + \overline{A}B = A + B$
8	还原律	$\overline{\overline{A}} = A$	
9	反演律（摩根定律）	$\overline{AB} = \overline{A} + \overline{B}$	$\overline{A + B} = \overline{A} \cdot \overline{B}$
10	消去律	$AB + A\overline{B} = A$	

表中有些基本定律的正确性可以用真值表进行验证，两个真值表相同的逻辑函数完全相等。

【例 6.2.1】　用真值表证明反演律 $\overline{AB} = \overline{A} + \overline{B}$ 和 $\overline{A + B} = \overline{A} \cdot \overline{B}$ 成立。

解：列出 A、B 取值组合的真值表，如表 6.2.5 所示，对应 A、B 的不同组合，等式两边的值相同，因此，反演律成立。

表 6.2.5　反演律的真值表

A	B	$\overline{AB}$	$\overline{A}+\overline{B}$	$\overline{A+B}$	$\overline{A}\cdot\overline{B}$
0	0	1	1	1	1
0	1	1	1	0	0
1	0	1	1	0	0
1	1	0	0	0	0

除了表 6.2.4 列出的定律外，还有一些基本的逻辑代数等式，下面举例证明。

【例 6.2.2】　证明 $AB+\overline{A}C=(A+C)(\overline{A}+B)$。

解： 从等式右边推导，展开式子，分别利用互补律、吸收率

$$(A+C)(\overline{A}+B)$$
$$=A\overline{A}+AB+\overline{A}C+BC$$
$$=AB+\overline{A}C+BC \qquad （互补律）$$
$$=AB+C(\overline{A}+B)$$
$$=AB+C(\overline{A}+AB) \qquad （反用吸收律）$$
$$=AB+C\overline{A}+ABC$$
$$=AB(1+C)+C\overline{A}$$
$$=AB+\overline{A}C \qquad （吸收律）$$

6.2.3　逻辑函数的表达方式

逻辑函数常用逻辑式、逻辑状态表、逻辑图等几种方法表示，这些方法之间也可以相互转换。

1．逻辑式

在前面介绍的逻辑式中，A 和 B 是输入变量，Y 是输出变量；字母上无反号的是原变量，有反号的是反变量。逻辑式是用与、或、非等运算来表达逻辑函数的表达式。比如

$$Y=AB+AC \qquad （与或表达式）$$
$$=\overline{\overline{AB}\cdot\overline{AC}} \qquad （与非与非表达式）$$
$$=\overline{\overline{A}+\overline{BC}} \qquad （与或非表达式）$$

下面介绍最小项的概念。

在一个有 n 个变量的逻辑函数中，包括全部 n 个变量的乘积项（每个变量必须而且只能以原变量或反变量的形式出现一次）称为最小项。n 个变量有 2^n 个最小项，比如当 $n=3$ 时，此逻辑函数应有 $2^3=8$ 个最小项。比如一个 A、B、C 三变量的逻辑函数，它有 8 个最小项，分别是：$\overline{ABC}$、$\overline{AB}C$、$\overline{A}B\overline{C}$、$\overline{A}BC$、$A\overline{BC}$、$A\overline{B}C$、$AB\overline{C}$、$ABC$。

这些最小项的性质如下：

（1）对于任意一个最小项，输入变量只有一组取值使得它的值为 1，而在变量取其他各组值时，这个最小项的值都为 0；

（2）对于输入变量的任何一组取值，任意两个最小项的乘积为 0；

（3）对于输入变量的任何一组取值，全体最小项逻辑和为 1。

2．逻辑状态表

逻辑状态表也称为真值表，是将输入逻辑变量的各种可能取值和相应的函数值排列在一起而组成的表格，若逻辑函数有 n 个变量，则有 2^n 个逻辑组合。如逻辑式 $Y = ABC + \overline{A}BC + A\overline{B}C$，将 8 种组合的取值（0 或 1）代入逻辑式中运算，得出相应 Y 值，填入表格，即可得状态表，如表 6.2.6 所示。

反之，也可以从状态表写出逻辑式，步骤如下：

（1）从状态表中找出所有使 $Y=1$（或 $Y=0$）的输入变量组合，列逻辑式；

（2）对一种组合而言，输入变量之间是与逻辑关系。对应于 $Y=1$，如果输入变量为 1，则取其原变量；如果输入变量为 0，则取其反变量，各项之间为"与"关系；

（3）各种组合之间是或逻辑关系，故将（2）所得各项用"或"运算表示。

3．逻辑图

一般逻辑图由逻辑式画出。逻辑乘用与门实现，逻辑加用或门实现，求反用非门实现。从前面分析可知，一个逻辑函数的逻辑式不是唯一的，所以逻辑图也不是唯一的。但是逻辑状态表是唯一的。图 6.2.7 所示为 $Y = AB + BC$ 的逻辑图。

表 6.2.6　$Y = ABC + \overline{A}BC + A\overline{B}C$ 的逻辑状态表

A	B	C	Y
0	0	0	0
0	0	1	0
0	1	0	0
0	1	1	1
1	0	0	0
1	0	1	1
1	1	0	0
1	1	1	1

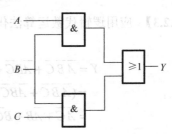

图 6.2.7　$Y = AB + BC$ 的逻辑图

6.2.4　逻辑函数的化简

由逻辑状态表写出的逻辑式，以及由此而画出的逻辑图，通常比较复杂，因此往往需要化简。逻辑表达式越简单，则实现它所需要的逻辑元件就越少，逻辑电路的可靠性和稳定性也就越高，成本也越低。

逻辑函数化简的方法有应用逻辑代数运算法化简和应用卡诺图化简，下面分别介绍这两种方法。

1．应用逻辑代数运算法化简

（1）并项法

利用 $A + \overline{A} = 1$，将两项合并为一项，并消去一个或两个变量，例如

$$Y = AB + A\overline{B} = A(B + \overline{B}) = A$$

（2）吸收律

应用 $A+AB=A$，消去多余的因子，例如
$$Y = AC + AC\overline{B} = AC$$

（3）配项法

应用 $A = A(B+\overline{B})$，将 $(B+\overline{B})$ 与乘积项相乘，展开化简，例如
$$Y = AB + \overline{BC} + A\overline{C}$$
$$= AB + \overline{BC} + A\overline{C}(B+\overline{B})$$
$$= AB + \overline{BC} + A\overline{C}B + A\overline{C}\overline{B}$$
$$= AB(1+\overline{C}) + \overline{BC}(1+A) = AB + \overline{BC}$$

（4）加项法

应用 $A+A=A$，在逻辑式中添加相同的项，然后合并化简，例如
$$Y = ABC + A\overline{B}C + AB\overline{C}$$
$$= ABC + A\overline{B}C + AB\overline{C} + ABC$$
$$= AB(C+\overline{C}) + AC(B+\overline{B})$$
$$= AB + AC$$

【例 6.2.3】 应用逻辑代数运算法化简逻辑式 $Y = \overline{A}\,\overline{B}\,\overline{C} + \overline{A}B\overline{C} + \overline{A}BC + AB\overline{C}$ 。

解：
$$Y = \overline{A}\,\overline{B}\,\overline{C} + \overline{A}B\overline{C} + \overline{A}BC + AB\overline{C}$$
$$= (\overline{A}\,\overline{B}\,\overline{C} + \overline{A}B\overline{C}) + (\overline{A}B\overline{C} + \overline{A}BC) + (AB\overline{C} + \overline{A}B\overline{C})$$
$$= \overline{A}\,\overline{C} + \overline{A}B + B\overline{C}$$

【例 6.2.4】 化简逻辑式 $Y = AD + A\overline{D} + AB + \overline{A}C + \overline{C}D + A\overline{B}C$ 。

解：
$$Y = AD + A\overline{D} + AB + \overline{A}C + \overline{C}D + A\overline{B}C$$
$$= A(D+\overline{D}) + AB + \overline{A}C + \overline{C}D + A\overline{B}C$$
$$= A + AB + A\overline{B}C + \overline{A}C + \overline{C}D$$
$$= A + \overline{A}C + \overline{C}D \qquad （应用吸收律 A+\overline{A}B = A+B）$$
$$= A + C + \overline{C}D$$
$$= A + C + D$$

代数法化简逻辑函数的优点是简单方便，对函数中的变量个数没有限制，它的缺点是需要熟练地掌握和灵活地运用逻辑代数的基本定律和基本公式，并且需要一定的技巧。需要通过练习积累才能较好地掌握代数化简法。

2. 应用卡诺图化简

将 n 个变量的 2^n 个最小项用 2^n 个小方格表示，这样排列得到的方格图称为 n 变量最小项卡诺图，简称为变量卡诺图。二变量、三变量、四变量的卡诺图如图 6.2.8 所示。在卡诺图的行和列分别标出变量及其状态。变量状态的次序是 00、01、11、10。这样排列是为了使任

意两个相邻最小项之间只有一个变量改变。小方格可以用二进制对应于十进制数编号，如图中的四变量卡诺图，变量的最小项可用 m_0、m_1、m_2、m_3 等来编号。

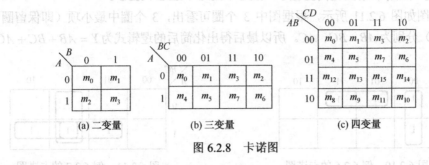

图 6.2.8　卡诺图

应用卡诺图化简逻辑函数的步骤如下。

（1）画出 n 变量卡诺图，然后找出逻辑式中的最小项（或逻辑状态表中取值为 1 的最小项），分别用 1 填入对应的小方框格内。如果逻辑式中的最小项不全，则填 0 或者不填。

（2）将取值为 1 的相邻小方格圈起来，所圈取值为 1 的相邻小方格个数应为 2^n（$n = 0$, 1,2,3,…）。相邻的方格包括最上行与最下行、最左列与最右列同列或同行两端的两个小方格。

（3）圈的个数应最少，圈内的方格应尽可能多，每圈一个新的圈时，必须包含至少一个在已圈过的圈中未出现的最小项，否则重复而得不到最简式。每个取值为 1 的小方格可被圈多次，但不能遗漏。

（4）相邻的项合并，即保留一个圈内最小项的相同变量，而去除相反的量。

（5）将合并的结果相加，即为所求的最简与或式。

【例 6.2.5】　已知函数的真值表如表 6.2.7 所示，试画出 Y 的卡诺图并写出化简后的逻辑函数表达式。

解：将真值表 $Y=1$ 对应的最小项分别在卡诺图中对应的方格中填入 1，其余的方格不填，如图 6.2.9 所示。将取值为 1 的相邻小方格圈起来。由于卡诺图是平面结构，因此在反映逻辑相邻项时，除了几何位置相邻外，还考虑对折原理，即上下左右的最小项都具有相邻关系。因此，本题中只有一个大圈。

$$Y = \overline{ABC} + \overline{AB}\overline{C} + A\overline{B}\overline{C} + A B\overline{C} = \overline{C}$$

表 6.2.7　例 6.2.5 真值表

A	B	C	Y
0	0	0	1
0	0	1	0
0	1	0	1
0	1	1	0
1	0	0	1
1	0	1	0
1	1	0	1
1	1	1	0

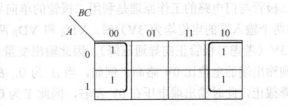

图 6.2.9　例 6.2.5 逻辑函数的卡诺图

【例 6.2.6】　应用卡诺图化简函数 $Y = \overline{A}\,\overline{B}\,\overline{C} + \overline{A}B C + \overline{A}BC + A\overline{B}\,\overline{C}$。

解：卡诺图如图 6.2.10 所示，根据图中两个圈可以得出

$$Y = \overline{B}\,\overline{C} + \overline{A}C$$

【**例 6.2.7**】 应用卡诺图化简函数 $Y = ABC + AB\overline{C} + \overline{A}BC + \overline{A}\,\overline{B}C$。

解：卡诺图如图 6.2.11 所示，根据图中 3 个圈可看出，3 个圈中最小项（即保留圈内最小项的相同变量）分别为 AB、BC、AC。所以最后得出化简后的逻辑式为 $Y = AB + BC + AC$。

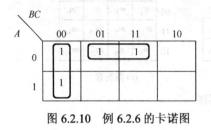
图 6.2.10　例 6.2.6 的卡诺图

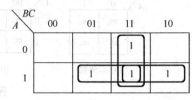
图 6.2.11　例 6.2.7 的卡诺图

6.3　逻辑门电路

6.3.1　分立元件基本逻辑门电路

1．二极管与门电路

图 6.3.1(a)所示为二极管与门电路，它有两个输入端 A 和 B，一个输出端 Y。图 6.3.1(b) 是与门电路的波形图。与门电路的逻辑符号如图 6.2.2 所示。

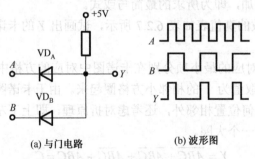
(a) 与门电路　　　　　　　　　(b) 波形图
图 6.3.1　二极管与门电路

二极管与门电路的工作原理是利用二极管的单向导电性，当 A、B 都置为高电平，即为 1（设两个输入端的电位均为 3V）时，VD_A 和 VD_B 两个二极管均导通，输出端 Y 的电位略高于 3V（考虑二极管正向导通压降），因此输出变量 $Y =1$。而输入变量不全为 1 或全为 0 时，则输出端的电位比 0V 略高。例如，当 A 为 0，B 为 1 时，VD_A 优先导通，VD_B 承受反向压降截止，此时输出端电压在 0V 左右，因此 Y 为 0。

只有当输入变量全为 1 时，输出变量 Y 才为 1，符合与门的要求，与门逻辑关系式为 $Y = A \cdot B$，即式（6.2.1）。其逻辑状态表即为与逻辑的状态表，如表 6.2.1 所示。

2．二极管或门电路

图 6.3.2 所示为二极管或门电路，其二极管的接法和与门电路相反。图 6.3.2(b)所示为或门电路的波形图，或门电路的逻辑符号如图 6.2.4 所示。

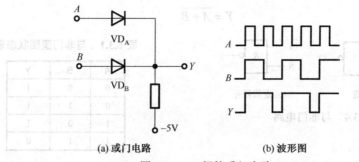

(a) 或门电路　　　　　　　(b) 波形图

图 6.3.2　二极管或门电路

当输入变量只要有一个为 1 时，输出就为 1。例如 A 为 1，B 为 0，则 VD_A 优先导通，VD_B 则承受反向压降截止，输出变量 Y 为 1。只有当输入变量均为 0，两个二极管都截止时，输出才为 0。或逻辑关系为 $Y = A + B$，即式（6.2.2）。其逻辑状态表即为或逻辑的状态表，如表 6.2.2 所示。

3. 晶体管非门电路

图 6.3.3(a) 所示为晶体管非门电路，图 6.3.3(b) 所示为非门电路的波形图。晶体三极管的工作状态与放大电路不同，只有饱和与截止两种状态。当非门电路输入端 A 为 1 时（设其电位为 3V），晶体管饱和，集电极电位在 0 附近，输出端 Y 为 0；当 A 为 0 时，晶体管截止，集电极电位近似等于 V_{CC}，输出端 Y 为 1。

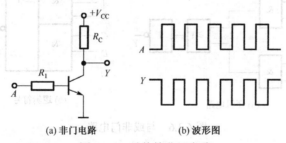

(a) 非门电路　　　　　　(b) 波形图

图 6.3.3　晶体管非门电路

非逻辑关系式为 $Y = \overline{A}$，即式（6.2.3），其逻辑状态表即为非逻辑的状态表，如表 6.2.3 所示，其逻辑符号如图 6.2.6 所示。

6.3.2　基本逻辑门电路的组合

1. 与非门电路

与非门电路的逻辑电路、逻辑符号如图 6.3.4 所示，表 6.3.1 所示为与非门的逻辑状态表。与非门是最常见的门电路，其逻辑功能为：当输入变量全为 1 时，输出为 0；当输入量有一个为 0 时，输出为 1，简称为"全 1 出 0，有 0 出 1"。与非的逻辑关系式为

$$Y = \overline{A \cdot B} \tag{6.3.1}$$

2. 或非门电路

或非门电路的逻辑电路及逻辑符号如图 6.3.5 所示，表 6.3.2 所示为其逻辑状态表。逻辑功能简称为"全 0 出 1，有 1 出 0"。或非门的逻辑关系式为

$$Y = \overline{A + B} \qquad\qquad (6.3.2)$$

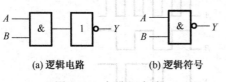

(a) 逻辑电路　　　　　(b) 逻辑符号

图 6.3.4　与非门电路

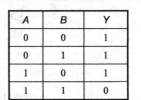

表 6.3.1　与非门逻辑状态表

A	B	Y
0	0	1
0	1	1
1	0	1
1	1	0

(a) 逻辑电路　　　　　(b) 逻辑符号

图 6.3.5　或非门电路

表 6.3.2　或非门逻辑状态表

A	B	Y
0	0	1
0	1	0
1	0	0
1	1	0

3. 与或非门电路

与或非门电路的逻辑电路及逻辑符号如图 6.3.6 所示，其逻辑关系式为

$$Y = \overline{A \cdot B + C \cdot D} \qquad\qquad (6.3.3)$$

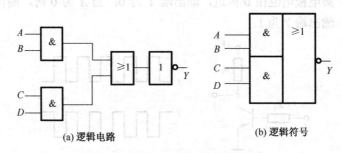

(a) 逻辑电路　　　　　　　　(b) 逻辑符号

图 6.3.6　与或非门电路

【例 6.3.1】　试写出图 6.3.7 所示电路的逻辑式，并根据给定的输入波形画出输出波形 Y。

解：由逻辑图可以写出逻辑关系式

$$Y = \overline{AC + BC}$$

输出信号 Y 的波形如图 6.3.8 所示。

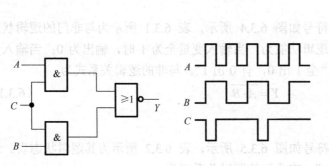

图 6.3.7　例 6.3.1 图

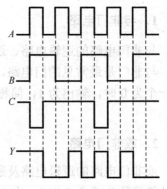

图 6.3.8　例 6.3.1 的题解图

6.3.3　TTL 门电路

TTL 门电路是由三极管构成的集成电路，属于双极型器件，具有工作速度快、稳定性好、负载能力强等优点，但是功耗较大，工艺复杂，不易做成大规模集成电路。这类数字集成门通称为 TTL 集成逻辑门电路。

1．TTL 与非门电路

TTL 与非门电路如图 6.3.9(a)所示，它包括输入级、中间级和输出级 3 部分，图 6.3.9(b)所示为 TTL 与非门电路对应的逻辑符号。

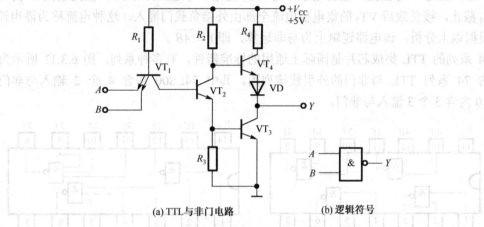

(a) TTL 与非门电路　　　　　　(b) 逻辑符号

图 6.3.9　TTL 与非门电路及逻辑符号

TTL 与非门电路中，A、B 为输入端，Y 为输出端。VT_1 为多发射极晶体管，它有多个发射结（图中只画出两个）和一个集电结，相当于多个二极管与一个二极管"背靠背"连接，其等效电路如图 6.3.10 所示。显然，VT_1 类似于二极管的与门电路。电路采用+5V 电源供电，设输入信号低电平为 0.3V，高电平为 3.6V。下面分析与非门电路的工作原理。

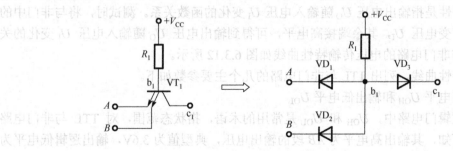

图 6.3.10　输入级的等效电路

（1）至少一个输入端为 0 的情况

当输入端 A 和 B 中至少一个为 0 时，VT_1 相应的发射结因为正偏而导通，基极电位 $V_{B1} = U_{BE1} + 0.3 = 0.7 + 0.3 = 1(V)$，该电位不足以向 VT_2 提供正向基极电流，所以 VT_2 截止，以致 VT_3 也截止。而电源通过 R_2 向 VT_4 提供基极驱动电流，所以 VT_4 和 VD 导通。忽略 VT_4 的基极电流在 R_2 上的压降，则 VT_3 对应的集电极电位为

$$V_Y = 5 - U_{BE4} - U_D = 5 - 0.7 - 0.7 = 3.6(V)$$

因此，输出为 1。

由于 VT_3 截止，接负载后，电流从 V_{CC} 经 R_4 流向每个负载门，这种电流称为拉电流。

（2）输入端全为 1 的情况

当输出端 A、B 全为 1 时，VT_1 的发射结均反偏。电源通过 R_1 和 VT_1 的集电极向 VT_2 提供足够的基极电流，使 VT_2 饱和导通，VT_2 的射极电流在 R_3 上的压降为 VT_3 提供足够的基极电流，使 VT_3 也饱和导通，所以 $V_{B1} = U_{BC1} + U_{BE2} + U_{BE3} = 0.7 + 0.7 + 0.7 = 2.1(V)$，可见，$VT_1$ 的基极电位被钳在 2.1V。而 $V_{C2} = U_{CE2} + U_{BE3} = 0.3 + 0.7 = 1(V)$，该电位不足以使 VT_4 导通，因此 VT_4 截止。输出电压即为 VT_3 的饱和导通压降 0.3V，因此输出 Y 为 0。由于 VT_4 截止，接负载后 VT_3 的集电极电流全部由外接负载门灌入，这种电流称为灌电流。

根据以上分析，该电路逻辑上为与非运算，即 $Y = \overline{AB}$。

74 系列的 TTL 集成芯片是国际上通用的标准器件，有多种系列，图 6.3.11 所示为两种常见的 74 系列 TTL 与非门的外引线排列图。其中 74LS00 内含 4 个 2 输入与非门，而 74LS10 内含 3 个 3 输入与非门。

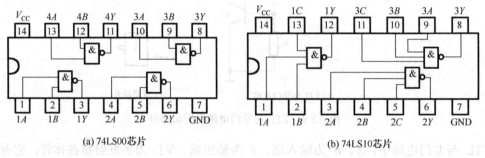

(a) 74LS00芯片　　　　　　　　　　　(b) 74LS10芯片

图 6.3.11　两种常见的 74 系列 TTL 与非门引线排列图

2. 电压传输特性

电压传输特性是指输出电压 U_O 随输入电压 U_I 变化的函数关系。测试时，将与非门中的一个输入端接可变电压 U_I，其余端接高电平，可得到输出电压 U_O 随输入电压 U_I 变化的关系曲线。TTL 与非门电路的电压传输特性曲线如图 6.3.12 所示。

结合传输特性曲线，列出 TTL 与非门电路的几个主要参数如下。

（1）输出高电平 U_{OH} 和输出低电平 U_{OL}

在具体的逻辑门电路中，U_{OH} 和 U_{OL} 是常用的术语，指状态范围，对 TTL 与非门电路而言，由曲线可知，其输出高电平为 AB 段的输出电压，典型值为 3.6V，输出逻辑低电平为 DE 段的输出压降，典型值为 0.3V。

（2）扇出系数 N_O

扇出系数是指一个与非门能带同类门的最大数目，表示与非门的带负载能力，一般 TTL 与非门的扇出系数为 8。

（3）平均传输延迟时间 t_{pd}

实际电路中，在门电路输入端加上一个脉冲电压，其输出电压将在时间上产生一定的延迟，如图 6.3.13 所示。从输入脉冲上升沿的 50% 处到输出脉冲下降沿的 50% 处的时间称为

上升延迟时间 t_{pd1}；从输入脉冲下降沿的 50%处到输出脉冲上升沿的 50%处的时间称为下降延迟时间 t_{pd2}。平均传输延迟时间为

$$t_{pd} = \frac{t_{pd1} + t_{pd2}}{2} \quad (6.3.4)$$

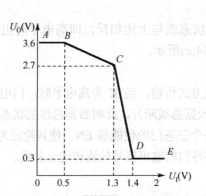

图 6.3.12 TTL 与非门的电压传输特性曲线

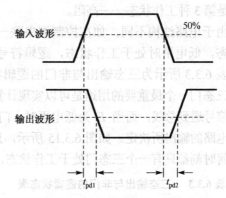

图 6.3.13 TTL 门电路传输延迟波形图

（4）输入高电平电流 I_{IH} 和输入低电平电流 I_{IL}

当与非门电路某一输入端为高电平，其余端为低电平时，流入该输入端的电流称为高电平电流 I_{IH}；当某一输入端接低电平，其余端接高电平时，从该输入端流出的电流称为输入低电平电流 I_{IL}。

3. 三态输出与非门电路

三态输出与非门电路和与非门的区别在于，它的输出端除了出现高电平和低电平外，还可以出现第 3 种状态——高阻状态，即输出与外电路脱离电接触。三态输出门是计算机内部总线结构中广泛应用的一种逻辑门。图 6.3.14 所示为 TTL 三态与非门的电路与逻辑符号。

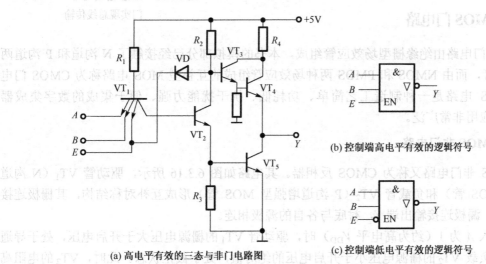

(a) 高电平有效的三态与非门电路图

(b) 控制端高电平有效的逻辑符号

(c) 控制端低电平有效的逻辑符号

图 6.3.14 TTL 三态与非门的电路和逻辑符号

由图 6.3.14 可见，A、B 为输入端，E 是使能端（也称控制端），Y 为输出端。当 $E=1$

时，二极管截止，此时输出状态将完全取决于数据输入端 A、B 的状态，电路输出与输入的逻辑关系与一般与非门相同，这种状态称为三态与非门电路的工作状态。

当 $E=0$ 时，VT_1 的基极电位约为 1V，VT_2 和 VT_5 截止，同时由于 VD 导通，VT_2 的集电极电位钳在 1V 左右，VT_3、VT_4 截止。门的输出端 Y 出现开路，既不是低电平，又不是高电平，这就是第 3 种工作状态——高阻。

由于电路结构不同，如在控制端串联一个非门，状态就与上述相反，即高电平时出现高阻状态，低电平时处于工作状态，逻辑符号如图 6.3.14(c)所示。

表 6.3.3 所示为三态输出与非门的逻辑状态表。

三态门一个最重要的用途是可以实现计算机中总线方式传输，当 E 为高电平时，门电路的输出信号送到总线，而当 E 为低电平时，门的输出与数据总线断开，此时数据总线的状态由其他门电路的输出所决定。如图 6.3.15 所示，只要控制各个三态门的使能端 EN，使其轮流为 1，则任何时刻都只有一个三态门处于工作状态，因此可将各门的输出信号轮流传送至总线。

表 6.3.3　三态输出与非门的逻辑状态表

控制端 E	输入端		输出端 Y
	A	B	
1	0	0	1
	0	1	1
	1	0	1
	1	1	0
0	×	×	高阻

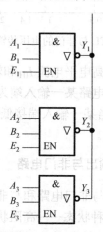

图 6.3.15　三态输出与非门实现总线传输

6.3.4　CMOS 门电路

MOS 门电路由绝缘栅型场效应管组成，本书的模拟部分已经接触了 N 沟道和 P 沟道两种 MOS 管，而由 NMOS 和 PMOS 两种场效应管组成的互补型 MOS 电路称为 CMOS 门电路。CMOS 电路是一种制造工艺简单、功耗低、抗干扰能力强、便于集成的数字集成器件，目前应用非常广泛。

1. CMOS 非门电路

CMOS 非门电路又称为 CMOS 反相器。其电路如图 6.3.16 所示，驱动管 VT_1（N 沟道增强型 MOS 管）和负载管 VT_2（P 沟道增强型 MOS 管）形成互补对称结构，其栅极连接输入端 A，漏极连接输出端 Y，衬底与各自的源极相连。

当输入 A 为 1（约为高电平 V_{DD}）时，驱动管 VT_1 的栅源电压大于开启电压，处于导通状态；而负载 VT_2 的栅源电压小于开启电压的绝对值，处于截止状态。此时，VT_2 的电阻高于 VT_1 的电阻，电源电压主要降在 VT_2 上，故输出 Y 为 0。

当输入 A 为 0（约为 0V）时，VT_1 截止，而 VT_2 导通，此时，电源电压主要降在 VT_1 上，因此输出 Y 为 1（约为 V_{DD}）。

其逻辑关系式为 $Y = \overline{A}$

2. CMOS 与非门电路

两输入的 CMOS 与非电路如图 6.3.17 所示，驱动管 VT_1 和 VT_2 是 NMOS 管，在结构上串联。负载管 VT_3 和 VT_4 采用并联的 PMOS 管。负载管整体与驱动管串联。VT_1 和 VT_3 的栅极相连形成输入端 A，VT_2 和 VT_4 的栅极相连形成输入端 B。

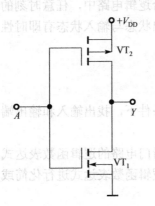

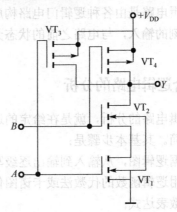

图 6.3.16　CMOS 非门电路　　　　　　　图 6.3.17　CMOS 与非门电路

当输入端 A、B 同时为高电平时，驱动管 VT_1 和 VT_2 导通，负载管 VT_3 和 VT_4 截止。此时，电源电压主要降落在负载管上，输出低电平。

当输入端 A、B 至少有一个为低电平时，串联的驱动管截止，相应的负载管处于导通状态，此时，电源电压主要降落在串联的驱动管上，输出高电平。该电路实现了与非的逻辑功能，其逻辑关系为 $Y = \overline{A \cdot B}$。

3. CMOS 或非门电路

两输入的 CMOS 或非门电路如图 6.3.18 所示，驱动管 VT_1 和 VT_2 采用互相并联的 N 沟道增强型 MOS 管，负载管 VT_3 和 VT_4 采用互相串联的 P 沟道 MOS 管。

分析可知，当输入端 A、B 中只要有一个高电平时，输出端为低电平。只有当输入端全为低电平时，输出端才为高电平，实现了或非逻辑 $Y = \overline{A + B}$。

值得注意的是，与非门电路输入端越多，串联的驱动管也越多，导通时的总电阻越大，输出低电平的数值将会提高，所以与非门电路的输入端不能太多。而或非门的驱动管是并联的，没有这个问题，因此，CMOS 电路中，或非门用得比较多。

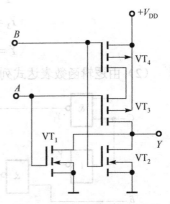

图 6.3.18　CMOS 或非门电路

对于 TTL 电路，当输入端开路时，该输入相当于逻辑高电平，即 TTL 与门和与非门的空余输入端可以接电源正极、可以与其他输入端并联或悬空；而 TTL 或门和或非门的多余输入端必须接地或接低电平。CMOS 门电路的多余输入端则不能悬空，否则将引入干扰而无法工作。

CMOS 电路具有功耗低、抗干扰能力强、电源电压适用范围宽和扇出能力强等优点；TTL 电路具有延迟时间短、工作频率高、带负载能力强等特点。选用时应该根据实际的电路需要进行选择。

6.4　组合逻辑电路

组合逻辑电路是由各种逻辑门电路构成的，在组合逻辑电路中，任意时刻的输出仅仅取决于当前时刻的输入，与电路之前的状态无关，即输出状态与输入状态有即时性，电路不具备记忆功能。

6.4.1　组合逻辑电路的分析

组合逻辑电路的分析，就是在给定的逻辑电路的条件下，找出输入和输出端的逻辑函数表达式并化简。其基本步骤是：

（1）根据逻辑图，从输入到输出逐级写出各个逻辑门电路的逻辑函数表达式；

（2）利用逻辑函数的代数法或卡诺图化简法，对逻辑函数表达式进行化简或变换，得到最简逻辑函数表达式；

（3）根据化简后的表达式列出逻辑真值表；

（4）由真值表总结概括电路的逻辑功能。

【例 6.4.1】 分析图 6.4.1 所示电路的逻辑功能。

解：（1）由逻辑图写出逻辑函数表达式，并化简。

从每个门电路的输入端到输出端，依次写出各个逻辑门电路的逻辑函数表达式，最后写出输出与各输入之间的逻辑函数表达式。即

$$Y_1 = \overline{AC}$$
$$Y_2 = \overline{C}$$
$$Y_3 = \overline{BY_2} = \overline{B\overline{C}}$$
$$Y = \overline{Y_1 Y_3} = \overline{\overline{AC} \cdot \overline{B\overline{C}}} = \overline{\overline{AC}} + \overline{\overline{B\overline{C}}} = AC + B\overline{C}$$

（2）由逻辑函数表达式列出真值表，如表 6.4.1 所示。

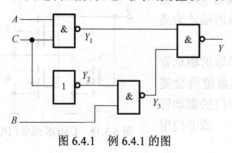

图 6.4.1　例 6.4.1 的图

表 6.4.1　例 6.4.1 的真值表

A	B	C	Y
0	0	0	0
0	0	1	0
0	1	0	1
0	1	1	0
1	0	0	0
1	0	1	1
1	1	0	1
1	1	1	1

（3）根据真值表分析电路逻辑功能。

从真值表可见，当 $C=1$ 时，$Y=A$；当 $C=0$ 时，$Y=B$。该电路的功能是通过控制端 C 的不同状态来选择输入信号，即具有数据选择功能。

【**例 6.4.2**】 组合逻辑电路如图 6.4.2 所示，试分析其逻辑功能。

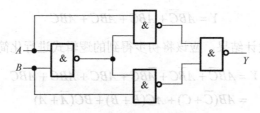

图 6.4.2　例 6.4.2 的图

解：（1）由逻辑图写出逻辑函数表达式，并化简。

$$Y = \overline{\overline{A \cdot \overline{AB}} \cdot \overline{B \cdot \overline{AB}}} = \overline{A \cdot \overline{AB}} + \overline{B \cdot \overline{AB}}$$
$$= A \cdot \overline{AB} + B \cdot \overline{AB}$$
$$= A(\overline{A} + \overline{B}) + B(\overline{A} + \overline{B})$$
$$= A\overline{A} + A\overline{B} + B\overline{A} + B\overline{B} = A\overline{B} + B\overline{A}$$

（2）由逻辑函数表达式列出真值表，如表 6.4.2 所示。

（3）根据真值表分析电路逻辑功能。

由表 6.4.2 可见，当输入端 A、B 输入值不同时，输出为 1，否则为 0。因此该电路实现了异或逻辑功能，这种电路称为异或门电路。逻辑式为

$$Y = A\overline{B} + B\overline{A} = A \oplus B \qquad\qquad (6.4.1)$$

其对应的逻辑符号如图 6.4.3 所示。

表 6.4.2　例 6.4.2 的逻辑真值表

A	B	Y
0	0	0
0	1	1
1	0	1
1	1	0

图 6.4.3　异或门的逻辑符号

6.4.2　组合逻辑电路的设计

组合逻辑的设计是分析的逆过程，根据给定的逻辑功能要求，设计出实现这些功能的最佳电路。其基本步骤是：

（1）根据设计的逻辑功能要求列出真值表；

（2）通过真值表写出逻辑函数表达式，并化简和变换；

（3）根据化简后的逻辑函数表达式，选择合适的器件类型，并画出逻辑电路图。

【**例 6.4.3**】 设计一个三人表决的逻辑电路。每人有一电键，如果赞成就按电键，表示 1；如果不赞成，不按键，表示 0。表决结果用指示灯表示，如果多数赞成，则指示灯亮，$Y=1$；反之则不亮，$Y=0$。

解：（1）分析设计要求，列出真值表，如表 6.4.3 所示。

表 6.4.3　例 6.4.3 的真值表

A	B	C	Y
0	0	0	0
0	0	1	0
0	1	0	0
0	1	1	1
1	0	0	0
1	0	1	1
1	1	0	1
1	1	1	1

（2）由 6.2.3 节介绍的方法，根据真值表写出相应的逻辑式。

$$Y = AB\overline{C} + A\overline{B}C + \overline{A}BC + ABC$$

为了获得最简单的设计结果，应该将初步得到的逻辑式进行化简，可得

$$Y = AB\overline{C} + A\overline{B}C + \overline{A}BC + ABC + ABC + ABC$$
$$= AB(\overline{C} + C) + AC(\overline{B} + B) + BC(\overline{A} + A)$$
$$= AB + AC + BC$$

（3）画出逻辑电路图。

可通过上述的逻辑式，用与门和或门实现题设的逻辑关系，如图 6.4.4(a)所示。但是在集成电路中，与非门是基本的器件，也可以使用与非门来实现题设的逻辑关系，如图 6.4.4(b)所示，对应的逻辑式通过两次求反并用反演律将逻辑式变换为与非式

$$Y = AB + BC + CA = \overline{\overline{AB + BC + CA}} = \overline{\overline{AB} \cdot \overline{BC} \cdot \overline{AC}}$$

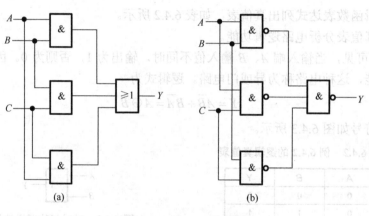

图 6.4.4　例 6.4.3 的解图

【例 6.4.4】　工厂里，有 3 条流水线工作，大车间有两条流水线，小车间有一条流水线。如果一条流水线工作，则只需要小车间供电；如果两条流水线工作，则只需大车间供电；如果 3 条流水线同时开工，则需要两个车间同时供电。试画出控制两个车间供电的逻辑图。

解：（1）分析设计要求，列出真值表。

A、B、C 分别代表 3 条流水线的工作状态，开工为 1，不开工为 0；Y 和 G 分别表示大车间和小车间的供电与否，供电为 1，不供电为 0。列出其真值表，如表 6.4.4 所示。

（2）根据真值表写出相应的逻辑表达式并化简

$$Y = \overline{A}BC + A\overline{B}C + AB\overline{C} + ABC = AB + BC + CA$$
$$G = \overline{A}B\overline{C} + \overline{A}\overline{B}C + A\overline{B}\,\overline{C} + ABC = \overline{A}(B \oplus C) + A(\overline{B \oplus C})$$
$$= A \oplus B \oplus C$$

（3）根据化简后的逻辑式画出逻辑图，如图 6.4.5 所示。

该例题也可以用与非门来实现，请读者自行设计。

表 6.4.4 例 6.4.4 的真值表

A	B	C	Y	G
0	0	0	0	0
0	0	1	0	1
0	1	0	0	1
0	1	1	1	0
1	0	0	0	1
1	0	1	1	0
1	1	0	1	0
1	1	1	1	1

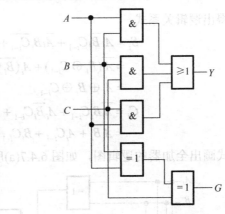

图 6.4.5 例 6.4.4 的解图

6.4.3 加法器

加法器是数字系统中最基本的单元，其中二进制加法是其基本部件之一。可以用逻辑电路来表示二进制运算。本节将介绍半加器和全加器这两种逻辑电路。

1. 半加器

半加器即指不考虑低位的进位，仅考虑本位的两个二进制数相加，称为半加。

设两个一位二进制数 A、B 相加，S 表示两个数的半加和，C 为进位。由二进制数加法运算法则，列出半加器的真值表如表 6.4.5 所示。

表 6.4.5 半加器的真值表

A	B	S	C
0	0	0	0
0	1	1	0
1	0	1	0
1	1	0	1

根据表可写出逻辑表达式，即

$$S = \overline{A}B + A\overline{B} = A \oplus B \tag{6.4.2}$$

$$C = AB \tag{6.4.3}$$

由表达式可见，半加器可以用一个异或门和一个与门实现，半加器的逻辑电路及其逻辑符号如图 6.4.6 所示。

2. 全加器

除了最低位外，其他位不仅要考虑本位加数 A_i 和 B_i，还需要考虑来自低位的进位 C_{i-1}，将这 3 个数相加，得出本位和数 S_i 和进位数 C_i，这种运算就是全加。表 6.4.6 给出了全加器的真值表。

表 6.4.6 全加器真值表

A_i	B_i	C_{i-1}	S_i	C_i
0	0	0	0	0
0	0	1	1	0
0	1	0	1	0
0	1	1	0	1
1	0	0	1	0
1	0	1	0	1
1	1	0	0	1
1	1	1	1	1

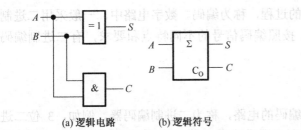

(a) 逻辑电路 (b) 逻辑符号

图 6.4.6 半加器的逻辑电路和逻辑符号

由表可得出逻辑关系式

$$S_i = \overline{A_i}\,\overline{B_i}C_{i-1} + \overline{A_i}B_i\overline{C_{i-1}} + A_i\overline{B_i}\,\overline{C_{i-1}} + A_iB_iC_{i-1}$$

$$= \overline{A_i}(B_i \oplus C_{i-1}) + A_i(\overline{B_i \oplus C_{i-1}})$$

$$= A_i \oplus B_i \oplus C_{i-1} \tag{6.4.4}$$

$$C_i = \overline{A_i}B_iC_{i-1} + A_i\overline{B_i}C_{i-1} + A_iB_i\overline{C_{i-1}} + A_iB_iC_{i-1}$$

$$= A_iB_i + A_iC_{i-1} + B_iC_{i-1} \tag{6.4.5}$$

根据上式画出全加器的逻辑图，如图 6.4.7(a)所示，其逻辑符号如图 6.4.7(b)所示。

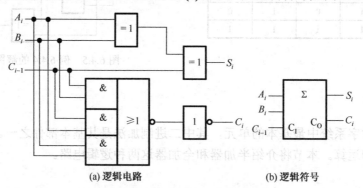

(a) 逻辑电路　　　　　　　(b) 逻辑符号

图 6.4.7　全加器逻辑图及其逻辑符号

【例 6.4.5】 用 4 个 1 位全加器组成一个逻辑电路，以实现两个 4 位二进制数 1100 和 1011 的加法运算。

解： 实现两个数的加法运算，即 $1100 + 1011 = 10111$。

从上面的加法可见，从最低位开始相加，把进位输出给高位全加器，这样逐级传递求和，这种结构称为串行进位加法器，设计的逻辑电路如图 6.4.8 所示。

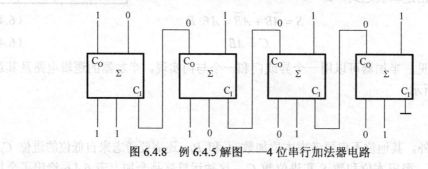

图 6.4.8　例 6.4.5 解图——4 位串行加法器电路

6.4.4　编码器

用文字、符号来表示某一对象或信号的过程，称为编码。数字电路中，一般采用二进制编码。实现编码功能的电路即为编码器。按照编码信号的不同特点和要求，有二进制编码器、二-十进制编码器、优先编码器等。

1．二进制编码器

用 n 位二进制代码对 2^n 个信号进行编码的电路，称为二进制编码器。例如，3 位二进制代码可以对 8 个信号进行编码，这种编码器通常称为 8 线-3 线编码器，也称为 3 位二进制编码器。这种编码器有一个特点，即任何时刻只允许输入一个有效的信号，不能同时出现两个或两个以上的有效信号。例如，当 $I_2=1$ 时，其他输入信号须为 0，输出即为 010。

设编码对象为 N，二进制代码为 n 位，则二进制编码应满足 $N \leqslant 2^n$。

现以 8 线-3 线编码器为例，分析编码器的工作原理。

（1）确定二进制代码的位数。$N=8$，取 $n=3$。

（2）列编码表。因为输入变量互相排斥，可以直接列出编码表。表 6.4.7 所示为 3 位二进制编码器的逻辑状态。其中输入为 $I_0 \sim I_7$ 这 8 个信号，输出是 Y_2、Y_1 和 Y_0。

（3）由编码表写出逻辑式，并根据要求进行变换。由表 6.4.7 得

$$Y_2 = I_4 + I_5 + I_6 + I_7 = \overline{\overline{I_4} \cdot \overline{I_5} \cdot \overline{I_6} \cdot \overline{I_7}} \tag{6.4.6}$$

$$Y_1 = I_2 + I_3 + I_6 + I_7 = \overline{\overline{I_2} \cdot \overline{I_3} \cdot \overline{I_6} \cdot \overline{I_7}} \tag{6.4.7}$$

$$Y_0 = I_1 + I_3 + I_5 + I_7 = \overline{\overline{I_1} \cdot \overline{I_3} \cdot \overline{I_5} \cdot \overline{I_7}} \tag{6.4.8}$$

（4）根据逻辑式，画出编码器的逻辑图。可用非门和与非门画出逻辑图，如图 6.4.9 所示。由于输入 I_0 对应的输出 Y_2、Y_1 和 Y_0 均为 0，Y_2、Y_1 和 Y_0 的逻辑等式中都没有出现 I_0，图中也未出现 I_0。

表 6.4.7　3 位二进制编码器的编码表

输入	输出		
	Y_2	Y_1	Y_0
I_0	0	0	0
I_1	0	0	1
I_2	0	1	0
I_3	0	1	1
I_4	1	0	0
I_5	1	0	1
I_6	1	1	0
I_7	1	1	1

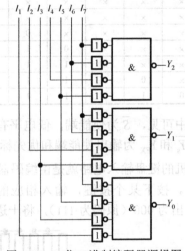

图 6.4.9　3 位二进制编码器逻辑图

2．二-十进制编码器

二-十进制的编码器是将十进制 0～9 这 10 个数码编成二进制代码的电路。输入的是 0～9 这 10 个数码，输出的是对应的 4 位二进制代码（$2^4=16>10$），简称 BCD 码。4 位二进制代码共有 16 种状态，其中任意 10 种均可表示 0～9 这 10 个数码，最常用的编码方式为 8421，其编码表如表 6.1.2 所示。

3．优先编码器

上述的编码器只能输入一个信号，而实际上常常有多个输入端同时输入信号的情况，比如计算机的键盘编码电路。这种情况要采用优先编码器。优先编码器允许多个输入信号同时有效，但是只按其中优先级别最高的有效输入信号编码，对级别较低的输入信号不予理睬。常用的优先编码器的芯片有 74LS147（10 线-4 线）、74LS148（8 线-3 线）。图 6.4.10 所示为 74LS148 的实物图，其引脚图如图 6.4.11 所示，真值表如表 6.4.8 所示。

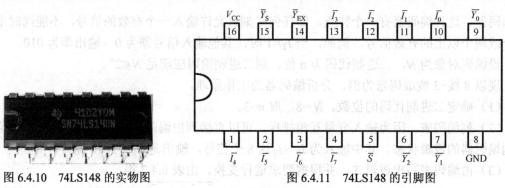

图 6.4.10　74LS148 的实物图　　　　　　　图 6.4.11　74LS148 的引脚图

表 6.4.8　8 线-3 线优先编码器的真值表

输　入									输　出				
$\overline{S}$	$\overline{I_0}$	$\overline{I_1}$	$\overline{I_2}$	$\overline{I_3}$	$\overline{I_4}$	$\overline{I_5}$	$\overline{I_6}$	$\overline{I_7}$	$\overline{Y_2}$	$\overline{Y_1}$	$\overline{Y_0}$	$\overline{Y_S}$	$\overline{Y_{EX}}$
1	×	×	×	×	×	×	×	×	1	1	1	1	1
0	1	1	1	1	1	1	1	1	1	1	1	0	1
0	×	×	×	×	×	×	×	0	0	0	0	1	0
0	×	×	×	×	×	×	0	1	0	0	1	1	0
0	×	×	×	×	×	0	1	1	0	1	0	1	0
0	×	×	×	×	0	1	1	1	0	1	1	1	0
0	×	×	×	0	1	1	1	1	1	0	0	1	0
0	×	×	0	1	1	1	1	1	1	0	1	1	0
0	×	0	1	1	1	1	1	1	1	1	0	1	0
0	0	1	1	1	1	1	1	1	1	1	1	1	0

　　从表中可见，$\overline{S}$ 为使能端，低电平有效，即 $\overline{S}=0$ 时，电路可以编码；$\overline{S}=1$ 时，电路禁止编码。$\overline{Y_s}$ 和 $\overline{Y_{EX}}$ 为输出使能端和优先标志输出端，主要用于级联和扩展。

　　计算机的键盘输入电路就是由编码器组成的，图 6.4.12 所示为 10 个按键的计算机键盘编码电路。按下某个按键，输入相应的一个十进制数码。例如，按下 S7，输入 7，即 $\overline{I_7}=0$，输出为 000（原码为 111），将十进制数编码成二进制代码。

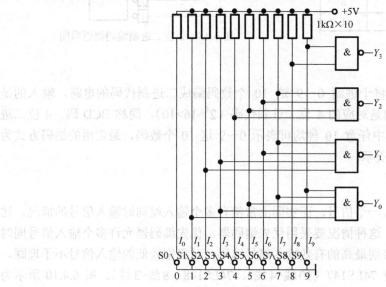

图 6.4.12　计算机键盘编码电路

6.4.5 译码器

1. 二进制译码器

译码和编码的过程相反，是将二进制代码（输入）按其编码时的原意译成对应的信号或十进制数码（输出）。二进制的译码器有 n 个输入端，2^n 个输出端，常见的译码器有 2 线-4 线译码器、3 线-8 线译码器和 4 线-16 线译码器。

以 3 线-8 线译码器为例，要把输入的一组 3 位二进制代码译成对应的 8 个输出信号，最常用的译码器为 74LS138，其功能表如表 6.4.9 所示。它有一个使能端和两个控制端，S_1 高电平有效，为 1 时，译码；为 0 时，禁止译码，输出全为 1。$\overline{S_2}$ 和 $\overline{S_3}$ 低电平有效，均为 0 时，可以译码，否则，禁止译码，输出全为 1。

表 6.4.9 74LS138 型 3 位二进制译码器的功能表

使 能	控	制	输		入				输		出		
S_1	$\overline{S_2}$	$\overline{S_3}$	A	B	C	$\overline{Y_0}$	$\overline{Y_1}$	$\overline{Y_2}$	$\overline{Y_3}$	$\overline{Y_4}$	$\overline{Y_5}$	$\overline{Y_6}$	$\overline{Y_7}$
0	×	×	×	×	×	1	1	1	1	1	1	1	1
×	1	×	×	×	×	1	1	1	1	1	1	1	1
×	×	1	×	×	×	1	1	1	1	1	1	1	1
1	0	0	0	0	0	0	1	1	1	1	1	1	1
1	0	0	0	0	1	1	0	1	1	1	1	1	1
1	0	0	0	1	0	1	1	0	1	1	1	1	1
1	0	0	0	1	1	1	1	1	0	1	1	1	1
1	0	0	1	0	0	1	1	1	1	0	1	1	1
1	0	0	1	0	1	1	1	1	1	1	0	1	1
1	0	0	1	1	0	1	1	1	1	1	1	0	1
1	0	0	1	1	1	1	1	1	1	1	1	1	0

由逻辑表写出逻辑函数如下：

$$\overline{Y_0} = \overline{\overline{A}\,\overline{B}\,\overline{C}} \quad \overline{Y_1} = \overline{\overline{A}\,\overline{B}\,C} \quad \overline{Y_2} = \overline{\overline{A}B\overline{C}} \quad \overline{Y_3} = \overline{\overline{A}BC}$$

$$\overline{Y_4} = \overline{A\overline{B}\,\overline{C}} \quad \overline{Y_5} = \overline{A\overline{B}C} \quad \overline{Y_6} = \overline{AB\overline{C}} \quad \overline{Y_7} = \overline{ABC}$$

可见，当使能端有效时，每个输出函数等于输入变量最小项的非。

【例 6.4.6】 用 3 线-8 线译码器 74LS138 实现逻辑式 $Y = AB + \overline{BC} + AC$。

解： 将函数用最小项表示

$$Y = AB + \overline{BC} + AC$$

$$= ABC + AB\overline{C} + \overline{BC}A + \overline{BC}\,\overline{A} + AC\overline{B}$$

把输入变量 A、B、C 分别接到译码器的输入端，函数 Y 表示为

$$Y = Y_7 + Y_6 + Y_4 + Y_0 + Y_5 = \overline{\overline{Y_7} \cdot \overline{Y_6} \cdot \overline{Y_4} \cdot \overline{Y_0} \cdot \overline{Y_5}}$$

其逻辑图如图 6.4.13 所示。

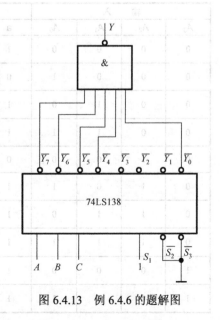

图 6.4.13 例 6.4.6 的题解图

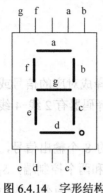

图 6.4.14　字形结构

2. 显示译码器

显示译码器是用来驱动显示器件，以显示数字或字符的部件。显示译码器随显示器件的类型而异。常用的发光二极管数码管、液晶数码管、荧光数码管等是由 7 或 8 个字段构成字形，因而与之相配的有BCD 七段或八段显示译码器。现以驱动 LED 数码管的 BCD 七段译码器为例，简介显示译码原理。

发光二极管 LED 是半导体数码管的基本单元，它将十进制数分成7 个字段，每段为一个发光二极管，其字形结构如图 6.4.14 所示。选择不同的字段发光，可显示出不同的字形。例如，a、b、c 这 3 段亮时，显示 7。

半导体数码管中的 7 个发光二极管有共阴极和共阳极两种接法，如图 6.4.15 所示。共阴极要接高电平时发光，共阳极要接低电平时发光。

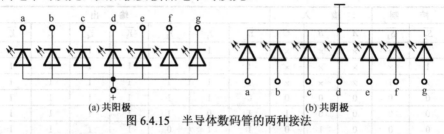

(a) 共阳极　　　　　　　　　　　　　　(b) 共阴极
图 6.4.15　半导体数码管的两种接法

BCD 七段译码器的输入是一位 BCD 码，输出是数码管各段的驱动信号，也称 4 线-7 线译码器。如用其驱动共阴极数码管，则输出 1，相应的显示段发光。其功能表如表 6.4.10 所示。从表中可看出，当输入 8421 码 0101 时，即显示 5，要求点亮 a、f、g、c、d 并同时熄灭 b、e，所以译码器的输出为 1011011。

表 6.4.10　BCD 七段译码器功能表

输　入				输　出							字　形
A_3	A_2	A_1	A_0	a	b	c	d	e	f	g	
0	0	0	0	1	1	1	1	1	1	0	
0	0	0	1	0	1	1	0	0	0	0	
0	0	1	0	1	1	0	1	1	0	1	
0	0	1	1	1	1	1	1	0	0	1	
0	1	0	0	0	1	1	0	0	1	1	
0	1	0	1	1	0	1	1	0	1	1	
0	1	1	0	1	0	1	1	1	1	1	
0	1	1	1	1	1	1	0	0	0	0	
1	0	0	0	1	1	1	1	1	1	1	
1	0	0	1	1	1	1	1	0	1	1	

习　题　6

6.1　将十进制 64 转换成 BCD8421 码。

6.2　求二进制数 11001.11 对应的 BCD8421 码。

6.3　将下列八进制数转换为十进制数、二进制数和十六进制数。（1）$(14)_8$；（2）$(124)_8$；（3）$(42.7)_8$。

6.4　用逻辑代数定理化简下列各式。

（1）$Y = AB(BC + A)$；

（2）$Y = \overline{A}B + A\overline{B} + \overline{A}\,\overline{B} + AB$；

（3）$Y = (A + \overline{B})(B + \overline{C}) + AB\overline{C}$；

（4）$Y = ABC + AC\overline{D} + A\overline{C} + CD$；

（5）$Y = A + B + \overline{C}(A + \overline{B} + C)(A + B + C)$。

6.5　写出逻辑表达式 $Y = \overline{\overline{A}BCD + AB\overline{C} + C\overline{D}}$ 的真值表。

6.6　用逻辑代数运算法则推证下列关系式成立。

（1）$A(\overline{A} + B) + B(B + C) = B$；

（2）$(A + B)(\overline{A} + B) + (C + \overline{D})(C + D) = B + C$；

（3）$\overline{A} + B = \overline{A}B + \overline{A}C + BD$；

（4）$(A + B)(B + D)(A + C)(C + D) = AD + BC$。

6.7　应用卡诺图化简下列各式。

（1）$Y = \overline{A}\,\overline{B}C + \overline{A}B\overline{C} + A\overline{B}C + AB\overline{C}$；

（2）$Y = A\overline{B} + B\overline{C} + \overline{A}C + \overline{A}B + \overline{B}C + A\overline{C}$；

（3）$Y = \overline{A}\,\overline{B}\,\overline{C} + \overline{A}BC + AB\overline{C} + ABC$。

6.8　根据表 6.1 所示的真值表写出函数的逻辑表达式。

6.9　用代数法化简逻辑函数 $Y = \overline{A}B + AC + B\overline{C} + A \oplus B$，写出其最简与或表达式。

6.10　写出当 $Y = A\overline{B} + AC = 1$ 时，满足等式的 A、B、C 的取值组合。

6.11　TTL 三态门电路如图 6.1(a)所示，在图 6.1(b)所示的输入波形下，画出输出端 Y 的波形图。

表 6.1　习题 6.8 的真值表

A	B	C	D	Y
0	0	0	0	0
0	0	0	1	0
0	0	1	0	1
0	0	1	1	1
0	1	0	0	0
0	1	0	1	0
0	1	1	0	1
0	1	1	1	1
1	0	0	0	0
1	0	0	1	1
1	0	1	0	1
1	0	1	1	1
1	1	0	0	0
1	1	0	1	0
1	1	1	0	1
1	1	1	1	1

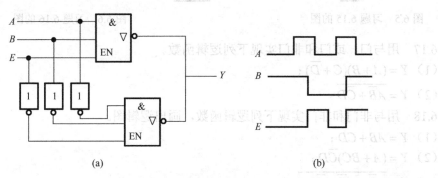

(a)　　　　　　　　　　　　　　(b)

图 6.1　习题 6.10 的图

6.12　写出图 6.2 所示逻辑电路输出的逻辑表达式，并列出真值表。

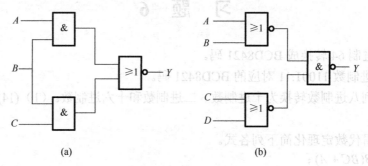

图 6.2　习题 6.12 的图

6.13　写出图 6.3 所示逻辑图的逻辑函数式。

6.14　已知异或门两输入 A、B 的波形如图 6.4 所示，请画出输出端 Y 的波形，并列出状态表及异或门的逻辑式，画出逻辑符号。

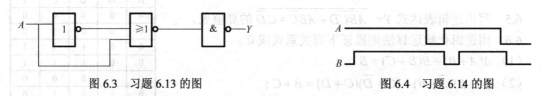

图 6.3　习题 6.13 的图　　　　　　　　　　图 6.4　习题 6.14 的图

6.15　分析图 6.5 所示的电路，列出其逻辑表达式，并列出逻辑状态表，分析其逻辑功能。

6.16　已知逻辑图和输入 A、B、C 的波形如图 6.6 所示，请画出输出 Y 的波形。

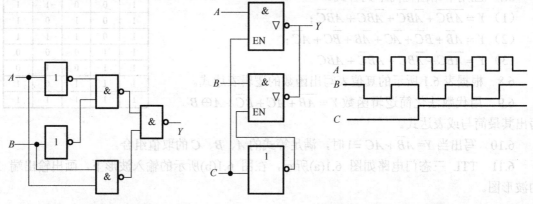

图 6.5　习题 6.15 的图　　　　　　　　　　图 6.6　习题 6.16 的图

6.17　用与门、或门和非门实现下列逻辑函数。

（1）$Y = (A + B)(C + \overline{D})$；

（2）$Y = \overline{A}\,\overline{B} + \overline{C}\,\overline{D}$。

6.18　用与非门和非门实现下列逻辑函数，画出逻辑图。

（1）$Y = AB + CD$；

（2）$Y = (A + BC)\overline{C}D$；

（3）$Y = \overline{\overline{A}\,\overline{B} + A\overline{C} + \overline{A}BC}$。

6.19　工厂有两个温度计，当任何一个温度计超过 50℃时，报警的蜂鸣器响，请分析该电路用什么逻辑门实现，并画出逻辑电路图。

6.20　图 6.7 所示为一个密码控制电路，输对密码，开锁信号为 1，开锁；密码输错，则报警信号为 1，接通警铃。试分析密码 ABCD 为多少。

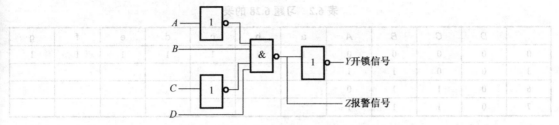

图 6.7　习题 6.20 的图

6.21　设计一个电灯控制电路，用走廊两头的开关 S_1 和 S_2 来控制电灯 Y，要求当 S_1 和 S_2 有一个开关合上时，电灯 Y 亮；当 S_1 和 S_2 都合上或 S_1 和 S_2 都断开时，电灯 Y 不亮。用 1 表示开关合上和电灯亮，用 0 表示开关断开和电灯不亮，用与非门实现电路。

6.22　已知某组合电路的输入 A、B、C 和输出 Y 的波形如图 6.8 所示，试写出 Y 的表达式。

6.23　设计一个组合逻辑电路，其中输入 A、B、C 和输出 Y 的波形如图 6.9 所示。

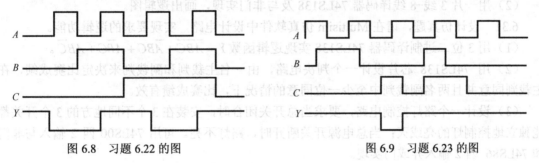

图 6.8　习题 6.22 的图　　　　　　　　　　　　图 6.9　习题 6.23 的图

6.24　由 3 线-8 线译码器 74LS138 和与非门组成的电路如图 6.10 所示，试写出其逻辑表达式并化简。

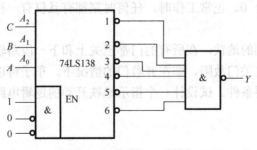

图 6.10　习题 6.24 的图

6.25　设计一个4 线-2 线二进制编码器，输入信号为 I_3、I_2、I_1、I_0，低电平有效，输出的二进制代码用 Y_1 和 Y_0 表示。

6.26　设 A、B、C、D 是 4 位 8421 码，此码表示的数字为 Y，当 4<Y<8 时，则输出为 1，否则输出为 0，试画出对应的逻辑图。

6.27　设计一个工厂车间的自动报警器，生产线在工作的情况下，当车间的温度过高或者湿度过高时，则发出报警信号，请用与非门实现逻辑电路。

6.28　已知 8421BCD 可用七段译码器驱动 LED 管，显示十进制数字。请将表 6.2 填写完整。

表 6.2　习题 6.28 的表

	D	C	B	A	a	b	c	d	e	f	g
0	0	0	0	0	1	1	1	1	1	1	1
3	0	0	1	1							
6	0	1	1	0							
7	0	1	1	1							

6.29　试用 3 线-8 线译码器 74LS138 和门电路实现函数 $Y = AB + \overline{A}C$。

6.30　设计一个组合逻辑电路，输入 A、B、C 是逻辑变量，分别代表温度、烟雾、亮度 3 个传感器，当三者中有两个或两个以上超过安全极限时（逻辑值=1），发出报警信号，即输出 Y 为 1，否则输出 Y 为 0。要求：

（1）按题意列出真值表，通过卡诺图化简求得最简与或式，画出用最少的与非门实现的逻辑图（允许输入原、反变量）；

（2）用一片 3 线-8 线译码器 74LS138 及与非门实现，画出逻辑图。

6.31　设计仿真题，请在 Multisim 仿真软件中设计电路，实现要求的逻辑功能。

（1）用 3 位二进制译码器 74LS138 实现逻辑函数 $Y = \overline{ABC} + \overline{A}BC + A\overline{B}C + AB\overline{C}$。

（2）用 74LS138 芯片设计一个判决电路，由一名主裁判和副裁判来决定比赛成绩，在主裁判同意并且两名副裁判中至少一位同意的情况下，比赛成绩有效。

（3）设计一个路灯控制电路，要求当总开关闭合时，安装在 3 个不同地方的 3 个开关都能独立地控制灯的亮或灭；当总电源开关断开时，路灯不亮。可用 74LS00 四 2 输入与非门和 74LS86 四 2 输入异或门实现。

（4）设计一个三人表决电路。

（5）设计一个监视交通灯工作状态的逻辑电路，每组灯信号由红、黄、绿 3 种灯组成，并规定灯亮为 1，不亮为 0。正常工作时，任何时刻都有且仅有一种灯亮，否则为故障，出现故障时自动报警。

（6）有一列自动控制的地铁，在所有的门都已关上和下一段路轨已空出的条件下才能离开站台。但是，如果发生关门故障，则在开着门的情况下，车子可以通过手动操作开动，但下一段空出路轨仍为必要条件。试设计一个指示地铁开动的逻辑电路。

第7章 触发器与时序逻辑电路

数字电路分为两大类：一类是组合逻辑电路，即电路中任一时刻的输出信号仅取决于该时刻电路的输入信号，而与电路原来的状态无关；另一类是时序逻辑电路，即电路在任一时刻的输出信号不仅取决于当时的输入信号，还与电路原来的输出状态有关，即具有记忆功能。触发器是构成时序逻辑电路的基本单元，能记忆/存储一位二进制信号。触发器的种类很多，按其稳定工作状态的不同，可以分为双稳态触发器、单稳态触发器、无稳态触发器（多谐振荡器）等。本章在介绍各类双稳态触发器的基础上，讨论由触发器构成的寄存器和计数器，最后介绍 555 定时器及其应用。

7.1 双稳态触发器

通常，触发器有多种分类方法。若按电路结构分，有基本 RS 触发器、同步 RS 触发器、主从触发器和边沿触发器等几种类型。若按触发器的逻辑功能分，有 RS 触发器、D 触发器、JK 触发器、T 触发器等几种类型。下面从基本 RS 触发器入手，介绍触发器的工作原理，然后介绍常用的 JK 触发器和 D 触发器。

7.1.1 RS 触发器

基本的 RS 触发器又称为置 0、置 1 触发器，它是各种触发器中结构最简单的一种，通常是构成各种功能触发器的最基本单元，所以也称为基本触发器。

1. 基本 RS 触发器电路结构和逻辑功能

基本触发器没有触发控制输入，由激励信号直接控制触发器的状态。逻辑电路和逻辑符号如图 7.1.1 所示，由两个与非门 G_1 和 G_2 交叉连接而成，$\overline{R_D}$ 和 $\overline{S_D}$ 为输入端，Q 和 $\overline{Q}$ 是输出端。逻辑符号上输入端的小圆圈表明低电平有效。

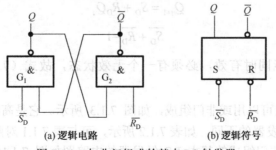

(a) 逻辑电路　　　　　　(b) 逻辑符号

图 7.1.1 与非门组成的基本 RS 触发器

当 $\overline{R_D}$ =0 时，Q=0，$\overline{R_D}$ 称为直接复位端或直接置 0 端；当 $\overline{S_D}$=0 时，Q=1，$\overline{S_D}$ 称为直接置位端或直接置 1 端。Q 的状态规定为触发器的状态。

按与非逻辑分析其逻辑功能和状态转换。设 Q_n 为原来的状态，简称原态，Q_{n+1} 为加了触发信号（正、负脉冲或时钟脉冲）后的新状态，称为新态或次态。触发器的次态由输入信号的取值和现态共同决定。

（1）$\overline{R_D} = 0$，$\overline{S_D} = 1$

当 G_2 门 $\overline{R_D}$ 端加负脉冲时，$\overline{R_D} = 0$，根据与非逻辑关系，"有 0 出 1"，因此 $\overline{Q} = 1$，反馈至 G_1 门，根据"全 1 出 0"，得 $Q = 0$。再反馈到 G_2 门，即使负脉冲消失，$\overline{R_D} = 1$，根据"有 0 出 1"，仍然有 $\overline{Q} = 1$，此时，无论触发器原态为 0 或 1，经触发后都为 0 态。

（2）$\overline{R_D} = 1$，$\overline{S_D} = 0$

当 G_2 门加负脉冲后，$\overline{S_D} = 0$，无论触发器原态为 0 或 1，经触发后为 1 态。

（3）$\overline{R_D} = 1$，$\overline{S_D} = 1$

此时，$\overline{R_D}$ 和 $\overline{S_D}$ 端均未加负脉冲，触发器保存原态不变，体现了触发器的记忆功能。

（4）$\overline{R_D} = 0$，$\overline{S_D} = 0$

当 $\overline{R_D}$ 和 $\overline{S_D}$ 端同时加负脉冲时，两个与非门的输出端均为 1，与 Q 和 $\overline{Q}$ 的逻辑状态相反相矛盾。但是，当负脉冲除去后，触发器的状态完全取决于两个与非门的平均传输延迟时间，因此，这种情况应该禁止使用。

根据上述的逻辑功能分析列出逻辑状态表，如表 7.1.1 所示。其波形图如图 7.1.2 所示。

表 7.1.1　由与非门组成的基本 RS 触发器的逻辑状态表

$\overline{R_D}$	$\overline{S_D}$	Q_n	Q_{n+1}	功能
0	0	0 1	× × } ×	禁用
0	1	0 1	0 0 } 0	置 0
1	0	0 1	1 1 } 1	置 1
1	1	0 1	0 1 } Q_n	保持

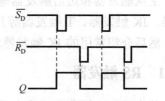

图 7.1.2　由与非门组成的基本 RS 触发器的波形图

表示触发器次态与原态及输入之间关系的函数表达式称为特性（或特征）方程，根据逻辑状态表，可以写出基本 RS 触发器的特性方程为

$$Q_{n+1} = S_D + \overline{R_D} Q_n \tag{7.1.1}$$

$$\overline{S_D} + \overline{R_D} = 1 \tag{7.1.2}$$

由于 $\overline{R_D}$ 和 $\overline{S_D}$ 不能同时有效，必须有一个无效状态，故式（7.1.2）为特征方程的约束条件。

基本 RS 触发器也可以用或非门组成，如图 7.1.3 所示。它是高电平有效。逻辑状态表和与非门组成的 RS 触发器的不同，如表 7.1.2 所示，可与表 7.1.1 对照比较。

【例 7.1.1】 由与非门组成的基本 RS 触发器的电路图如图 7.1.1(a)所示，$\overline{R_D}$ 和 $\overline{S_D}$ 的工作波形如图 7.1.4 所示，试画出初始状态为 0 的状态下，Q 端的输出波形。

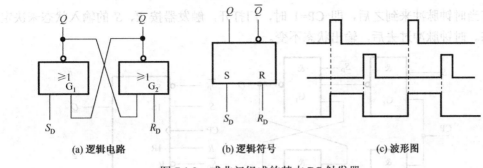

(a) 逻辑电路　　　　　　　(b) 逻辑符号　　　　　　　(c) 波形图

图 7.1.3　或非门组成的基本 RS 触发器

表 7.1.2　由或非门组成的基本 RS 触发器的逻辑状态表

R_D	S_D	Q_n	Q_{n+1}	功能
1	1	0 1	× × $\Big\}$×	禁用
1	0	0 1	0 0 $\Big\}$0	置 0
0	1	0 1	1 1 $\Big\}$1	置 1
0	0	0 1	0 1 $\Big\}$$Q_n$	保持

解：根据基本 RS 触发器的逻辑状态表分析如下：开始时因为 $\overline{R_D}$=0，$\overline{S_D}$=1，所以 Q=0；当 $\overline{R_D}$ 翻转为 1 时，$\overline{R_D}$=1，$\overline{S_D}$=1，保持 Q=0；当 $\overline{S_D}$ 由 1 翻转为 0 时，因为置 1，所以 Q 变为 1，$\overline{S_D}$ 再变为 1，由于保持，所以 Q 保持 1 不变；当 $\overline{R_D}$ 翻转为 0 时，Q 也翻转为 0；当 $\overline{S_D}$=0，$\overline{R_D}$=1 时，置 1，Q=1，最后 Q 保持 1 的状态。画出波形图如图 7.1.5 所示。

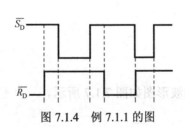

图 7.1.4　例 7.1.1 的图　　　　　　　　　　图 7.1.5　例 7.1.1 的波形图

2．可控 RS 触发器电路结构及逻辑功能

在数字系统中，往往需要某些触发器在同一时刻触发，因此常常引入同步的脉冲信号，使触发器只有在同步信号到达时按输入信号改变状态。这个同步的脉冲信号通常称为时钟脉冲信号，用 CP 表示。这种受时钟信号控制的触发器也称为时钟触发器。

在基本 RS 触发器的基础上加一个控制电路，通过控制电路把时钟信号引入基本触发器，实现时钟脉冲对输入端 R 和 S 的控制，称为可控 RS 触发器。其逻辑电路和逻辑符号如图 7.1.6 所示。

从逻辑图可以看出，当时钟脉冲来到之前，即 CP=0 时，不论 R 和 S 的电平如何变化，G_3 和 G_4 门的输出均为 1，基本触发器保持原态不变，因此，可控 RS 触发器的输出也不

变。只有当时钟脉冲来到之后，即 CP=1 时，门打开，触发器按 R、S 的输入状态来决定其输出状态。时钟脉冲过去后，输出状态不变。

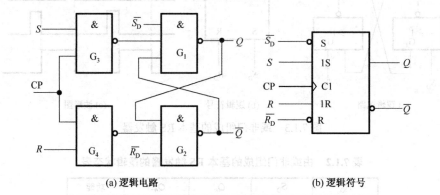

(a) 逻辑电路　　　　　　　　　　　　　　(b) 逻辑符号

图 7.1.6　可控 RS 触发器

图中 $\overline{R}_D$ 和 $\overline{S}_D$ 分别是直接置 0 端和直接置 1 端，可以不通过时钟脉冲的控制对基本 RS 触发器置 0 或置 1，通常在工作初始时，预先使触发器处于某一给定状态，工作过程中不再使用，使其处于高电平 1。

在 CP=1 的情况下，分析可控 RS 触发器的逻辑功能。

（1）$R=0$，$S=1$

此时，G_3 门的输出端 $\overline{S}=0$，G_4 门的输出端 $\overline{R}=1$。它们即为基本 RS 触发器的输入，因此，$Q=1$，$\overline{Q}=0$。

（2）$R=1$，$S=0$

此时，G_3 门的输出端为 1，G_4 门的输出端 $\overline{R}=0$，这两个值为基本 RS 触发器的输入，因此 $Q=0$，$\overline{Q}=1$。

（3）$R=0$，$S=0$

显然，此时 $\overline{R}=1$，$\overline{S}=1$，触发器保持原态不变。

（4）$R=1$，$S=1$

此时 $\overline{R}=0$，$\overline{S}=0$，应该禁用。

表 7.1.3 所示为可控 RS 触发器的逻辑状态表。其波形图如图 7.1.7 所示。

表 7.1.3　可控 RS 触发器的逻辑状态表

R	S	Q_n	Q_{n+1}	功能
1	1	0 1	× × }×	禁用
1	0	0 1	0 0 }0	置0
0	1	0 1	1 1 }1	置1
0	0	0 1	0 1 }Q_n	保持

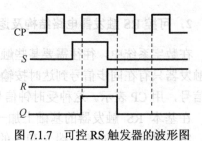

图 7.1.7　可控 RS 触发器的波形图

由逻辑状态表可得可控 RS 触发器的特性方程为

$$Q_{n+1} = S + \overline{R}Q_n \tag{7.1.3}$$

$$SR=0 \tag{7.1.4}$$

其中，由于 R、S 不能同时为 1，所以式（7.1.4）为约束条件。

7.1.2 JK 触发器

可控 RS 触发器的输入变量还必须受约束条件 $SR=0$ 的约束，而 JK 触发器是经过改进的 RS 触发器，输入变量不再有约束，图 7.1.8(a)所示为主从型 JK 触发器的逻辑电路，从图中可以看出，它是由两个可控的 RS 触发器串联而成的，分别为主触发器和从触发器，因此称为主从型触发器。

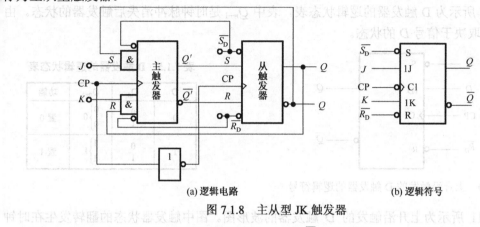

(a) 逻辑电路　　　　　　(b) 逻辑符号

图 7.1.8　主从型 JK 触发器

图 7.1.8(b)所示为 JK 触发器的逻辑符号。Q 和 $\overline{Q}$ 是输出端，CP 是时钟脉冲输入端，符号">"处的小圆圈表示触发器在时钟的下降沿触发（若没有小圆圈，则表示触发器在时钟的上升沿触发）。$\overline{R_D}$ 和 $\overline{S_D}$ 是直接置 0 端和直接置 1 端，其作用和使用方法与可控 RS 触发器一样。

表 7.1.4 所示为 JK 触发器的逻辑功能表。表中 Q_{n+1} 是时钟脉冲消失后触发器的状态。由表可知 JK 触发器的功能如下：

（1）$J=K=0$ 时，时钟脉冲消失后触发器保持原状态不变；

（2）当 J 与 K 不同时，时钟脉冲消失后触发器的状态取决于 J 的状态；

（3）$J=K=1$ 时，每来一个时钟脉冲，触发器的状态就翻转一次，此时 JK 触发器具有计数功能。

图 7.1.9 所示为 JK 触发器的波形图。由图可见，触发器状态的翻转发生在时钟脉冲的下降沿时刻。要判断时钟脉冲作用之后触发器的状态，只需注意下降沿来临时输入信号 J 和 K 的状态，而与其他时刻的 J 和 K 状态无关。

表 7.1.4　主从型 JK 触发器的逻辑状态表

J	K	Q_n	Q_{n+1}	功能
0	0	0 1	0 1 }Q_n	保持
0	1	0 1	0 0 }0	置 0
1	0	0 1	1 1 }1	置 1
1	1	0 1	1 0 }$\overline{Q_n}$	计数

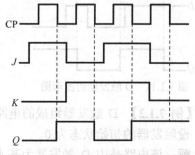

图 7.1.9　主从型 JK 触发器的波形图

由逻辑状态表，可得 JK 触发器的特性方程为

$$Q_{n+1} = J\overline{Q_n} + \overline{K}Q_n \qquad (7.1.5)$$

7.1.3　D 触发器

图 7.1.10 所示为上升沿触发的 D 触发器的逻辑符号。图中 Q 和 $\overline{Q}$ 是输出端，CP 是时钟脉冲输入端，符号"＞"处没有小圆圈，触发器在脉冲上升沿触发，D 是信号输入端，$\overline{R_D}$ 和 $\overline{S_D}$ 是直接置 0 端和直接置 1 端，其作用和使用方法与可控 JK 触发器一样。

表 7.1.5 所示为 D 触发器的逻辑状态表。表中 Q_{n+1} 是时钟脉冲消失后触发器的状态。由表可知 Q_{n+1} 取决于信号 D 的状态。

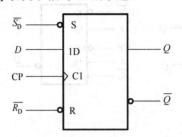

图 7.1.10　上升沿触发的 D 触发器的逻辑符号

表 7.1.5　D 触发器的逻辑状态表

D	Q_n	Q_{n+1}	功能
0	0 1	0 ⎫ 0 ⎭ 0	置 0
1	0 1	1 ⎫ 1 ⎭ 1	置 1

图 7.1.11 所示为上升沿触发的 D 触发器的波形图。图中触发器状态的翻转发生在时钟脉冲的上升沿时刻。要判断时钟脉冲作用之后触发器的状态，只需注意 CP 上升沿前一瞬间输入端 D 的状态即可，而与其他时刻的 D 状态无关。

由以上分析可知，输出端 Q 的状态与该脉冲来之前 D 的状态一致，即特性方程为

$$Q_{n+1} = D \qquad (7.1.6)$$

如果将 D 触发器的 D 端与 $\overline{Q}$ 端连接起来，如图 7.1.12(a)所示，即 $D = \overline{Q}$。这时，D 的状态总是与 Q 的状态相反，所以对应每个时钟脉冲的触发沿，触发器的状态都在翻转，可见此时 D 触发器具有计数功能。来一个 CP 脉冲，触发器翻转一次，翻转的次数等于脉冲的个数，可以用来构成计数器。波形图如图 7.1.12(b)所示。

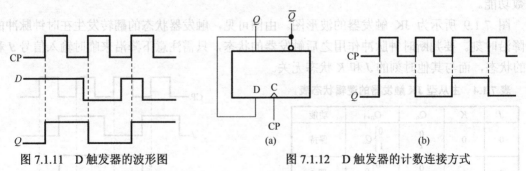

图 7.1.11　D 触发器的波形图　　　　　图 7.1.12　D 触发器的计数连接方式

【例 7.1.2】 D 触发器组成的电路与 A、B 端的波形如图 7.1.13 所示，请画出 Q 的波形图。设触发器的初始状态为 0。

解： 该电路是由 D 触发器为基本单元组成的逻辑电路，A 和 $\overline{Q}$ 的与非门输出接 D 触发器的输入端，直接置 0 端低电平有效（直接置 0），高电平工作。时钟脉冲上升沿触发。当

第一个时钟脉冲来临时，B 为 0，直接置 0，所以 $Q=0$；第二个时钟脉冲来临时，$B=1$，触发器工作，D 端的输入为 $\overline{A \cdot \overline{Q}} = 0$，所以 $Q =0$；当第 4 个 CP 来临时，$A=0$，D 输入为 1，触发器翻转为 1。依次分析 Q 的状态，画出 Q 的波形如图 7.1.14 所示。

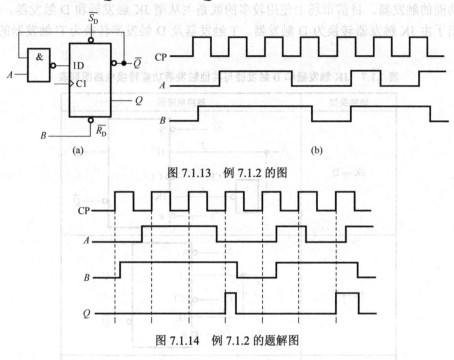

(a)　　　　　　　　　　　　　(b)

图 7.1.13　例 7.1.2 的图

图 7.1.14　例 7.1.2 的题解图

7.1.4　T 触发器

T 触发器的逻辑符号如图 7.1.15 所示，逻辑状态表如表 7.1.6 所示。每来一个时钟脉冲信号，触发器就翻转一次。

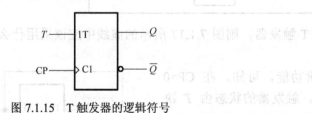

图 7.1.15　T 触发器的逻辑符号

表 7.1.6　T 触发器的逻辑状态表

T	Q_n	Q_{n+1}	功能
0	0 1	$\left.\begin{matrix}0\\1\end{matrix}\right\}Q_n$	保持
1	0 1	$\left.\begin{matrix}1\\0\end{matrix}\right\}\overline{Q_n}$	计数

由表 7.1.6 可知，$T=1$ 时，翻转计数，$T=0$ 时，保持。T 触发器的工作波形如图 7.1.16 所示。

其特性方程为

$$Q_{n+1} = T\overline{Q}_n + \overline{T}Q_n \qquad (7.1.7)$$

如果使 T 触发器的激励 $T=1$，则构成只受时钟脉冲控制的 T′ 触发器，其特性方程为

$$Q_{n+1} = \overline{Q}_n \qquad (7.1.8)$$

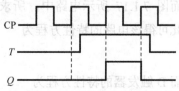

图 7.1.16　T 触发器的工作波形图

只要满足触发条件，T′ 触发器的状态就随着输入的触发脉冲 CP 连续翻转，具有计数功能。

7.1.5　触发器逻辑功能的转换

根据实际的需要，可将某种逻辑功能的触发器经过改接或附加一些门电路后转换为其他逻辑功能的触发器。目前市场上使用较多的就是主从型 JK 触发器和 D 触发器。表 7.1.7 分别列出了由 JK 触发器转换为 D 触发器、T 触发器及 D 触发器转换为 T′ 触发器的转换电路图。

表 7.1.7　JK 触发器和 D 触发器与其他触发器功能转换电路图列表

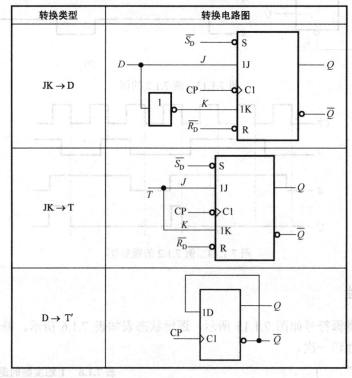

转换类型	转换电路图
JK → D	
JK → T	
D → T′	

【例 7.1.3】　将 D 触发器转换成 T 触发器，则图 7.1.17 所示的虚线中应该采用什么门电路。

解：首先分析 T 触发器的逻辑功能，可知，在 CP=0 时，触发器保持原态，在 CP=1 时，触发器的状态由 T 决定，$T=1$ 时，翻转计数，$T=0$ 时，保持。其特性方程为

$$Q_{n+1} = T\overline{Q}_n + \overline{T}Q_n$$

而图 7.1.17 所示电路中，所求门电路的输入端与 $\overline{Q}$ 相连，因此可得该电路的特性方程为

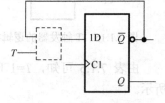

图 7.1.17　例 7.1.3 的图

$$Q_{n+1} = TQ_n + \overline{T}\,\overline{Q}_n$$

而 D 触发器的特性方程为

$$Q_{n+1} = D$$

则可得 $D = TQ_n + \overline{T}\,\overline{Q}_n$，该特性方程为同或门的表达式，因此虚线中加入同或门即可。同或

门和异或门之间是非逻辑关系，即

$$D = T \odot Q_n = \overline{T \oplus Q_n}$$

7.2　寄　存　器

　　寄存器、计数器是数字系统中常见的主要部件。能够存放数码或二进制逻辑信号的电路为寄存器。一个触发器只能寄存一位二进制数，要存 n 位数时，必须要采用 n 个触发器。常用的寄存器有 4 位、8 位和 16 位。

　　寄存器存放数码的方式有并行和串行两种，并行方式就是每位数码有一个相应的输入端，来一个控制信号时，数码从各对应位同时输入寄存器中，串行方式即数码从一个输入端逐位地输入到寄存器中。与之对应，从寄存器取出数码的方式也有并行和串行两种，在并行方式中，被取出的数码各位在对应于各位的输出端上同时出现；而在串行方式中，被取出的数码在一个输出端逐位出现。

　　按照功能不同，寄存器分为数码寄存器和移位寄存器，下面分别介绍。

7.2.1　数码寄存器

　　数码寄存器只有寄存数码和清除原有数码的功能，因此电路结构相对比较简单。对于数码寄存器中的触发器，要求其具有置 1 或置 0 的功能即可，因此无论是 RS 结构、主从结构或边沿触发结构的触发器，均可组成寄存器。图 7.2.1 所示为一个用 D 触发器组成的 4 位寄存器的实例——74LS75 的逻辑图。

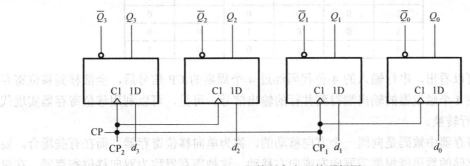

图 7.2.1　4 位数码寄存器的逻辑图

　　74LS75 是 4 位双稳态寄存器，有两个时钟端口。在实现 4 位寄存器功能时，将 CP_1 和 CP_2 两个时钟端口接在一起，与时钟脉冲 CP 相连。当 CP=1 时，送到数据输入端的数据被存入寄存器，当 CP=0 时，存入寄存器的数据将保持不变。该寄存器的原理是利用 D 触发器的逻辑功能，$Q_{n+1} = D$。

　　设触发器的初始状态为 0，寄存的二进制码为 1101。即当 CP=0 时，输出为 $Q_3Q_2Q_1Q_0=0000$；当 CP=1 时，输出 $Q_3Q_2Q_1Q_0=D_3D_2D_1D_0=1101$；当 CP 再次为 0 时，此刻之前的状态被保存。

　　该寄存器接收数码时，所有数码都是同时读入的，而且触发器中的数据是并行地出现在输出端的，此种输入、输出的方式为并行输入、并行输出。

7.2.2　移位寄存器

移位寄存器除了具有存储代码的功能外，还具有移位功能，即寄存器里存储的代码能在移位脉冲的作用下依次左移或右移。可见，移位寄存器可以用来实现数据的并行-串行转换、数据处理及数值运算等功能。

图 7.2.2 所示为由 D 触发器构成的 4 位移位寄存器，其中第一个触发器 FF_0 的输入端接收输入信号，其余的每个触发器输入端均与前一个触发器的输出端 Q 相连。

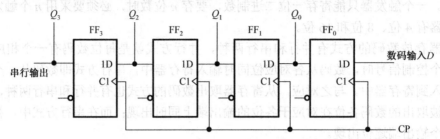

图 7.2.2　由 D 触发器构成的 4 位移位寄存器

举例分析，设在 4 个时钟脉冲的周期内，输入代码依次为 1001，而移位寄存器的初始状态 $Q_3Q_2Q_1Q_0$=0000，则在移位脉冲的作用下，移位寄存器的代码移动情况如表 7.2.1 所示。

表 7.2.1　移位寄存器的代码移动情况

CP	输入 D	Q_3	Q_2	Q_1	Q_0
0	0	0	0	0	0
1	1	0	0	0	1
2	0	0	0	1	0
3	0	0	1	0	0
4	1	1	0	0	1

从表中可以看出，串行输入的 4 位代码经过 4 个周期的 CP 信号后，全部移到移位寄存器中，同时在 4 个触发器的输出端得到并行的输出信号。可见，可以利用移位寄存器实现代码的串行-并行转换。

上述的寄存器中数码是向同一个方向移动的，称为单向移位寄存器，而在有些场合，要求寄存器中存储的数码能根据需要向左或向右移动，这种寄存器称为双向移位寄存器。在单向移动寄存器的基础上加上一定的控制门电路，即可构成双向移位寄存器。

【例 7.2.1】 试用 4 个 JK 触发器构成 4 位移位寄存器。

解： 使用触发器功能直接转换，将 JK 触发器连成 D 触发器，数码由 D 端输入，$\overline{R_D}$ 为清零端，工作时先清零。由 4 个 JK 触发器组成的 4 位移位寄存器如图 7.2.3 所示。

设寄存的二进制数为 1101。

（1）D=1，第一个移位脉冲的下降沿来到时，FF_0 的 J_0=1，触发器 FF_0 输出 Q_0=1，其他仍保持 0 态。寄存器状态为 0001。

（2）D=1，由于这时 FF_1 的 J_1=Q_0=1，当第二个脉冲的下降沿来到时使 FF_1 置 1，所以 Q_1=1，Q_0=1，Q_2 和 Q_3 因各自的 J 端为 0、K 端为 1，输出均为 0，寄存器状态为 0011。

（3）D=0，这时 J_0=0，J_1=Q_0=1，J_2=Q_1=1，所以当第 3 个移位脉冲下降沿来到时使 FF_0

输出 $Q_0=0$，FF_2 和 FF_1 分别输出 $Q_2=1$，$Q_1=1$，因 $J_3=0$，$K_3=1$，输出 Q_3 为 0。寄存器状态为 0110。

（4）$D=1$，这时 $J_3=Q_2=1$，$J_2=Q_1=1$，$J_1=Q_0=0$，当第 4 个移位脉冲下降沿来到时使 FF_3、FF_2 输出 $Q_3=1$，$Q_2=1$，FF_1 输出 $Q_1=0$，因 $J_0=1$，$K_0=0$，输出 Q_0 为 1。所以寄存器状态存为 1101。

可见，当第 4 个时钟脉冲来临时，4 个触发器的输出端可得到并行的数码输出。

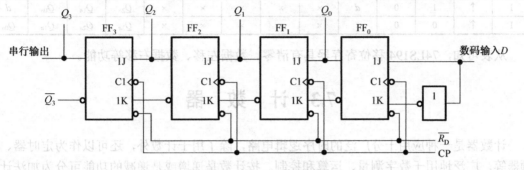

图 7.2.3 例 7.2.1 的题解图

在移位寄存器的基础上增加一些辅助功能，如清零、置数等，即可构成集成移位寄存器。目前，集成移位寄存器的产品较多，如 4 位移位寄存器 74LS195、4 位双向移位寄存器 74LS194、8 位移位寄存器 74LS164 等。74LS194 引脚排列图和逻辑符号如图 7.2.4 所示。

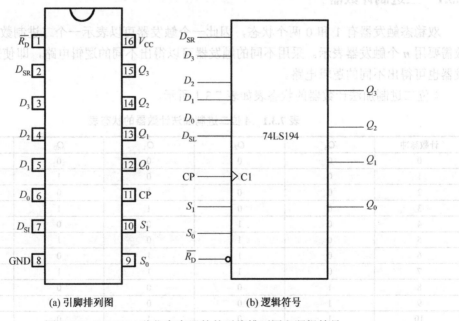

(a) 引脚排列图   (b) 逻辑符号

图 7.2.4 74LS194 移位寄存器的外引线排列图和逻辑符号

其各引脚的功能为：1 脚为数据清零端 $\overline{R_D}$，低电平有效；3～6 脚为并行数据输入端 D_3～D_0；12～15 脚为数据输出端 Q_0～Q_3；2 脚为右移串行数据输入端 D_{SR}；7 脚为左移串行数据输出端 D_{SL}；9、10 脚为工作方式控制端 S_0、S_1。其功能表如表 7.2.2 所示。

表 7.2.2　74LS194 移位寄存器的功能表

输　入										输　出			
$\overline{R_D}$	CP	S_1	S_0	D_{SL}	D_{SR}	D_3	D_2	D_1	D_0	Q_3	Q_2	Q_1	Q_0
0	×	×	×	×	×	×	×	×	×	0	0	0	0
1	0	×	×	×	×	×	×	×	×				
1	↑	1	1	×	×	d_3	d_2	d_1	d_0	d_3	d_2	d_1	d_0
1	↑	0	1	×	d	×	×	×	×	d	Q_{3n}	Q_{2n}	Q_{1n}
1	↑	1	0	d	×	×	×	×	×	Q_{2n}	Q_{1n}	Q_{0n}	d
1	↑	0	0	×	×	×	×	×	×	Q_{3n}	Q_{2n}	Q_{1n}	Q_{0n}

从表可知，74LS194 移位寄存器具有清零、数据左移、数据右移等功能。

7.3　计　数　器

计数器是一种应用十分广泛的时序逻辑电路，除了用于计数外，还可以作为定时器、分频器等，广泛地用于数字测量、运算和控制。按计数是递增或是递减的功能可分为加法计数器、减法计数器。按计数的进制可分为二进制计数器、十进制计数器、N 进制计数器。按计数脉冲的触发方式可分为同步和异步两种，同步计数器中，触发器由同一个脉冲触发，所以触发器的状态同时更新，而异步计数器中，触发器更新状态的时刻不同。

7.3.1　二进制计数器

双稳态触发器有 1 和 0 两个状态，因此一个触发器可以表示一个二进制数，n 个二进制数需要用 n 个触发器表示。采用不同的触发器可以得出不同的逻辑电路，即使采用同一种触发器也可得出不同的逻辑电路。

4 位二进制加法计数器的状态表如表 7.3.1 所示。

表 7.3.1　4 位二进制加法计数器的状态表

计数脉冲	Q_3	Q_2	Q_1	Q_0	十进制数
0	0	0	0	0	0
1	0	0	0	1	1
2	0	0	1	0	2
3	0	0	1	1	3
4	0	1	0	0	4
5	0	1	0	1	5
6	0	1	1	0	6
7	0	1	1	1	7
8	1	0	0	0	8
9	1	0	0	1	9
10	1	0	1	0	10
11	1	0	1	1	11
12	1	1	0	0	12
13	1	1	0	1	13
14	1	1	1	0	14
15	1	1	1	1	15
16	0	0	0	0	0

从表可知，每来一个计数脉冲，最低位的触发器翻转一次，而高位的触发器是在相邻的低位触发器进位时翻转，主从型 JK 触发器可以满足功能要求。

1. 异步二进制计数器

要实现表 7.3.1 的逻辑功能，必须采用 4 个双稳态触发器，且要有计数功能，每来一个时钟脉冲，最低位触发器翻转一次，而高位的触发器则在相邻低位触发器从 1 变为 0 进位时翻转。可以用 4 个主从型 JK 触发器组成的 4 位异步二进制加法计数器，每个触发器的 J、K 端悬空，即 $J=K=1$，具有计数功能，如图 7.3.1 所示。最低位触发器 FF_0 时钟端接输入信号，其他触发器的时钟脉冲端接相邻低位触发器的输出端 Q。

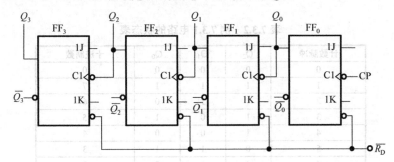

图 7.3.1　主从型 JK 触发器组成的 4 位异步二进制加法计数器逻辑图

主从型 JK 触发器组成的 4 位异步二进制加法计数器的波形图如图 7.3.2 所示。从时序波形图可以看出，Q_0、Q_1、Q_2、Q_3 端输出脉冲的频率分别为时钟频率的 1/2、1/4、1/8、1/16，因为计数器具有这种分频作用，所以计数器也叫做分频器。

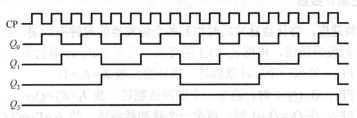

图 7.3.2　4 位异步二进制加法计数器的波形图

将图 7.3.1 所示电路的 FF_1、FF_2、FF_3 触发器的时钟脉冲输入改接到相邻的低位触发器的输出端 $\overline{Q}$，就构成了异步二进制减法器。

【例 7.3.1】 分析图 7.3.3 所示电路的逻辑功能，并列出其状态表。

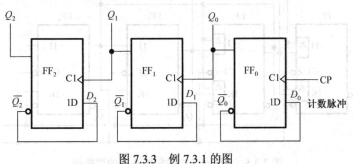

图 7.3.3　例 7.3.1 的图

图 7.3.3 所示的触发器均为 D 触发器转换而来的 T′ 触发器，具有计数的功能。其特性方程为 $Q_{n+1} = \overline{Q_n}$。触发器 FF$_0$ 在 CP 上升沿翻转，而触发器 FF$_1$ 和 FF$_2$ 分别在 Q_0 和 Q_1 的上升沿翻转。设触发器的初始状态均为 0，画出其工作波形图（图 7.3.4）。根据波形图，列出状态表 7.3.2。

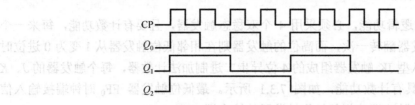

图 7.3.4　例 7.3.1 电路的工作波形图

表 7.3.2　例 7.3.1 电路的状态表

计数脉冲	Q_2	Q_1	Q_0	十进制数
0	0	0	0	0
1	1	1	1	7
2	1	1	0	6
3	1	0	1	5
4	1	0	0	4
5	0	1	1	3
6	0	1	0	2
7	0	0	1	1
8	0	0	0	0

从表中可以看出，实现了减法，因此，此电路为 3 位异步二进制减法电路。

2. 同步二进制计数器

为了加快计数速度，将计数脉冲同时加到各个触发器的时钟控制端。计数器仍然可以用 4 个主从型的 JK 触发器组成，根据表 7.3.1 的要求，可得出 J、K 端的关系。

（1）触发器 FF$_0$，每来一个脉冲就翻转一次计数，故 $J_0 = K_0 = 1$；

（2）触发器 FF$_1$，在 $Q_0 = 1$ 时，再来一个脉冲就翻转，故 $J_1 = K_1 = Q_0$；

（3）触发器 FF$_2$，在 $Q_1 = Q_0 = 1$ 时，再来一个脉冲就翻转，故 $J_2 = K_2 = Q_1 Q_0$；

（4）触发器 FF$_3$，在 $Q_2 = Q_1 = Q_0 = 1$ 时，再来一个脉冲就翻转，故 $J_3 = K_3 = Q_2 Q_1 Q_0$。

从该关系式，可以画出 4 位同步二进制加法器的逻辑图，如图 7.3.5 所示。

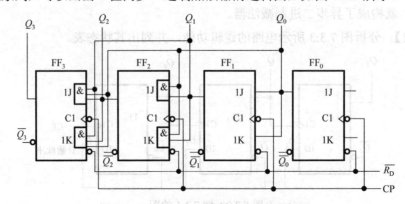

图 7.3.5　4 位同步二进制加法器的逻辑图

在上述的 4 位二进制加法计数器中，每经过 16 个脉冲，计数器完成一个循环，即在输入第 16 个脉冲时，又将返回到起始状态 0000。因此，4 位二进制数最大的计数值为 15。计数器能达到的最大数为计数器的容量，它等于计数器所有位全为 1 时的数值，即 n 位二进制加法计数器，其容量为 2^n-1。

7.3.2　十进制计数器

十进制计数器是在二进制计数器的基础上得到的，用 4 位二进制数来表示十进制数的每一位数，所以也称为二-十进制数。前面介绍过常用的 8421 编码方式，取 4 位二进制数的 0000～1001 来表示十进制数的 0～9 个数码，计数器计到第 9 个脉冲时，再来一个脉冲将由 1001 变成 0000，经过 10 个脉冲循环一次。表 7.3.3 列出了 8421 码十进制加法计数器的状态表。

表 7.3.3　8421 码十进制加法计数器的状态表

计数脉冲	Q_3	Q_2	Q_1	Q_0	十进制数
0	0	0	0	0	0
1	0	0	0	1	1
2	0	0	1	0	2
3	0	0	1	1	3
4	0	1	0	0	4
5	0	1	0	1	5
6	0	1	1	0	6
7	0	1	1	1	7
8	1	0	0	0	8
9	1	0	0	1	9
10	0	0	0	0	0（进位）

1．同步十进制加法计数器

十进制加法器仍然可以用 4 个主从型 JK 触发器采用同步触发的方式来实现。与前面的二进制计数器比较，在第 10 个脉冲来时不是由 1001 变成 1010，而是恢复 0000。每 10 个脉冲循环一次。则 J、K 端的逻辑关系做如下修改：

（1）FF_0，每来一个计数脉冲就翻转一次，故 $J_0=1$，$K_0=1$；

（2）FF_1，在 $Q_0=1$ 时再来一个时钟脉冲翻转，而在 $Q_3=1$ 时不得翻转，故 $J_1=Q_0\overline{Q_3}$，$K_1=Q_0$；

（3）FF_2，在 $Q_1=Q_0=1$ 时再来一个脉冲翻转，故 $J_2=K_2=Q_1Q_0$；

（4）FF_3，在 $Q_2=Q_1=Q_0=1$ 时，再来一个脉冲，Q_3 翻转为 1，下一个脉冲即 Q_3 置 0，故 $J_3=Q_2Q_1Q_0$，$K_3=Q_0$。

由上述关系画出同步十进制加法计数器的逻辑图如图 7.3.6 所示。其输出时序波形图如图 7.3.7 所示。

2．异步十进制加法计数器

异步十进制加法计数器与异步二进制加法计数器的构成方式类似，将最低位触发器的时钟脉冲输入端接计数脉冲 CP，其他触发器的时钟脉冲输入端接相邻低位触发器的输出端 Q。图 7.3.8 所示为由主从型 JK 触发器构成的异步十进制加法计数器的逻辑图。

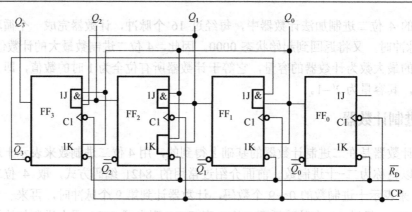

图 7.3.6　同步十进制加法计数器的逻辑图

图 7.3.7　同步十进制加法计数器的时序波形图

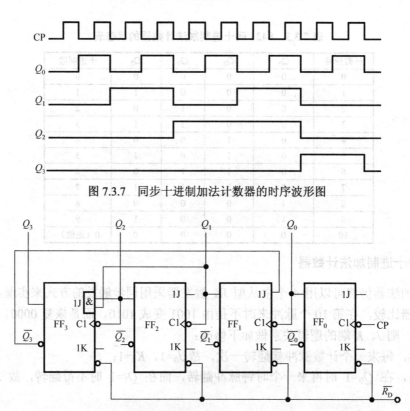

图 7.3.8　主从型 JK 触发器构成的异步十进制加法计数器逻辑电路

7.3.3　常用中规模集成计数器

集成计数器目前使用得较多，中规模集成计数器的电路结构是在基本计数器的基础上增加了一些附加电路，扩展其功能。

1. 4 位同步二进制加法计数器 74LS161

74LS161 为由 JK 触发器组成的中规模的 4 位同步二进制加法计数器，其引脚排列图和逻辑符号如图 7.3.9 所示。

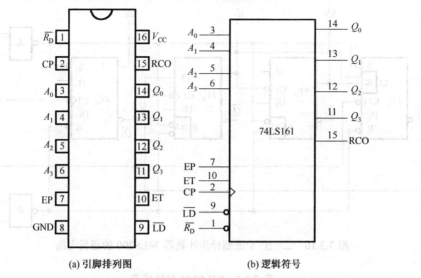

(a) 引脚排列图　　　　　　　　　(b) 逻辑符号

图 7.3.9　74LS161 4 位同步二进制加法计数器

各引脚的功能为：1 脚 $\overline{R_D}$ 为清零端（或表示为 $\overline{CR}$），低电平有效；2 脚为时钟脉冲输入，上升沿有效；3～6 脚为数据输入端，可预置 4 位二进制数；EP、ET 为计数器工作状态控制端，当两者其中一个为低电平时，计数器保持原态，均为高电平时，计数。$\overline{LD}$ 为同步并行置数控制端，低电平有效；11～14 脚为数据输出端；15 脚 RCO 为进位输出端，高电平有效。

表 7.3.4　74LS161 4 位同步二进制加法计数器的功能表

\multicolumn{9}{c}{输入}									\multicolumn{4}{c}{输出}			
$\overline{R_D}$	CP	$\overline{LD}$	EP	ET	A_3	A_2	A_1	A_0	Q_3	Q_2	Q_1	Q_0
0	×	×	×	×	×	×	×	×	0	0	0	0
1	↑	0	×	×	d_3	d_2	d_1	d_0	d_3	d_2	d_1	d_0
1	↑	1	1	1	×	×	×	×	\multicolumn{4}{c}{计数}			
1	×	1	0	×	×	×	×	×	\multicolumn{4}{c}{保持}			
1	×	1	×	0	×	×	×	×	\multicolumn{4}{c}{保持}			

从表中可以看出，74LS161 是具有异步清零、同步置数的 4 位二进制同步上升沿触发的加法计数器。

2. 异步十进制计数器 74LS290

74LS290 芯片是典型的异步十进制加法计数器，图 7.3.10 所示为 74LS290 的逻辑图。它有两个时钟输入脉冲 CP_0 和 CP_1，如以 CP_0 为输入端，Q_0 为输出端，即可得二进制计数器；如以 CP_1 为输入端，Q_3、Q_2、Q_1 为输出端，则得到五进制计数器；如将 CP_1 和 Q_0 相连，同时以 CP_0 为输入端，Q_3、Q_2、Q_1、Q_0 为输出端，则可得十进制计数器。所以 74LS290 又称为二-五-十进制异步计数器。

在图 7.3.10 所示电路中，R_{01} 和 R_{02} 为清零输入端，两端全为 1 时，将 4 个触发器清零；S_{91} 和 S_{92} 是置"9"端，两端全为 1 时，输出 1001，即十进制数码 9。表 7.3.5 列出了 74LS290 的功能表。

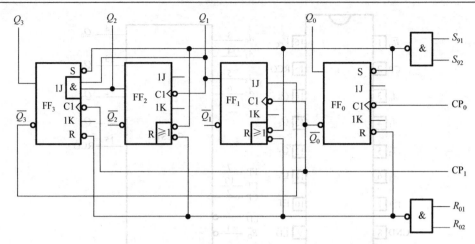

图 7.3.10　二-五-十进制异步计数器 74LS290 的逻辑电路

表 7.3.5　74LS290 的功能表

复位输入		置位输入		输　　　出				工作模式
R_{01}	R_{02}	S_{91}	S_{92}	Q_3	Q_2	Q_1	Q_0	
1	1	0	×	0	0	0	0	异步清零
1	1	×	0	0	0	0	0	异步清零
×	×	1	1	1	0	0	1	异步置数
0	×	0	×					加法计数
0	×	×	0			计数		
×	0	0	×					
×	0	×	0					

7.3.4　用集成计数器实现任意进制计数器

目前常用的计数器主要有二进制和十进制计数器，在需要其他任意进制计数器时，只能用已有的计数器产品经过外电路的不同连接方法得到。N 进制计数器又称模 N 计数器。假定已有 N 进制计数器，而需要得到一个 M 进制计数器。只要 $M<N$，就可以令 N 进制计数器在顺序计数过程中跳越 $(N-M)$ 个状态，从而获得 M 进制计数器。实现状态跳越可以采用复位法（清零法）和置位法（置数法）两种方法。

1. 清零法

清零法分为同步和异步。异步清零法的原理：设原有的计数器为 N 进制，当它从起始状态 S_0 开始计数并接收了 M 个脉冲以后，电路进入 S_M 状态。如果这时利用 S_M 状态产生一个复位脉冲将计数器置成 S_0 状态，这样就可以跳越 $(N-M)$ 个状态而得到 M 进制计数器，而 S_M 的状态瞬间存在，并不包括在稳定的状态中。而同步清零法的稳定状态中包含了 S_M 的状态。

【例 7.3.2】 用集成计数器 74LS161 组成一个七进制计数器。

解： 七进制计数器要求在 $Q_3Q_2Q_1Q_0=0111$ 时强制清零，0111 的状态转瞬即逝，立刻变成 0000，不出现 0111 的状态。因此需将 $Q_2Q_1Q_0$ 这 3 个输出端通过与非门接到清零端强制清零，电路图和状态转移图如图 7.3.11 所示。

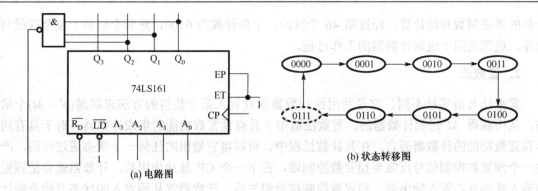

(a) 电路图 (b) 状态转移图

图 7.3.11 例 7.3.2 的解图

【例 7.3.3】 试用清零法将 74LS290 型计数器连成四进制计数器。

解：74LS290 是二-五-十进制计数器，首先将 CP_1 与 Q_0 相连，接成十进制计数器。用置 0 法（即置 0 端高电平有效）跳过中间的无效状态，直接进入 0000 开始循环。四进制计数器要求的状态转移图如图 7.3.12 所示。在 $Q_3Q_2Q_1Q_0$=0100 时强制清零，0100 的状态转瞬即逝，立刻变成 0000，因此将 Q_2 连接到强制清零端。电路图如图 7.3.13 所示。

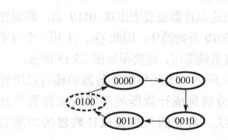

图 7.3.12 例 7.3.3 的状态转移图

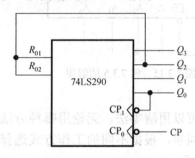

图 7.3.13 例 7.3.3 的解图

【例 7.3.4】 试用两片 74LS290 型计数器连成四十进制计数器。

解：利用 74LS290 的异步置 0 功能，采用整体清零方式可构成四十进制计数器。四十进制数由两位组成：个位（1）为十进制数，十位（2）为四进制数，电路连接如图 7.3.14 所示。

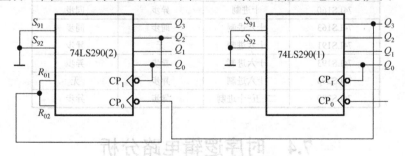

图 7.3.14 例 7.3.4 的解图

由图可见，十位数的 Q_2 接在清零端，使其变为四进制数，它从 0000 开始计数，依次显示 0001、0010、0011，当第 4 个脉冲来时，变成 0100，立刻强制清零。0100 状态转瞬即逝，不显示出来，立刻回到 0000 的状态。个位的最高位 Q_3 接在十位的 CP_0 上，个位是十进制数，每 10 个脉冲循环一次，每当第 10 个脉冲来时，Q_3 变为 0，相当于一个下降沿，使得十位的四进制数开始计算，经过第 40 个脉冲，十位计数为 0100，然后个位和十位全部强制清零。这就是四十进制计数器的工作过程。

2. 置数法

置数法与清零法不同，它是利用给计数器重复置入某个数值的方法来跳越($N - M$)个状态，从而获得 M 进制计数器的。置数法适用于具有预置数功能的集成计数器。对于具有同步预置数功能的计数器而言，在其计数过程中，可以将它输出的任何一个状态通过译码，产生一个预置数控制信号反馈至预置数控制端，在下一个 CP 脉冲作用后，计数器就会把预置数输入端的状态置入输出端。预置数控制信号消失后，计数器就从预置入的状态开始重新计数，即在稳定的状态中包含了 S_M 的状态。而异步预置数则不包含 S_M 的状态。

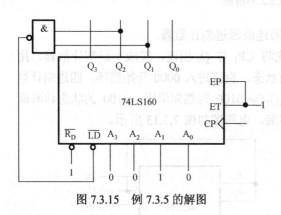

图 7.3.15　例 7.3.5 的解图

【例 7.3.5】 采用置数法将 74LS160 的计数器改接成五进制，预置数为 0010。

解： 74LS160 是具有同步预置端的集成计数器。预置数为 0010，改接成五进制，首先画出其状态转移关系。0010 → 0011 → 0100 → 0101 → 0110，五进制计数器要求出现 0110 后，即刻置数，从 0010 开始循环，因此 Q_2、Q_1 用一个与非门接到置数端即可。连接图如图 7.3.15 所示。

综上所述，改变集成计数器的模可以用置数法，也可以用清零法。无论用哪种方法，都应先分清集成计数器的清零端或预置端是异步还是同步，根据不同的工作方式选择合适的方法。常见的几种集成计数器的功能表如表 7.3.6 所示。

表 7.3.6　常见的几种集成计数器的功能表

型　　号	计数模式	清零方式	预置数方式
74LS161	十六进制	异步	同步
74LS160	十进制	异步	同步
74LS163	十六进制	同步	同步
74LS191	十六进制	无	异步
74LS193	十六进制	异步	异步
74LS293	十六进制	异步	无
74LS290	二-五-十进制	异步	异步

7.4　时序逻辑电路分析

时序逻辑的分析是指根据已知的时序逻辑电路图，通过分析电路状态及输出信号的变化规律，综合出该电路的逻辑功能，可按如下步骤进行：

（1）根据给定的时序电路，写出每个触发器的驱动方程（即输入量表达式）及时钟方程（仅异步时序有）；

（2）将驱动方程、时钟方程代入相应触发器的特性方程，得到每个触发器的状态方程（即次态的表达式）；

（3）根据逻辑图写出电路的输出方程（即输出表达式）；

（4）列出状态转移真值表；

（5）绘制状态转移图；

（6）绘制时序图并说明电路的逻辑功能。

下面根据例题进行详细说明。

【例 7.4.1】 分析图 7.4.1 所示的电路逻辑功能，并设初始状态为 0。

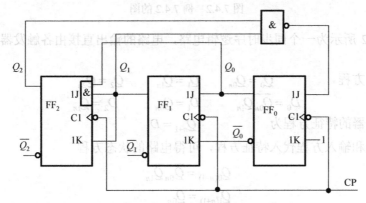

图 7.4.1　例 7.4.1 的图

解： 该电路由 3 个 JK 触发器和一个与非门组成，是同步时序逻辑电路。

（1）首先列出驱动方程

$$J_0 = \overline{Q_2 Q_1} \qquad K_0 = 1$$
$$J_1 = Q_0 \qquad K_1 = \overline{Q_0}$$
$$J_2 = Q_1 Q_0 \qquad K_2 = Q_1$$

（2）列出状态方程

首先根据 JK 触发器的逻辑状态表列出其特性方程

$$Q_{n+1} = \overline{J}\,\overline{K}Q_n + \overline{J}\,\overline{K}\,\overline{Q}_n + J\overline{K}Q_n + JK\overline{Q}_n$$

将其化简，得
$$Q_{n+1} = J\overline{Q}_n + \overline{K}Q_n$$

将驱动方程代入，列出电路的状态方程

$$Q_{0(n+1)} = \overline{Q_2 Q_1}\,\overline{Q}_0$$
$$Q_{1(n+1)} = Q_0 \overline{Q}_1 + Q_0 Q_1$$
$$Q_{2(n+1)} = Q_0 Q_1 \overline{Q}_2 + \overline{Q}_1 Q_2$$

（3）分析其逻辑功能

首先将初态 $Q_2 Q_1 Q_0 = 000$ 代入状态方程，可得 001；再将 001 代入，可得 000。该电路的逻辑功能为二进制计数器，计数顺序从 0 到 1 循环。

【例 7.4.2】 分析图 7.4.2 所示电路的逻辑功能。

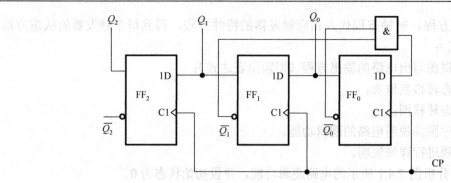

图 7.4.2 例 7.4.2 的图

解：图 7.4.2 所示为一个同步时序逻辑电路，电路的输出直接由各触发器的 Q 端取出。分析过程如下：

（1）列输出方程
$$Q_0 = Q_{0n} \qquad Q_1 = Q_{1n} \qquad Q_2 = Q_{2n}$$

驱动方程
$$D_0 = \overline{Q_{0n}Q_{1n}} \qquad D_1 = Q_{0n} \qquad D_2 = Q_{1n}$$

（2）D 触发器的特征方程为
$$Q_{n+1} = D$$

将驱动方程和输入方程代入特征方程，可得电路的状态方程

$$Q_{0(n+1)} = \overline{Q_{0n}}\,\overline{Q_{1n}}$$
$$Q_{1(n+1)} = Q_{0n}$$
$$Q_{2(n+1)} = Q_{1n}$$

（3）根据状态方程，设触发器的初始状态分别为 000、011、101 和 111，列出状态表如表 7.4.1 所示，并画出状态转移图和时序图分别如图 7.4.3 和图 7.4.4 所示。

表 7.4.1　例 7.4.2 电路的状态表

Q_{2n}	Q_{1n}	Q_{0n}	$Q_{2(n+1)}$	$Q_{1(n+1)}$	$Q_{0(n+1)}$
0	0	0	0	0	1
0	0	1	0	1	0
0	1	0	1	0	0
0	1	1	1	1	0
1	0	0	0	0	1
1	0	1	0	1	0
1	1	0	1	0	0
1	1	1	1	1	0

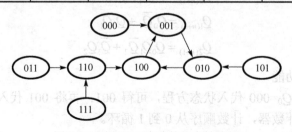

图 7.4.3　例 7.4.2 电路的状态转移图

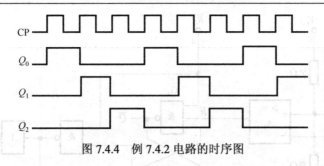

图 7.4.4　例 7.4.2 电路的时序图

从状态图可见，001、010、100 这 3 个状态形成了闭合回路，在电路正常工作时，无论触发器的初始状态为何值，电路状态总是按照回路中的箭头方向循环变化，这 3 个状态构成了有效序列，称它们为有效状态，其余的 5 个状态称为无效状态（或偏离态）。

该电路的状态表和状态转移图不太容易直接看出此电路的逻辑功能，而由它的时序图可见，这个电路在正常工作时，各触发器的 Q 端轮流出现一个脉冲信号，其宽度为一个 CP 周期，即 T_{CP}，循环周期为 $3T_{CP}$，这个动作可以看做是在 CP 脉冲作用下，电路把宽度为 T_{CP} 的脉冲依次分配给 Q_0、Q_1、Q_2 各端，所以此电路的功能为脉冲分配器或节拍脉冲产生器。由状态图可知，若此电路由于某种原因进入无效状态时，在 CP 脉冲作用后，电路能自动回到有效序列，称电路具有自启动能力。

7.5　555 定时器及其应用

前面介绍的是双稳态触发器，有两个稳定状态，脉冲触发后，能从一个稳态翻转成另一个稳态，脉冲消失后，稳态能一直保持。除了双稳态电路外，常见的还有单稳态和无稳态电路。单稳态电路只有一个稳定状态，触发翻转后经过一段时间会回到原来的稳定状态。无稳态电路没有稳定状态，不需要外加的触发脉冲即可输出一定频率的矩形波，因为矩形波中含有丰富的谐波，故也称为多谐振荡器。

7.5.1　555 定时器及其应用

555 定时器是目前应用较多的一种数字-模拟混合的时钟电路，可以构成单稳态触发器、施密特触发器、多谐振荡器等电路，在波形的产生和变换、工业自动控制、家用电器、安防等领域获得了广泛的应用。

555 定时器产品型号较多，三极管型产品型号最后 3 位数码为 555，而 CMOS 产品型号最后 4 位数码为 7555。常用的 555 定时器有 TTL 定时器 CB555 和 CMOS 定时器 CC7555，两者的引脚编号和功能是一致的。现以 CB555 为例，分析其工作过程。图 7.5.1 所示为 CB555 定时器的电路图。

CB555 定时器包含两个电压比较器 A_1 和 A_2、一个基本 RS 触发器、放电晶体管 VT 及由 3 个 5kΩ 的电阻组成的分压器。比较器的参考电压由分压器上取得，其中比较器 A_1 的参考电压为 $\frac{2}{3}V_{CC}$，加在同相输入端；A_2 的参考电压为 $\frac{1}{3}V_{CC}$，加在反相输入端。其工作过程分析如下。

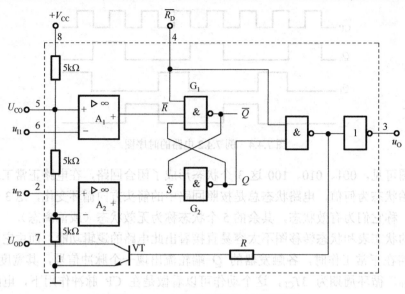

图 7.5.1 CB555 定时器的内部结构图

当低电平触发端（2 脚）输入电压 u_{I2} 高于 $\frac{1}{3}V_{CC}$ 时，A_2 输出高电平 1；当输入电压 u_{I2} 低于 $\frac{1}{3}V_{CC}$ 时，A_2 输出低电平 0，使基本 RS 触发器置 1。

当高电平触发端（6 脚）输入电压 u_{I1} 低于 $\frac{2}{3}V_{CC}$ 时，A_1 输出高电平 1；当输入电压 u_{I1} 高于 $\frac{2}{3}V_{CC}$ 时，A_1 输出低电平 0，使基本 RS 触发器置 0。

$\overline{R_D}$（4 脚）为复位端，由此输入低电平（或使其电位低于 0.7V），而使触发器直接复位（置 0）。

U_{CO}（5 脚）为电压控制端，该端口可以外加电压以改变比较器的参考电压，不用时经 0.01μF 电容接地，避免引入干扰。

U_{OD}（7 脚）为放电端，当 VT 导通时，外接电容元件通过晶体管放电。

u_O（3 脚）为输出端，可直接驱动继电器、LED、扬声器等。输出高电压略低于电源电压。

综上所述，CB555 定时器的工作原理如表 7.5.1 所示。

表 7.5.1 CB555 定时器的工作原理

输 入			输 出	
$\overline{R_D}$	u_{I1}	u_{I2}	u_O	VT 状态
0	×	×	低	导通
1	$>\frac{2}{3}V_{CC}$	$>\frac{1}{3}V_{CC}$	低	导通
1	$<\frac{2}{3}V_{CC}$	$>\frac{1}{3}V_{CC}$	不变	不变
1	$<\frac{2}{3}V_{CC}$	$<\frac{1}{3}V_{CC}$	高	截止
1	$>\frac{2}{3}V_{CC}$	$<\frac{1}{3}V_{CC}$	高	截止

7.5.2　555 定时器组成的单稳态触发器

构成单稳态触发器的电路很多，本节主要介绍由 555 定时器组成的单稳态触发器。图 7.5.2 所示为用 CB555 定时器构成的单稳态触发器电路。

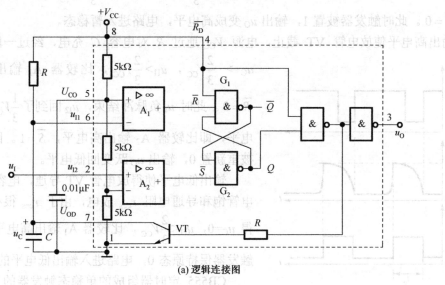

(a) 逻辑连接图

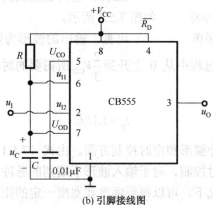

(b) 引脚接线图

图 7.5.2　CB555 组成的单稳态触发器电路图

输入触发信号 u_I 加在 2 脚的低电平触发端，3 脚输出信号 u_O，R 和 C 是外接定时元件，5 脚和地之间接滤波电容，消除高频干扰。

（1）接通电源，触发信号到来之前，低触发端为高电位，$u_{I2} > \frac{1}{3}V_{CC}$，比较器 A_2 输出高电平，$\overline{S} = 1$。

设触发器的原状态 $Q=0$，则输出 u_O 为低电平。此时放电管 VT 导通，电容 C 通过放电管饱和导通电阻 r_{ces} 放电，使得 $u_C=0$，$u_{I1} < \frac{2}{3}V_{CC}$，比较器 A_1 输出高电平，$\overline{R}=1$。触发器保持原态 0。

若触发器的原状态 $Q=1$，则输出 u_O 为高电平。此时放电管 VT 截止，电源 V_{CC} 通过 R

对电容 C 充电，使 $u_C > \frac{2}{3}V_{CC}$，$u_{I1} > \frac{2}{3}V_{CC}$，比较器 A_1 输出低电平，$\overline{R}=0$。触发器被置 0。

可见，在稳定状态时，RS 触发器输出 $Q=0$，输出 u_O 为低电平。

（2）触发信号 u_I 为负脉冲，其低电平小于 $\frac{1}{3}V_{CC}$。此时 $u_{I2} < \frac{1}{3}V_{CC}$，比较器 A_2 输出低电平，$\overline{S}=0$。此时触发器被置 1，输出 u_O 变成高电平，电路进入暂稳态。

输出高电平使放电管 VT 截止，电源 V_{CC} 通过 R 对电容 C 充电，经过一段时间，使

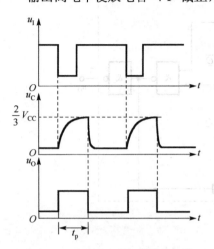

$u_C > \frac{2}{3}V_{CC}$，$u_{I1} > \frac{2}{3}V_{CC}$，比较器 A_1 输出低电平，$\overline{R}=0$。此时 u_I 负脉冲结束，u_{I2} 回到了 $\frac{1}{3}V_{CC}$ 以上的高电平，即比较器 A_2 输出高电平，$\overline{S}=1$。因此触发器被重新置 0，输出 u_O 跃变回低电平。

输出低电平使得放电管 VT 导通，电容 C 通过放电管饱和导通电阻 r_{ces} 放电，由于 r_{ces} 很小，很快使得 $u_C=0$，$u_{I1} < \frac{2}{3}V_{CC}$，比较器 A_1 输出高电平，$\overline{R}=1$。

触发器保持原态 0，电路进入输出低电平的稳态。

CB555 定时器组成的单稳态触发器的工作波形图如图 7.5.3 所示。

图 7.5.3　CB555 定时器组成的单稳
态触发器的工作波形图

可见，输出的波形为矩形波，其宽度（暂稳态持续时间）t_p 为电容 C 在充电过程中从 0 上升到 $\frac{2}{3}V_{CC}$ 所需要的时间，由前面一阶电路的知识可得

$$t_p = 1.1RC \tag{7.5.1}$$

单稳态触发器常用于脉冲整形和定时控制方面。由式（7.5.1）可知，改变 R、C 值即可改变脉冲宽度，从而实现定时控制。对于输入波形不规则的脉冲波，可经过单稳态触发器进行整形，在 RC 值确定的情况下，可以得到幅度和宽度一定的矩形波输出脉冲。此外，单稳态触发器可以将输入信号延迟一定时间后输出。

7.5.3　555 定时器组成的多谐振荡器

多谐振荡是一种自激振荡器，无须外加触发信号，即可产生矩形脉冲。多谐振荡器是常用的矩形波产生器。本节介绍由 CB555 定时器组成的多谐振荡器。其电路图和波形图如图 7.5.4 所示。

接通电源瞬间，u_C 为 0，A_1 输出高电平 $\overline{R}=1$，A_2 输出低电平 $\overline{S}=0$，基本 RS 触发器置 1，输出 u_O 为高电平 1，放电晶体管 VT 截止。电源经 R_1 和 R_2 对 C 充电，u_C 逐渐升高。到 $\frac{1}{3}V_{CC} < u_C < \frac{2}{3}V_{CC}$ 时，A_1 输出仍为高电平 $\overline{R}=1$，A_2 输出变为高电平 $\overline{S}=1$，触发器状态保持不变，即输出 u_O 仍为高电平 1。

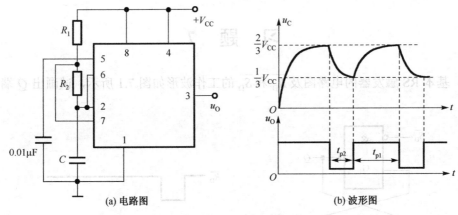

(a) 电路图   (b) 波形图

图 7.5.4 多谐振荡器

当 $u_C > \dfrac{2}{3}V_{CC}$ 时，比较器 A_1 的输出跳变为低电平 $\overline{R}=0$，A_2 输出仍为高电平 $\overline{S}=1$，此时触发器置 0，输出 u_O 跳变为低电平。同时，放电晶体管 VT 导通，电容 C 通过 R_2 和放电管放电，u_C 下降，降至 $\dfrac{1}{3}V_{CC} < u_C < \dfrac{2}{3}V_{CC}$ 时，比较器 A_1 的输出跳变为高电平 $\overline{R}=1$，A_2 仍输出高电平 $\overline{S}=1$，输出 u_O 保持原态低电平不变。

当 u_C 继续下降至 $< \dfrac{1}{3}V_{CC}$ 时，A_1 输出仍为高电平 $\overline{R}=1$，A_2 的输出跳变为低电平 $\overline{S}=0$，触发器置 1，输出 u_O 再次跳变到高电平 1，放电晶体管 VT 截止，C 再次充电。如此反复，即可得到重复的脉冲序列。

显然多谐振荡器的振荡周期为

$$T = t_{p1} + t_{p2}$$

t_{p1} 为电容电压从 $\dfrac{1}{3}V_{CC}$ 充电到 $\dfrac{2}{3}V_{CC}$ 所需的时间，充电时间常数 $\tau = (R_1 + R_2)C$，由前面动态电路知识可以求出

$$t_{p1} \approx (R_1 + R_2)C \ln 2 = 0.7(R_1 + R_2)C \tag{7.5.2}$$

t_{p2} 为电容从 $\dfrac{2}{3}V_{CC}$ 放电到 $\dfrac{1}{3}V_{CC}$ 所需的时间，放电时间常数 $\tau = R_2 C$，因此求出

$$t_{p2} \approx R_2 C \ln 2 = 0.7 R_2 C \tag{7.5.3}$$

振荡周期

$$T = t_{p1} + t_{p2} \approx 0.7(R_1 + 2R_2)C \tag{7.5.4}$$

振荡频率

$$f = \frac{1}{T} = \frac{1.43}{(R_1 + 2R_2)C} \tag{7.5.5}$$

输出波形的占空比

$$D = \frac{t_{p1}}{t_{p1} + t_{p2}} = \frac{R_1 + R_2}{R_1 + 2R_2} \tag{7.5.6}$$

习　题　7

7.1　基本 RS 触发器的电路图及 $\overline{R}_D$ 和 $\overline{S}_D$ 的工作波形如图 7.1 所示，试画出 Q 端的输出波形。

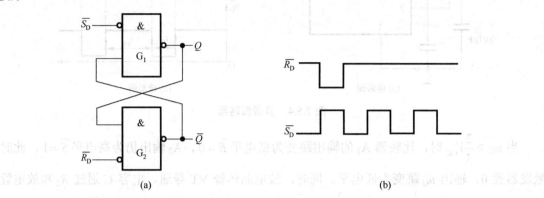

图 7.1　习题 7.1 的图

7.2　同步 RS 触发器电路中，CP、R、S 的波形如图 7.2 所示，试画出 Q 端对应的波形，设触发器的初始状态为 0。

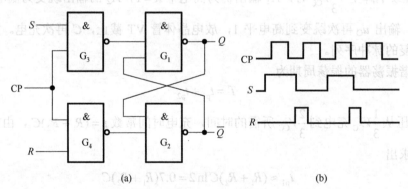

图 7.2　习题 7.2 的图

7.3　图 7.3(a)所示的主从结构的 RS 触发器各输入端的波形如图 7.3(b)所示。$\overline{S}_D =1$，试画出 Q、$\overline{Q}$ 端对应的波形，设触发器的初始状态为 0。

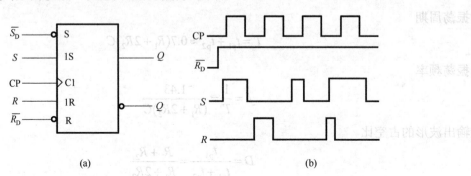

图 7.3　习题 7.3 的图

7.4 试分析图 7.4 所示电路的逻辑功能。

7.5 设图 7.5 所示 JK 触发器的初始状态为 0，画出输出端 Q 在时钟脉冲作用下的波形图。

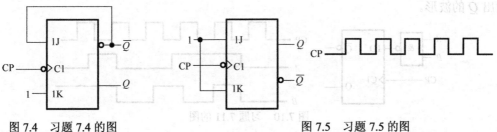

图 7.4 习题 7.4 的图　　　　　　　　图 7.5 习题 7.5 的图

7.6 在图 7.6 所示的信号激励下，画出主从型边沿 JK 触发器的 Q 端波形，设触发器的初始态为 0。

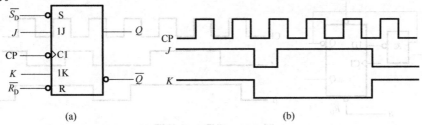

(a)　　　　　　　　　　　(b)

图 7.6 习题 7.6 的图

7.7 一种特殊的同步 RS 触发器如图 7.7 所示，试分析其逻辑功能。

7.8 D 触发器的逻辑电路和波形图如图 7.8 所示，试画出输出端 Q 的波形图，设触发器的初始态为 0。

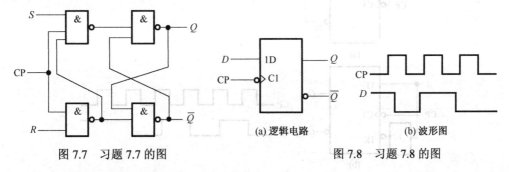

图 7.7 习题 7.7 的图　　　　　　图 7.8 习题 7.8 的图

7.9 图 7.9 所示为边沿 T 触发器，T 和 CP 的输入波形如图 7.9 所示，画出触发器输出端 Q 和 $\overline{Q}$ 的波形，设触发器的初始状态为 0。

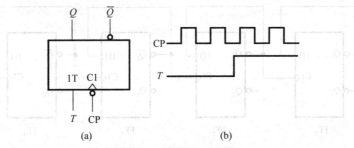

(a)　　　　　　　　　　　(b)

图 7.9 习题 7.9 的图

7.10　试将 RS 触发器分别转换为 D 触发器和 JK 触发器。

7.11　由 D 触发器组成的电路与 A、B 端的波形如图 7.10 所示，设初始状态为 0，请画出输出 Q 的波形。

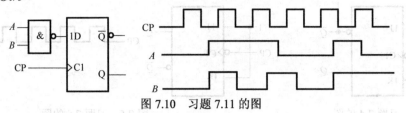

图 7.10　习题 7.11 的图

7.12　D 触发器组成的电路与 A、B 端的波形如图 7.11 所示，请画出 Q 的波形图。设触发器的初始状态为 1。

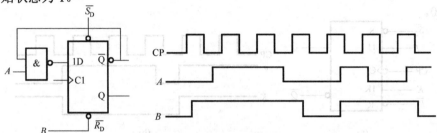

图 7.11　习题 7.12 的图

7.13　画出图 7.12 所示两个触发器输出端 Q 的波形。假设触发器的初始态均为 0。

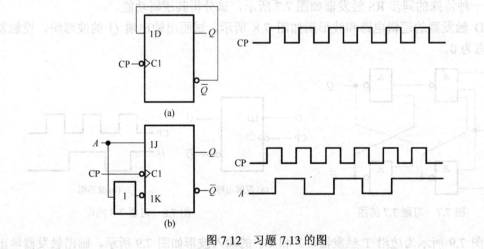

图 7.12　习题 7.13 的图

7.14　由 D 触发器组成的电路如图 7.13 所示，分析电路的逻辑功能。

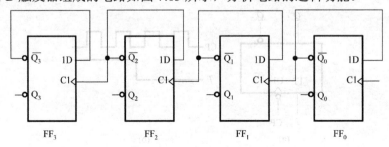

图 7.13　习题 7.14 的图

7.15　将 D 触发器转换成 T 触发器，则图 7.14 所示的虚线中应该采用什么门电路。

7.16　在图 7.15 所示的逻辑图中，试画出 Q_1 和 Q_2 端的波形，如果时钟脉冲的频率是 6000Hz，则 Q_1 和 Q_2 波形的频率各为多少？设初始状态为 0。

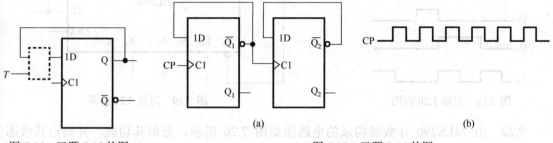

图 7.14　习题 7.15 的图　　　　　　　　　图 7.15　习题 7.16 的图

7.17　分析图 7.16 所示的逻辑图，并根据图 7.16(b)所示的 CP 和 T 的波形，画出 Q_1 和 Q_2 输出端的波形，假设两个触发器的初始状态均为 0。

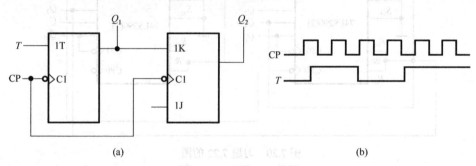

图 7.16　习题 7.17 的图

7.18　试从图 7.17 所示的电路中根据时钟脉冲 CP 画出 Y_1 和 Y_2 两个输出端的波形，设触发器的初始状态为 0。

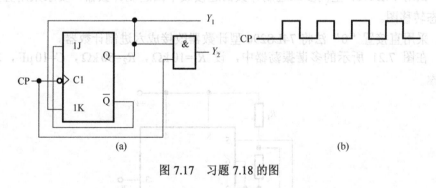

图 7.17　习题 7.18 的图

7.19　试用 3 个 D 触发器组成 3 位移位寄存器。

7.20　已知计数器的输出端 Q_2、Q_1、Q_0 的输出波形如图 7.18 所示，画出其对应的状态转移图，并分析计数器的进制。

7.21　分析图 7.19 所示的电路，画出电路的状态图，说明该电路的计数模值（注：74LS163 芯片采用同步清零端）。

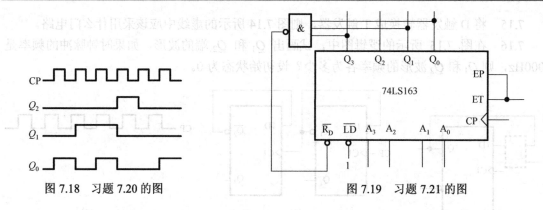

图 7.18　习题 7.20 的图　　　　　　　　　　图 7.19　习题 7.21 的图

7.22　由 74LS290 计数器构成的电路图如图 7.20 所示，分析其功能，并画出其状态转移图。

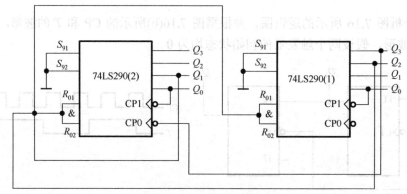

图 7.20　习题 7.22 的图

7.23　试用 74LS161 型同步二进制计数器连接成十四进制计数器，要求采用清零法，并画出其状态转移图。

7.24　试用 74LS161 型同步二进制计数器连接成十四进制计数器，要求采用置数法，并画出其状态转移图。

7.25　采用直接置"0"法将 74LS290 型计数器改接成六进制计数器。

7.26　在图 7.21 所示的多谐振荡器中，设 $R_1=10\,k\Omega$，$R_2=50\,k\Omega$，$C=10\,\mu F$，求其输出信号的频率。

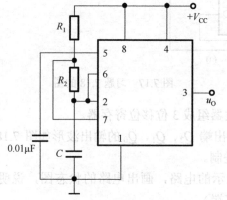

图 7.21　习题 7.26 的图

7.27　设计仿真题，用 Multisim 仿真软件绘制电路，并仿真分析。

（1）用 4 位二进制计数器 74LS163 构成十进制计数器。

（2）用 555 定时器设计一个楼上、楼下的开关控制电路，上、下楼梯口均有一个开关，要求任一开关按一下均可使电灯亮 30s。

（3）设计一个灯光控制逻辑电路，要求红、黄、绿、蓝 4 种颜色的灯在时钟信号作用下，按照表 7.1 规定的顺序转换状态，表中：1 表示灯亮，0 表示灯灭。

表 7.1　习题 7.27（3）的控制表

CP	红	绿	黄	蓝
0	0	0	0	0
1	0	0	0	1
2	0	0	1	0
3	0	1	0	0
4	1	0	0	0
5	0	0	0	0

7.27　myricetin，用 Multisim 仿真软件验证电路、并按次序。
（1）用 4 位二进制加计数器 74LS161 构成十进制计数器。
（2）先设计好，最后给出仿真波形。
（3）做好一个 D 光栅器和测试电源：要求红，黄，绿，蓝 4 种颜色的灯轮流点亮；
下，长时间 2；按照设计的电路原理，设计，灯中紫，红中灯，1 秒灯灯，0 秒亮 1 灭。

第 8 章　模拟量与数字量的转换

在以计算机技术为中心的各个领域中，从测量到控制，几乎到处都会使用数字技术。一个包含 A/D 和 D/A 转换器的典型数字控制系统如图 8.0.1 所示。在输入通道，从自然界获取各种非电物理量，通过各种传感器把它们转换成模拟电量后，才能加到 A/D 转换器转换成数字量。在输出通道，对那些需要用模拟信号驱动的执行机构，由计算机将经过运算决策后确定的控制量（数字量）送 D/A 转换器，转换成模拟量以驱动执行机构动作，完成控制过程。数字量和模拟量转换过程中起桥梁作用的是模数转换和数模转换。

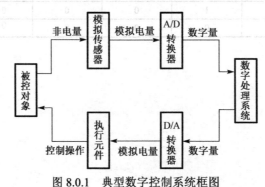

图 8.0.1　典型数字控制系统框图

8.1　D/A 转换器

数模转换是把输入的数字信号转换成模拟信号输出，也称为 D/A 转换，把实现 D/A 转换的电路称为 D/A 转换器，或写成 DAC（Digital Analog Converter）。D/A 转换器将输入的二进制数字量（离散信号）转换成以标准量（或参考量）为基准的模拟量，以电压或电流的形式输出。

D/A 转换所采用的基本方法是，将输入的每位二进制代码按其权值大小转换成相应的模拟量，然后将代表各位的模拟量相加，则所得的总模拟量就与数字量成正比，这样便实现了从数字量到模拟量的转换。D/A 转换器实质上是一个译码器（解码器）。一般常用的线性 D/A 转换器，其输出模拟电压 U_O 和输入数字量 D_n 之间成正比关系。

目前常见的 D/A 转换器有权电阻网络 D/A 转换器、倒 T 形电阻网络转换器等，这里介绍倒 T 形电阻网络 D/A 转换器。

8.1.1　倒 T 形电阻网络 D/A 转换器

1. 电路组成

4 位倒 T 形电阻网络 D/A转换器的原理图如图 8.1.1 所示。该倒 T 形电阻网络 D/A转换器由参考电压 U_{REF}、电子模拟开关 $S_0 \sim S_3$、倒 T 形电阻解码网络和反相比例加法电路 4 部分组成。电阻网络的电阻只有 R 和 $2R$ 两种，且构成倒 T 形，故又称为 $R\text{-}2R$ 倒 T 形电阻网络 D/A 转换器。

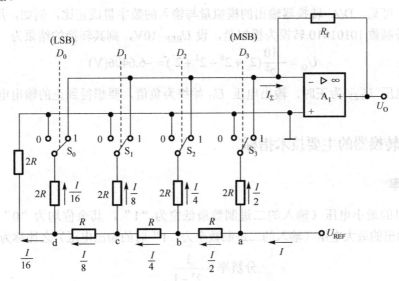

图 8.1.1　倒 T 形电阻网络 D/A 转换器

2. 工作原理

模拟开关 $S_0 \sim S_3$ 的状态分别受输入代码 $D_0 \sim D_3$ 的取值控制，代码为 1 时，将该位的 $2R$ 电阻接到集成运放的反相输入端，代码为 0 时，则将 $2R$ 电阻接地。运算放大器 A 组成反相求和电路，由于运算放大器 A 同相输入端接地、反相输入端虚地，所以不论数码 D_0、D_1、D_2、D_3 是 0 还是 1，电子开关 S_0、S_1、S_2、S_3 都相当于接地，因此，图 8.1.1 中各支路电流的大小不会因二进制数的不同而改变，固定如图中所示比例。

$R\text{-}2R$ 倒 T 形电阻网络具有一种特殊性质，即对于 a、b、c、d 这 4 个节点中的任何一个，其左边的电阻网络的等效电阻都等于 R，所以总电流 $I = U_{\text{REF}}/R$，而流入各 $2R$ 支路的电流从右到左依次为：$I/2$、$I/4$、$I/8$、$I/16$ 和 $I/16$。

流入运算放大器反相端的电流 I_Σ 为

$$I_\Sigma = \frac{I}{16}D_0 + \frac{I}{8}D_1 + \frac{I}{4}D_2 + \frac{I}{2}D_3 = \frac{I}{16}(8D_3 + 4D_2 + 2D_1 + D_0)$$

$$= \frac{I}{16}(2^3 D_3 + 2^2 D_2 + 2^1 D_1 + 2^0 D_0)$$

根据反相加法器的计算公式可得运算放大器的输出电压为

$$U_O = -I_\Sigma R_f = -\frac{I}{16}(2^3 D_3 + 2^2 D_2 + 2^1 D_1 + 2^0 D_0)R_f \tag{8.1.1}$$

若 $R_f = R$，并将 $I = U_{\text{REF}}/R$ 代入式（8.1.1），则有

$$U_O = -\frac{U_{\text{REF}}}{2^4}(2^3 D_3 + 2^2 D_2 + 2^1 D_1 + 2^0 D_0) \tag{8.1.2}$$

可见，输出模拟电压正比于数字量的输入。推广到 n 位 D/A 转换器的输出为

$$U_O = -\frac{U_{REF}}{2^n}(2^{n-1}D_{n-1} + 2^{n-2}D_{n-2} + \cdots + 2^1 D_1 + 2^0 D_0) = -\frac{U_{REF}}{2^n}(D_n)_{10} \qquad (8.1.3)$$

由式（8.1.3）可见，D/A 转换器输出的模拟量与输入的数字量成正比，例如，用 D/A 转换器将 8 位二进制数 10101010 转换为模拟量，设 $U_{REF}=10V$，则其转换的结果为

$$U_O = -\frac{10}{2^8}(2^7 + 2^6 + 2^3 + 2^1) = -6.6406(V)$$

在参考电压 U_{REF} 为正时，输出电压 U_O 始终为负值，要想得到正的输出电压，可以将 U_{REF} 取负值。

8.1.2　D/A 转换器的主要技术指标

1．分辨率

电路输出的最小电压（输入的二进制数最低位为"1"，其余位均为"0"时的输出电压）与电路输出的最大电压（输入的二进制数全为"1"时的输出电压）之比称为分辨率，即

$$分辨率 = \frac{1}{2^n - 1} \qquad (8.1.4)$$

分辨率反映了 D/A 转换器对微小模拟量变化的敏感程度和分辨能力，它是最低有效位（LSB）所对应的模拟量，它确定了能由 D/A 产生的最小模拟量的变化。分辨率越高，转换时对输入量的微小变化的反应越灵敏，分辨率与输入数字量的位数有关，n 越大，分辨率越高，转换的精度也就越高。

2．转换精度

转换精度是指输入满刻度数字量时，D/A 转换器的实际输出模拟电压值与理论值之间的偏差，即最大静态转换误差。该偏差用最低有效位 LSB 的分数来表示，如 ±1/2LSB 或 ±LSB。产生的误差主要与参考电压 U_{REF} 的波动、运算放大器的零点漂移、电阻网络电阻值的偏差及模拟开关的导通电阻和导通电压的变化等有关。

3．建立时间和转换速度

建立时间又称转换时间，是从输入的数字量发生满量程变化（由全 1 变为全 0 或由全 0 变为全 1）开始，到输出电压进入与稳态值相差 ±1/2LSB 范围内所需要的时间。通常用建立时间来定量描述 D/A 转换器的转换速度。

除上面介绍的指标外，还有线性度、温度系数/漂移、输出电压范围和输入逻辑电平等等参数，不再一一介绍，可查阅有关手册。

【例 8.1.1】 若 DAC 的最大输出电压为 10V，要想使转换误差在 10mV 以内，应选多少位的 DAC？

解：要想转换误差在 10mV 以内，就必须能分辨出 10mV 电压。本题中，最小输出电压为 10mV，最大输出电压为 10V，由式（8.1.3）可以写出

$$\frac{10}{10 \times 10^3} = \frac{1}{1000}$$

根据分辨率的定义，由式（8.1.4）可求出，$n=10$，所以至少需要 10 位 DAC。

8.1.3 集成 D/A 转换器

将 T 形网络、电子开关等集成在一块芯片上，再根据实际应用的需要，附加一些功能电路，能够形成各种特性的不同型号的 D/A 转换芯片。这里仅介绍一种通用性较强的芯片 AD7520，重点讨论其外部特性和使用方法。

AD7520 是单片式、精度高、10 位分辨率数模转换器，其电路和图 8.1.1 所示电路相似，采用倒 T 形电阻网络。模拟开关是 CMOS 型的，也同时集成在芯片上，但运算放大器是外接的。AD7520 的引脚排列及其连接电路如图 8.1.2 所示。

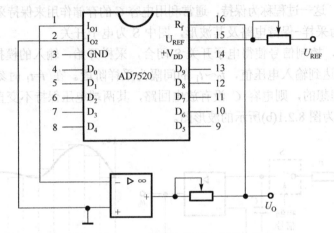

图 8.1.2 AD7520 的引脚排列及与外部的接线

AD7520 共有 16 个引脚，各引脚的功能如下。

（1）1 脚为模拟电流输出端 I_{O1}，接到运算放大器的反相输入端；2 脚为模拟电流输出端 I_{O2}，一般接"地"。

（2）4～13 脚为 10 位数字量的输入端 $D_0 \sim D_9$。

（3）14 脚为 CMOS 模拟开关的 $+V_{DD}$ 电源接线端。3 脚为接"地"端 GND。

（4）15 脚为参考电压电源接线端 U_{REF}，可为正值或负值。

（5）16 脚为芯片内部一个电阻 R 的引出端，该电阻作为运算放大器的反馈电阻 R_f，它的另一端在芯片内部。

8.2 A/D 转换器

模数转换是把输入的模拟信号转换成数字信号输出，也称为 A/D 转换，是将连续的模拟量（如电压、电流等）通过取样转换成离散的数字量。把实现 A/D 转换的电路称为 A/D 转换器，或写成 ADC（Analog Digital Converter）。

模拟量在时间和数值上都是连续的，数字量在时间和数值上都是离散的，所以转换时要在时间上对模拟信号离散化（采样），还要在数值上离散化（量化），一般 A/D 转换包括取样、保持、量化和编码 4 个步骤。A/D 转换器实质上是一个编码器。

1. 采样-保持

采样就是在一个控制信号的作用下，将模拟量每隔一定时间间隔抽取一次样值，把时间上连续变化的模拟信号转换为时间上离散的信号，控制信号又称采样脉冲，为了正确无误地用采样保持后输出的信号 u_o 表示输入信号 u_i，采样脉冲的频率 f_S 与输入信号 u_i 的最高频率分量 f_{max} 必须满足下列关系（称为采样定理）

$$f_S \geq 2f_{max} \tag{8.2.1}$$

由于采样脉冲的宽度很小，量化编码电路来不及反应，所以每次采样后必须把采样电压保持到下次采样之前，这一过程称为保持，通常利用电容 C 的存储作用来保持采样电压。

图 8.2.1 所示为采样-保持电路及其波形，图中 S 为电子开关。

在 $t = t_0$ 时刻，控制信号使得电子开关 S 闭合，采样开始，输入的模拟信号通过电阻 R 对电容充电并迅速达到输入电压值，$t_0 \sim t_1$ 的间隔为采样阶段。在 $t=t_1$ 时刻，S 断开，若运放和开关 S 均为理想的，则电容 C 没有放电回路，其两端电压保持不变直至下一个采样脉冲到来，具体波形为图 8.2.1(b)所示的波形图。

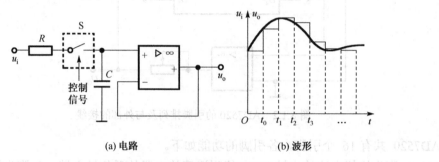

(a) 电路   (b) 波形

图 8.2.1 采样-保持电路及波形

2. 量化-编码

采样保持得到的阶梯样值电压在时间上是离散的，但其幅值仍是一个可以连续取值的模拟量。为了用数字量来表示采样得到的电压，就必须把这些数字化为某个最小单位（用 Δ 表示）的整数倍，而不能是小数，这称为对采样值的量化。量化后用二进制数表示此整数就叫编码。

量化的方法有两种，即舍尾取整法和四舍五入法。若采样电压的尾数不足最小单位的一半（$\Delta/2$）时，则舍尾取整；若采样电压的尾数等于或大于最小单位的一半，则四舍五入，在原整数上加 1。

例如：已知 $\Delta = 1V$，若采样电压为 2.1V，则舍尾取整，量化电压取 2V；若采样电压为 2.5V，则四舍五入，量化电压取 3V。

量化过程只是把模拟信号按量化单位做了取整处理，只有用代码表示量化后的值，才能得到数字量，量化后用二进制数表示此整数就叫编码。

常用的 A/D 转换器按工作原理可以分为：双积分型、逐次逼近型和并行比较型等。下面介绍应用最为广泛的逐次逼近型 A/D 转换器。

8.2.1　逐次逼近型 A/D 转换器

逐次逼近型 A/D 转换原理与用天平称物体质量的原理类似。天平称重从最重砝码开始试放，与物重开始比较，若物体的质量大于该砝码的质量，则该砝码保留，否则去掉。各砝码的质量一个比另一个小一半。这样由物体的质量是否大于砝码的质量来决定砝码的去留，一直到天平平衡为止，留下的砝码的质量即为物体的质量。

图 8.2.2 所示为逐次逼近型 A/D 转换器的原理框图。转换开始前，先将所有寄存器清 0。开始转换后，时钟脉冲首先将寄存器的最高位置 1，使其输出为 100…000。这个数码被 D/A 转换器转换成相应的模拟电压 U_O，送至电压比较器与输入 U_I 进行比较。若 $U_O>U_I$，则说明寄存器输出的数码大了，应将最高位改为 0（去码），同时将次高位置 1，使其输出为 010…000 的形式；若 $U_O<U_I$，则说明寄存器输出的数码还不够大，因此，除了将最高位设置的 1 保留（加码）外，还需将次高位也设置为 1，使其输出为 110…000 的形式。然后，再按上面同样的方法继续进行比较，确定次高位的 1 是去码还是加码。这样逐位比较下去，直到最低位为止，比较完毕后，寄存器中的状态就是转换后的数字输出。

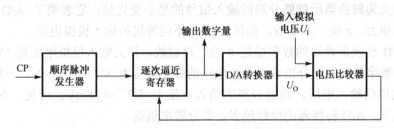

图 8.2.2　逐次逼近型 A/D 转换器的原理框图

通过一个具体的转换说明逐次逼近型 A/D 转换器的工作原理。其中的电压比较器按图 8.2.3 所示连接，被转换的电压 U_I=5.6V，用 4 位逐次逼近型 A/D 转换器将其转换为数字量的过程如下。

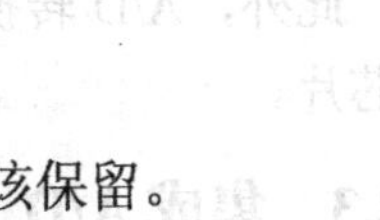

（1）在第一个 CP 到来时，将逐次逼近寄存器进行第一次置数，将 4 位二进制数的最高位置 1，其余位数为 0，即置数为 1000，1000 经 D/A 转换输出模拟电压，设 $R_f = R$，D/A 转换器的参考电压 $U_{REF}=-8V$，由式（8.1.2）可得

图 8.2.3　A/D 转换器中的电压比较器

$$U_O = -\frac{U_{REF}}{2^4}(2^3 D_3 + 2^2 D_2 + 2^1 D_1 + 2^0 D_0) = -\frac{-8}{2^4} \times 2^3 = 4V$$

由于 $u_o<u_i$，所以比较器输出低电平，同时第一次置数最高位所置的 1 应该保留。

（2）第二个 CP 到来时，比较器输出的低电平使逐次逼近寄存器置数 1100，即将次高位也置 1，其余位置为 0，1100 经 D/A 转换输出的模拟电压为

$$U_O = \frac{-8}{2^4}(2^3 + 2^2 + 0 + 0) = 6V$$

由于 $u_o>u_i$，所以比较器输出高电平，同时次高位所置的 1 应该去掉。

（3）第 3 个 CP 到来时，比较器输出的高电平使逐次逼近寄存器置数为 1010，1010 经 D/A 转换输出的模拟电压为

$$U_O = -\frac{-8}{2^4}(2^3 + 0 + 2^1 + 0) = 5V$$

由于 $U_O<U_I$，所以比较器输出低电平，同时置 1 的位应该保留。

（4）第 4 个 CP 到来时，比较器输出的低电平使逐次逼近寄存器置数为 1011，1011 经 D/A 转换输出的模拟电压为

$$U_O = -\frac{-8}{2^4}(2^3 + 0 + 2^1 + 2^0) = 5.5V$$

经过 4 个时钟脉冲，输入的模拟电压被转换成 1011。1011 与 5.6V 的模拟电压相对应，所以转换误差是 0.1V。显然，如果 A/D 转换器中逐次逼近寄存器的二进制位数更多些，误差会更小。

8.2.2　A/D 转换器的主要技术指标

1. 分辨率

分辨率定义为转换器所能够分辨的输入信号的最小变化量，它表明了 A/D 转换器对输入信号的分辨能力。n 位二进制数，能区分 2^n 个不同等级的输入模拟电压。

例如，A/D 转换器输出的数字量是 8 位二进制数，最大输入模拟电压是 5V，那么这个转换器输出的数字量应能区分出输入模拟电压的最小电压为 $5/2^8$=19.53mV。若用 10 位 A/D 转换器，对同样的输入电压，则能分辨的输入电压为 $5/2^{10}$=4.88mV。可见，在最大输入电压相同的情况下，A/D 转换器的位数越多，其分辨率越高。

2. 转换误差

转换误差是指 A/D 转换器转换后所得数字量代表的模拟输入电压值与实际的模拟输入电压值之差。通常以数字量最低位所代表的模拟输入电压值作为衡量单位。

3. 转换时间和转换速率

转换时间是指完成一次 A/D 转换所需的时间，是从接收到转换启动信号开始，到输出端获得稳定的数字信号所经过的时间。转换时间越短，意味着 A/D 转换器的转换速度越快，常见有高速（转换时间小于 1μs）、中速（转换时间小于 1ms）和低速（转换时间小于 1s）等。

此外，A/D 转换器还有输入模拟电压范围、功率损耗等参数，在选用时应挑选参数合适的芯片。

8.2.3　集成 A/D 转换器

集成 A/D 转换器种类很多，下面以使用广泛的 ADC0809 为例，介绍集成 A/D 转换器的结构与引脚。

ADC0809 是一种逐次逼近型 8 位 A/D 转换芯片，由 National Semiconductor 半导体公司采用 CMOS 工艺制成，它具有 8 个模拟量输入通道，可在程序的控制下对任意通道进行 A/D 转换，得到 8 位二进制数字量。

图 8.2.4 给出了 ADC0809 转换器的内部结构图，内部各单元的功能如下。

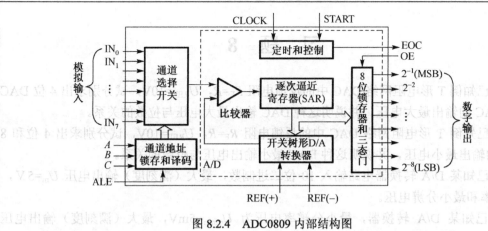

图 8.2.4 ADC0809 内部结构图

（1）通道选择开关

八选一模拟开关，实现分时采样 8 路模拟信号。

（2）通道地址锁存和译码

通过 A、B、C 这 3 个地址选择端及译码作用控制通道选择开关。

（3）逐次逼近型 A/D 转换器

包括比较器、8 位开关树形 D/A 转换器、逐次逼近寄存器。转换的数据从逐次逼近寄存器传送到 8 位锁存器后经三态门输出。

（4）8 位锁存器和三态门

当输入允许信号 OE 有效时，打开三态门，将锁存器中的数字量经数据总线送到 CPU。由于 ADC0809 具有三态输出，因而数据线可直接挂在 CPU 数据总线上。

图 8.2.5 所示为 ADC0809 转换器的引脚图，共有 28 个引脚，分 4 部分介绍各引脚的功能。

（1）IN0～IN7 为 8 路模拟电压输入通道。

（2）地址输入和控制线有 4 条，其中 A、B 和 C 为地址输入线，用于选择 IN0～IN7 中的一条模拟信号送到比较器进行 A/D 转换。ALE 为地址锁存允许输入线，高电平有效。

（3）数字量输出及控制线：START 为启动转换命令输入端，下降沿启动 A/D 转换，要求信号宽度>100ns。EOC 为转换结束信号输出线，高电平表示转换已经结束，数字量已锁入三态输出锁存器。D0～D7 为 8 位数字量输出端。OE 为输出使能端，高电平有效。

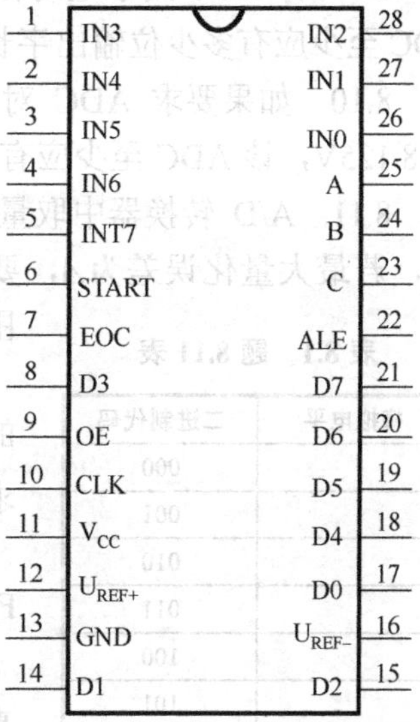

图 8.2.5 ADC0809 引脚图

（4）电源线及其他：CLK 为时钟脉冲输入端，用于为 ADC0809 提供逐次逼近比较所需的时钟频率不高于 640kHz 的时钟脉冲序列。+V_{CC} 为 +5V 电源接线端。U_{REF+} 和 U_{REF-} 为参考电压输入端，用于给电阻阶梯网络提供标准电压，U_{REF+} 常和 V_{CC} 相连，U_{REF-} 常接地。

习 题 8

8.1　已知倒 T 形电阻网络 DAC 中的反馈电阻 $R_F=R$，$U_{REF}=10V$，试分别求出 4 位 DAC 和 8 位 DAC 的输出最大电压，并说明这种 DAC 输出最大电压与位数的关系。

8.2　已知倒 T 形电阻网络 DAC 中的反馈电阻 $R_F=R$，$U_{REF}=10V$，试分别求出 4 位和 8 位 DAC 的输出最小电压，并说明这种 DAC 最小输出电压与位数的关系。

8.3　已知某 D/A 转换器电路输入 10 位二进制数，最大（满刻度）输出电压 $U_m=5V$，试求分辨率和最小分辨电压。

8.4　已知某 D/A 转换器，最小分辨率电压为 $U_{omin}=5mV$，最大（满刻度）输出电压 $U_{omax}=10V$，试问此电路输入数字量的位数 n 应为多大？

8.5　已知 10 位 R-$2R$ 倒 T 形电阻网络 DAC 的 $R_F=R$，$U_{REF}=10V$，试分别求出数字量为 0000000001 和 1111111111 时的输出电压 U_O。

8.6　对于一个 8 位 D/A 转换器：（1）若最小输出电压增量为 0.02V，试问当输入代码为 01001101 时，输出电压 U_O 为多少？（2）若其分辨率用百分数表示，则应是多少？

8.7　在 AD7520 电路中，若 $V_{DD}=10V$，输入 10 位二进制数为$(1011010101)_2$，试求：（1）其输出模拟电流 I_O 为何值（已知 $R=10k\Omega$）；（2）当 $R_f=R=10k\Omega$ 时，外接运放 A 后，输出电压应为何值？

8.8　某 12 位 ADC 输入电压范围为 0～+10V，当输入电压为 75.5mV、4.48V 和 7.81V 时，其输出二进制数各是多少？该 ADC 能分辨的最小电压变化量为多少 mV？

8.9　将 ADC 用于地磅称重测量，检测重量范围 0～10 吨，要求检测误差小于 1kg，该 ADC 至少应有多少位输出字长？

8.10　如果要求 ADC 对输入电压的分辨率为 2.5mV，其满刻度输出所对应的输入电压为 8.125V，该 ADC 至少应有多少位字长？

8.11　A/D 转换器中取量化单位为Δ，把 0～10V 的模拟电压信号转换为 3 位二进制代码，若最大量化误差为Δ，要求列表表示模拟电平与二进制代码的关系，并指出Δ值的范围，并将其填入表 8.1 中。

表 8.1　题 8.11 表

模拟电平	二进制代码
	000
	001
	010
	011
	100
	101
	110
	111

8.12　已知在逐次逼近型 A/D 转换器中的 10 位 D/A 转换器的最大输出电压 $U_{Omax}=14.322V$，当输入电压 $U_1=9.45V$ 时，求电路转换输出的数字状态。

8.13　设 $U_{REF}=5V$，当 ADC0809 的输出分别为 80H 和 F0H 时，求 ADC0809 的输入电压 U_{I1} 和 U_{I2}。

8.14　设计仿真题，用 Multisim 仿真软件绘制电路，并仿真分析。

（1）利用 A/D 转换器将一个输入的正弦波信号转换成数字信号并显示。

（2）利用 D/A 转换器设计一个数控放大器（8 位输入数字信号）。

（3）利用 D/A 转换器设计一个数控电压源。

附录 A　本书常用文字符号说明

一、基本原则

1. 电流与电压（以基极电流和基极-发射极电压为例）

I_B、U_{BE}	大写字母、大写下标表示直流量
I_b、U_{be}	大写字母、小写下标表示交流有效值
$\dot{I}_b$、$\dot{U}_{be}$	大写字母上面加点、小写下标表示正弦相量
i_B、u_B	小写字母、大写下标表示总的瞬时值
i_{be}、u_{be}	小写字母、小写下标表示交流分量瞬时值

2. 电阻

R	大写字母表示电路中的电阻或等效电阻
r	小写字母表示器件内部的等效电阻

二、基本符号

1. 电压和电流

I、i	电流的通用符号
U、u	电压的通用符号
U_i、I_i	交流输入电压、输入电流的有效值
U_i'、I_i'	交流净输入电压、净输入电流的有效值
U_o、I_o	交流输出电压、输出电流的有效值
$U_{o(AV)}$、$I_{o(AV)}$	输出电压、输出电流平均值
U_{omax}	最大输出电压
U_f、I_f	反馈电压、反馈电流
U_Q、I_Q	静态电压、静态电流
U_{OH}、U_{OL}	电压比较器的输出高电平和输出低电平
u_{ic}	共模输入电压
u_{id}	差模输入电压
U_{REF}、I_R	参考电压、参考电流
U_T	温度的电压当量
U_+、I_+	集成运放同相输入端的电压、电流
U_-、I_-	集成运放反相输入端的电压、电流
U_S	信号源电压
V_{CC}	双极型三极管集电极直流电源电压
V_{BB}	双极型三极管基极直流电源电压

V_{EE}	双极型三极管发射极直流电源电压
V_{DD}	场效应管漏极直流电源电压
V_{GG}	场效应管栅极直流电源电压
V_{SS}	场效应管源极直流电源电压

2．电阻、电容、电感、阻抗

R_i、R_o	电路的输入电阻、输出电阻
R_{if}、R_{of}	有反馈时电路的输入电阻、输出电阻
R_L	负载电阻
R_S	信号源内阻
R_P	可调电阻
G	电导的通用符号
C	电容的通用符号
L	电感的通用符号
X	电抗的通用符号
X_L	感抗
X_C	容抗
Y	复导纳
M	互感系数
Z	阻抗的通用符号

3．增益或放大倍数、反馈系数

A	增益或放大倍数的通用符号
A_{uc}	共模电压放大倍数
A_{ud}	差模电压放大倍数
A_i	电流放大倍数
A_u	电压放大倍数
A_{uf}	有反馈时的电压放大倍数
A_{us}	考虑信号源内阻时的电压放大倍数
F	反馈系数的通用符号

4．功率和效率

P	功率的通用符号
P_o	输出交变功率
P_V	电源提供的直流功率
P_T	晶体管耗散功率
P_{om}	输出交变功率最大值
Q	无功功率
S	视在功率
η	效率
η_{max}	最大效率

5．频率和时间常数

f_{BW}	通频带
f_H	放大电路的上限（-3dB）频率
f_L	放大电路的下限（-3dB）频率
f_0	振荡频率、谐振频率
ω	角频率的通用符号
τ	时间常数

三、元器件参数和符号

1. 二极管

VD	二极管
I_F	最大整流电流
I_R	二极管未被击穿时的反向电流值
I_S	二极管反向饱和电流
$I_{D(AV)}$	整流二极管平均电流
U_R	二极管工作时允许外加的最大反向电压
U_{BR}	反向击穿电压
$U_{D(on)}$	二极管导通电压
r_d	二极管动态电阻

2. 稳压二极管

VD_Z	稳压管
U_Z	稳压管的稳定电压
I_Z	稳压管的稳定电流
r_Z	稳压管工作在稳压状态的动态电阻

3. 双极性晶体管

VT	双极型三极管、场效应管
b	双极型三极管的基极
c	双极型三极管的集电极
e	双极型三极管的发射极
$C_{b'c}$	集电结等效电容
$C_{b'e}$	发射结等效电容
α	共基电流放大系数
β	共射电流放大系数
$\overline{\beta}$	共射直流电流放大系数
$U_{(BR)CBO}$	发射极开路时集电极-基极之间的反向击穿电压
$U_{(BR)CEO}$	基极开路时集电极-发射极之间的反向击穿电压
$U_{(BR)EBO}$	集电极开路时发射极-基极之间的反向击穿电压
U_{CES}	晶体管饱和管压降
I_{CBO}	集电极-基极之间的反向饱和电流
I_{CEO}	集电极-发射极之间的穿透电流

I_{CM}	集电极最大容许电流
P_{CM}	集电极最大容许耗散功率
$r_{bb'}$	基区体电阻
$r_{b'e}$	发射结微变等效电阻
r_{be}	共射接法下基极-发射极之间的微变等效电阻
r_{ce}	共射接法下集电极-发射极之间的微变等效电阻

4．场效应管

D	场效应管的漏极
G	场效应管的栅极
S	场效应管的源极
g_m	跨导
U_P	场效应管的夹断电压
U_{th}	场效应管的开启电压
I_{DSS}	耗尽型场效应管 $U_{GS}=0$ 时的漏极电流
r_{ds}	场效应管漏极-源极之间的微变等效电阻

5．集成运放

A_{od}	集成运放的开环差模电压增益
S_R	集成运放转换速率
BWG	集成运放的单位增益带宽
U_{ICM}	集成运放最大共模输入电压
U_{IDM}	集成运放最大差模输入电压
U_{IO}	集成运放输入偏置电流
I_{IO}	集成运放输入失调电流
r_{id}	集成运放差模输入电阻
K_{CMR}	共模抑制比

四、其他符号

K	热力学温度
Q	品质因数
T	周期、温度
φ	阻抗角
θ	相位角
S_r	稳压系数

附录 B   部分习题参考答案

第 1 章

1.1 $R_o = 3.4 \text{k}\Omega$

1.2 $R_i = 2 \text{k}\Omega$

1.3 $A_u = 150$，$A_u(\text{dB}) = 43.5 \text{dB}$；$A_i = 100$，$40 \text{dB}$

1.4 40dB；20Hz；100kHz；$f_{\text{BW}} \approx 100 \text{kHz}$

1.5 $R_1 = 10 \text{k}\Omega$；$R_2 = 9.1 \text{k}\Omega$

1.7 2.2V；$u_o = +14 \text{V}$

1.8   (a) $A_{uf} = -10$，$R_i = 10 \text{k}\Omega$，$R_o \rightarrow 0$；

　　　(b) $A_{uf} \rightarrow \infty$，$R_i \rightarrow 0$，$R_o \rightarrow 0$；

　　　(c) $A_{uf} = 0$，$R_i = 10 \text{k}\Omega$，$R_o \rightarrow 0$

1.9   (a) $u_o = -R_f \left(\dfrac{u_{i1}}{R_1} + \dfrac{u_{i2}}{R_2} \right)$；　　　(b) $u_o = \left(1 + \dfrac{R_f}{R_1} \right) u_i$；

　　　(c) $u_o = \left(\dfrac{R_2}{R_1 + R_2} u_{i1} + \dfrac{R_1}{R_1 + R_2} u_{i2} \right)$；

　　　(d) $u_o = -R_f \left(\dfrac{u_{i1}}{R_1} + \dfrac{u_{i2}}{R_2} \right) + \left(1 + \dfrac{R_f}{R_1 // R_2} \right) \left(\dfrac{R_4}{R_3 + R_4} u_{i3} + \dfrac{R_3}{R_3 + R_4} u_{i4} \right)$

1.10 （1）$U_o = 7.5 \text{V}$

1.13 （1）$u_o = -\dfrac{R_2 + R_3 + (R_2 R_3 / R_4)}{R_1} u_i$；（2）$R_4 = 35.2 \text{k}\Omega$，取 $36 \text{k}\Omega$；

　　　（3）$R_2 = 5100 \text{k}\Omega$

1.14 （1）$u_o = \dfrac{R_2 // R_3}{R_1 + R_2 // R_3} u_{i1} + \dfrac{R_1 // R_3}{R_2 + R_1 // R_3} u_{i2} + \dfrac{R_1 // R_2}{R_3 + R_1 // R_2} u_{i3}$；

　　　（2）$u_o = \dfrac{1}{3} (u_1 + u_2 + u_3)$

1.15 (a) $u_o = -\dfrac{R_5}{R_4} \left(1 + \dfrac{R_2}{R_1} \right) u_{i1} + \left(1 + \dfrac{R_5}{R_4} \right) u_{i2}$；(b) $u_o = -\dfrac{R_5}{R_4} \left(1 + \dfrac{R_2}{R_1} \right) u_{i1} - \dfrac{R_5}{R_6} u_{i2}$

1.16 $\tau = R_1 C_f = 0.1 (\text{ms})$

1.17 $U_{\text{im}} = 0.24 \text{V}$

1.18 （2）$u_o = \dfrac{R_f}{R_1 R_2 C} \displaystyle\int (u_{i1} - u_{i2}) \mathrm{d}t$

1.20 （1）$u_{o1} = -\dfrac{R_4}{R_1} u_{i1} + \left(1 + \dfrac{R_4}{R_1} \right) \dfrac{R_3}{R_2 + R_3} u_{i2}$，$u_o = -\dfrac{1}{R_6 C} \displaystyle\int u_{o1} \mathrm{d}t - \dfrac{1}{R_5 C} \displaystyle\int u_{i3} \mathrm{d}t$；

$$（2）\quad u_o = \frac{1}{RC}\int(u_{i1}-u_{i2}-u_{i3})\mathrm{d}t$$

1.21　（1）$U_{TH}=3V$

1.22　$U_{TH}=-1.5V$

1.23　$U_{TH}=\pm 3V$

1.24　（1）$U_{TH+}=3V$；$U_{TH-}=-1V$

第 2 章

2.2　当开关断开时，$U_O=4.3(V)$，当开关闭合时，$U_O=6(V)$

2.3　(a) VD 导通，$U_{ab}=-5(V)$；(b) VD 截止　$U_{ab}=2(V)$；

　　　(c) VD$_1$ 导通，VD$_2$ 截止，$U_{ab}=0V$；(d) VD$_1$ 截止，VD$_2$ 导通，$U_{ab}=-5(V)$

2.5　$u_i(t)=2t$，$t<3ms$，$u_o(t)=6(V)$，$t>3ms$，$u_o(t)=\dfrac{u_i(t)}{2}+3=3+t$

2.9　(a)$V_O=3V$，$I=8mA$；(b)$V_O=1V$，$I=4mA$

2.10　（1）$U=20(V)$，（2）$I_F=99(mA)$，$U_R=31.1(V)$

2.11　（1）$U_{o(AV)}\approx 63.6V$，（2）$U_{o(AV)}=63.6(mA)$

　　　（3）$I_F=31.8(mA)$，$U_R=100(V)$

2.12　$U=25(V)$，$I_D=12.5(mA)$，$R_LC=0.04s$，$C=333.3\mu F$，

　　　$U_{CM}=38.9(V)$，$I_F=13.75(mA)$

2.13　$I_Z=5mA>I_{Zmin}$，$U_{o1}=6(V)$，$U_{o2}=5(V)$

2.14　(a) VD$_{Z1}$ 反向击穿，处于稳压状态，VD$_{Z2}$ 正向导通，$U_{ab}=8.7V$；

　　　(b) VD$_{Z1}$ 反向击穿，处于稳压状态，VD$_{Z2}$ 反向截止，$U_{ab}=8V$

2.15　（1）$U_O=U_z=6.8V$；（2）$R_{min}=0.42k\Omega$；（3）$R_{max}=0.52k\Omega$

2.16　（1）7812；（2）78M06；（3）79L15

2.17　$R'_W=220\Omega$

2.18　（1）$I_O=I_W+\dfrac{U_{23}}{R}$；（2）$160\Omega$

2.19　（1）$U_o=U_{REF}+I_1R_2$，$R_2=750\Omega$，$U_{REF}=\dfrac{R_1}{R_1+R_2}\cdot U_o$，$R_1=250\Omega$；

　　　（2）$U_o=(1.25\sim 13.75)V$

2.20　（1）$I_O=1.5A\sim 10mA$；（2）$R_L=30\Omega$

第 3 章

3.1　(a) $\beta=40$；(b) $\beta=50$

3.5　$U_{CE}=15V$，$I_C=16.66\,mA$

3.7　(a) $I_{CQ}=3.39mA$，$U_{CEQ}=8.61V$；(b) $I_{CQ}=1.88mA$，$U_{CEQ}=2.29V$

3.9　(a) 饱和；(b) 放大；(c) 截止

3.11　$I_{BQ}=37.7\mu A$，$I_{CQ}=1.88mA$，$U_{CEQ}=6.35V$；

　　　$R_i\approx 1k\Omega$，$R_o=R_c=3k\Omega$，$A_u=-60$，截止失真，减小 R_b

3.13　(1) $I_{CQ}=1.65\text{mA}$，$V_{CEQ}=5.4\text{V}$；(2) $R_i=1.73\text{k}\Omega$，$R_o=2\text{k}\Omega$；

　　　(3) $A_u=-70.5$，$A_{us}=-68.5$；(4) $U_{omax}=2.2\text{V}$

3.14　(1) $I_{CQ}=1.65\text{mA}$，$U_{CEQ}=5.4\text{V}$；(3) $R_i=5.1\text{k}\Omega$，$R_o=2\text{k}\Omega$；

　　　(4) $A_u=-6.0$，$A_{us}=-5.0$

3.15　(1) $I_{CQ}=1.65\text{mA}$，$I_{BQ}=16.5\mu\text{A}$，$U_{CEQ}=8.7\text{V}$；

　　　(2) $A_u=0.986$，$R_i=17.45\text{k}\Omega$，$R_o=27.8\Omega$

3.16　(1) $V_{BQ}=-2.4\text{(V)}$，$I_{CQ}\approx I_{EQ}=-1.7\text{(mA)}$，$U_{CEQ}==-5.2\text{(V)}$；

　　　(2) $\dot A_u=-85.2$，$\dot A_{us}=-37.2$，$R_i=0.77\text{(k}\Omega)$，$R_o=3\text{(k}\Omega)$；

　　　(3) $\dot A_u=-1.45$，$\dot A_{us}=-1.23$，$R_i=5.7\text{(k}\Omega)$，$R_o=3\text{(k}\Omega)$；

　　　(4) 饱和失真

3.17　$I_{BQ}\approx43.3\mu\text{A}$，$I_{CQ}=2.16\text{mA}$，$U_{CEQ}=-7.2\text{V}$，$A_u=0.98$，$R_i=31.7\text{k}\Omega$，$R_o=36\Omega$

3.18　$I_{CQ}=3.04\text{mA}$，$U_{CEQ}=9.4\text{V}$，$R_i=22.8\Omega$，$R_o=2.4\text{k}\Omega$，$\dot A_u=50$

3.19　$R_{i2}=3.56\text{k}\Omega$，$R_i=20.26\text{k}\Omega$

第4章

4.1　(a) $U_p=-3\text{V}$；(b) $U_T=-4\text{V}$；(c) $U_p=2\text{V}$

4.2　(2) $I_D=3.9\text{(mA)}$；(3) $I_D=18.9\text{(mA)}$

4.5　(a) 能；(b) 不能；(c) 能；(d) 不能

4.6　$I_{DQ}=63.9\text{(mA)}$，$U_{DSQ}=11.2\text{(V)}$

4.7　(a) $U_{DSQ}=4\text{(V)}$；(b) $U_{DSQ}=-4.52\text{(V)}$

4.8　(1) $K_n=0.25\text{mA/V}^2$，$U_{th}=2\text{V}$；(2) $R_d=15\text{k}\Omega$，$R_S=10\text{k}\Omega$

4.9　$R_d=5\text{k}\Omega$

4.10　(a) 截止；(b) 击穿；(c) 可变电阻；(d) 恒流区

4.11　(2) $\dot A_u=-3.3$，$\dot A_{us}\approx-3.3$；(3) $R_i=2.075\text{M}\Omega$，$R_o=10\text{k}\Omega$

4.12　$\dot A_u=0.822$；$R_i=0.4\text{M}\Omega$；$R_o=0.429\text{k}\Omega$

4.14　(1) $P_{om}=4.5\text{W}$；(2) $|U_{(BR)CEO}|=24\text{V}$

4.15　$P_{om}=2.25\text{W}$

4.16　(1) $P_{om}=32\text{W}$；(2) $P_{CM}=6.4\text{W}$；(3) $P_{om}=28.09\text{W}$，$\eta=73.63\%$

4.17　(1) $P_o=1\text{W}$；(2) $P_V=3.82\text{W}$

4.19　(a) $I_{BQ}=9.2\mu\text{A}$，$I_{CQ}=23.92\text{mA}$，$U_{CEQ}=7.824\text{V}$，NPN，$\beta=2500$；

　　　(b) $I_{BQ}=2.18\mu\text{A}$，$I_{CQ}=5.56\text{mA}$，$U_{CEQ}=3.88\text{V}$，PNP，$\beta=2500$；

第5章

5.5　$\dot U_i=0.1\text{V}$，$\dot U_f=0.099\text{V}$，$\dot U_{id}=0.001\text{V}$

5.6　$\dfrac{\text{d}A_{uf}}{A_{uf}}=0.06\%$

5.7　$1+AF=\dfrac{R_o}{R_{of}}=10$，$A_f=\dfrac{A}{1+AF}=10$

5.8 $A_{uf} = 9.95$，$R_{if} = R_i(1+AF) = 201\text{k}\Omega$，$R_{of} = 4.97\Omega$

5.14 （1）$R_p \geqslant 5.3\text{k}\Omega$；（2）$145\text{Hz} \sim 1.59\text{kHz}$

5.16 （2）$R_f = 20\text{k}\Omega$

第 6 章

6.1 $(64)_{10} = (01100100)_{\text{BCD8421}}$

6.2 $11001.11 = (25.75)_{10} = (00100101.01110101)_{\text{BCD8421}}$

6.3 $(14)_8 = (1100)_2 = (12)_{10} = (C)_{16}$

$(124)_8 = (1010100)_2 = (84)_{10} = (54)_{16}$

$(42.7)_8 = (100010.111)_2 = (34.875)_{10} = (22.E)_{16}$

6.4 （1）AB；（2）1；（3）$\overline{AB} + \overline{BC} + B\overline{C}$；（4）$A + CD$；（5）$A + \overline{BC}$

6.7 （1）$\overline{AC} + \overline{A}B + B\overline{C}$；（2）$A\overline{B} + B\overline{C} + \overline{A}C$ 或 $\overline{A}B + A\overline{C} + \overline{B}C$；

（3）$Y = \overline{AC} + AB$

6.8 $Y = C + \overline{A}\overline{B}CD$

6.9 1

6.10 101；111；100

6.12 （a）$Y = \overline{AB + BC}$；（b）$Y = \overline{\overline{A+B} \cdot \overline{C+D}}$

6.13 $Y = 1$

6.14 $Y = A\overline{B} + \overline{A}B$

6.15 $Y = AB + \overline{AB}$

6.20 开锁密码为 0101

6.22 $Y = \overline{A}\overline{B}C + A\overline{B}\overline{C} + \overline{A}BC + ABC = AB + \overline{A}\overline{B}$

6.23 $Y = \overline{C} + B$

6.24 $Y = A\overline{B} + B\overline{C} + C\overline{A}$

6.26 $\overline{A}B(C+D)$

6.27 $Y = \overline{\overline{AB}}$

6.30 $Y = AB + BC + AC$

第 7 章

7.7 CP 为 0 时，保持；CP 为 1 时，$R=S=0$，则保持，当 $R=S=1$ 时，置 0，当 $R=0$，$S=1$ 时，置 1，当 $R=1$，$S=0$ 时，置 0

7.14 异步时序电路，D 触发器经反馈连接成 T′ 触发器，实现计数，是异步十六进制加法计数器

7.15 异或门

7.16 Q_1 的频率是 3kHz，Q_2 的频率是 1.5kHz

7.20 五进制

7.21 计数模数为 12

7.22 24 位

7.26　1.3Hz

第 8 章

8.1　$U_{omax} = -9.37(V)$，$U_{omax} = -9.96(V)$

8.2　$U_{omin} = -0.63(V)$，$U_{omin} = -0.04(V)$

8.3　0.1%，5(mV)

8.4　11

8.5　$U_{omin} = 4.9(mV)$，$U_{omax} = 4.995(V)$

8.6　1.54(V)，0.3922%

8.7　0.708(mA)，−7.08(V)

8.8　100110101；11100101011；110001111111；2.44(mV)

8.9　14

8.10　12

8.11　1.25V

8.12　1010100011

8.13　2.5V；4.7V

参 考 文 献

[1] 秦曾煌. 电工学（下册）（第 7 版）. 北京：高等教育出版社，2008.

[2] 康华光. 电子技术基础（第五版）. 北京：高等教育出版社，2005.

[3] 华成英. 模拟电子技术基本教程. 北京：清华大学出版社，2005.

[4] 谢嘉奎. 电子线路（线性部分）（第四版）. 北京：高等教育出版社，1999.

[5] 王文辉. 刘淑英. 电路与电子学（第三版）. 北京：电子工业出版社，2005.

[6] 徐淑华. 电工电子技术（第 3 版）. 北京：电子工业出版社，2013.1.

[7] 方维，高荔. 电路与电子学基础（第二版）. 北京：科学出版社，2005.

[8] 夏应清. 模拟电子技术基础. 北京：科学出版社，2006.

[9] 麻寿光. 电路与电子学. 北京：高等教育出版社，2005.

[10] 刘京南. 电子电路基础. 北京：电子工业出版社，2003.

[11] 马积勋. 模拟电子技术重点难点及典型题精解. 西安：西安交通大学出版社，2001.

[12] 卫行莩，李森生. 模拟电子技术基础. 北京：电子工业出版社，2005.

[19] 童诗白，华成英. 模拟电子技术基础. 北京：高等教育出版社，2001.

[20] 陈大钦. 模拟电子技术基础问答·例题·试题. 武汉：华中理工大学出版社，1999.

[21] 吴立新. 实用电子技术手册. 北京：机械工业出版社，2002.

[22] 解月珍，谢沅清. 电子电路学习指导与解题指南. 北京：北京邮电大学出版社，2006.

[23] 杨素行. 模拟电子技术基础简明教程（第三版）. 北京：高等教育出版社，2006.

[24] 周淑阁，付文红，硕力更，吴少琴. 模拟电子技术基础. 北京：高等教育出版社，2004.

[25] 周连贵. 电子技术基础学习指导（非电类）. 北京：机械工业出版社，2003.

[28] 劳五一，劳佳. 模拟电子学导论. 北京：清华大学出版社，2011.

[29] 毕满清，高文华. 模拟电子技术基础学习指导及习题详解. 电子工业出版社，2010.

[30] 华君玮. 李基殿. 电工学（下册）数字电子技术基础. 合肥：中国科学技术大学出版社，2008.

[31] 姜三勇，秦曾煌. 电工学（下册）学习辅导与习题解答. 北京：高等教育出版社，2011.

[32] 王友仁，陈则王，林华. 数字电子技术基础学习指导与习题解析. 北京：机械工业出版社，2010.

[33] 高燕梅，沙晓菁，梁超. 数字电子技术基础. 北京：电子工业出版社，2012.

[34] 张亚君，陈龙. 数字电路与逻辑设计实验教程. 北京：机械工业出版社，2008.

[35] 饶增仁，安红心，汤书森等. 数字电路实验教程. 北京：清华大学出版社，2013.

[36] 王娜，蔡梁伟，梁松海. 数字电路与逻辑设计（第二版）学习指导与习题解答. 西安：西安电子科技大学出版社，2009.

[37] 王智忠，赵旭峰. 电工学（下册）. 北京：中国电力出版社，2009.

[38] 刘晔. 电工技术（电工学 I）. 北京：电子工业出版社，2010.

[39] 徐淑华. 电工电子技术（第 3 版）. 北京：电子工业出版社，2013.

[40] 田慕琴. 电工电子技术（第 3 版）. 北京：电子工业出版社，2012.